新一代信息技术系列教材

信息技术基础

主　编　张　敏　李俊成　夏　旭　李辉熠

副主编　周　朕　徐运标　卓惠丽　盛　静　徐子微

西安电子科技大学出版社

内 容 简 介

本书以计算机基本应用能力培养为主线，贯穿项目化教材理念，采取模块化任务式的形式组织内容。全书共分 6 个模块，每个模块都精选了一个或多个典型应用案例，每个任务按照任务提出、知识准备、任务实施、任务拓展等步骤进行编排。通过本书的学习，读者可认识计算机系统，学会对计算机资源进行管理，学会运用 Word、Excel 和 PowerPoint 解决工作或学习中的实际问题，学会利用 Internet 进行资源检索、沟通交流等。书中各个任务的重要知识点均配有视频讲解，并且按"任务要求＋相关知识＋任务实现"的结构进行讲解，每个模块均安排了课后练习题。

本书可作为高职院校应用型、技能型人才培养中"计算机应用基础"及相关课程的教学用书，也可作为从事办公软件应用的相关人员的参考用书。

信息技术基础 / 张敏等主编. --西安：西安电子科技大学出版社，2023.8
ISBN 978–7–5606–6953–3

Ⅰ. ①信⋯　　Ⅱ. ①张⋯　　Ⅲ. ①电子计算机—高等职业教育—教材　　Ⅳ. ①TP3

中国国家版本馆 CIP 数据核字(2023)第 152841 号

策　　划　杨丕勇　陈　婷
责任编辑　杨丕勇
出版发行　西安电子科技大学出版社(西安市太白南路 2 号)
电　　话　(029) 88202421　88201467　　　　邮　　编　710071
网　　址　www.xduph.com　　　　　　　电子邮箱　xdupfxb001@163.com
经　　销　新华书店
印刷单位　陕西日报印务有限公司
版　　次　2023 年 8 月第 1 版　　2023 年 8 月第 1 次印刷
开　　本　787 毫米×1092 毫米　1/16　印张 14
字　　数　332 千字
印　　数　1～3000 册
定　　价　44.00 元
ISBN　　978–7–5606–6953–3 / TP

XDUP 7255001–1
如有印装问题可调换

前　言

随着计算机技术的不断发展，计算机的应用已经渗透到人类社会的各个领域。因此，提高学生的计算机操作能力已成为高等职业教育不可缺少的重要任务。但是，由于计算机基础课程涉及的知识面广，实践性强，因此，以往那种按照软件功能分类组织教学内容和实施教学的方法很难提高学生计算机基本操作的能力，特别是难以解决现代办公应用中所遇到的实际问题。教学过程中往往出现"教师感觉枯燥乏味，学生学习积极性不高"的情况。从后续的实际应用(如课程设计报告、课程综合实训报告及毕业设计文档的排版，毕业答辩演示文稿的制作，求职简历的设计等)来看，教学效果也不尽如人意。我们认为出现这种情况的根本原因是教学内容的针对性不强，教学目的不明确，最终导致学生无法学以致用。为此，我们从实际出发，以现代办公应用中常用的计算机选购与操作系统的安装、系统资源管理、文字编辑排版、数据分析处理、演示文稿制作、Internet 基本应用为主线，精选出了若干具有代表性的真实任务，每个任务采取"任务提出→知识准备→任务实施→任务拓展"的顺序来组织，着眼于提高学生应用计算机解决日常办公中常见问题的能力。

本书具有以下特点：

(1) 面向实际需求精选任务，注重应用能力培养。本书既注重培养学生自主学习的能力和创新意识，又注重为学生今后的学习和工作打下坚实的基础，精选了针对性、实用性极强的任务。这些任务全部是针对学生在校期间和以后工作时的实际应用需求而选定的具有典型代表性的任务，如在"模块二　计算机资源管理"中，以文件管理和应用程序的安装、使用与卸载等作为任务。学生每完成一个任务的学习，就可以立即应用到实际中，并可触类旁通地解决以后工作中所遇到的问题。

(2) 以任务为主线，构建完整的教学设计布局。为了方便学生阅读，本书精选的任务遵循由浅入深、循序渐进、可操作性强的原则，并将知识点巧妙地融合于各个任务中。以若干个任务为载体，形成一个种类多样的任务群，构建一个完整的教学设计布局，并注意突出任务的趣味性、实用性和完整性。在引导学生完成每个任务的学习后，再以任务拓展的形式给出相似的任务，强化相关知识和技能的学习，这样可使学生举一反三，灵活应用。学生在完成任务的同时，就逐步掌握了 Office 的各种使用技巧。

全书共分为 6 个模块，主要内容包括：认识计算机系统、计算机资源管理、Word 应用、Excel 应用、PowerPoint 应用及 Internet 基本应用。在教学中可按模块分任务教学，建议教学时间分配见下表。

模　块	学　时
模块一　认识计算机系统	8～10
模块二　计算机资源管理	4～6
模块三　Word 应用	16～20
模块四　Excel 应用	16～20
模块五　PowerPoint 应用	6～8
模块六　Internet 基本应用	4～6
合计	54～70

本书模块一由湖南工业职业技术学院张敏编写，模块二由湖南工业职业技术学院李俊成和周朕编写，模块三由湖南安全职业学院夏旭和湖南大众传媒职业技术学院李辉熠编写，模块四由湖南科技职业学院卓惠丽编写，模块五由湖南工业职业技术学院徐运标和长沙创文文化产业发展有限公司徐子微编写，模块六由永州职业技术学院盛静编写，全书由张敏负责统稿。全书课件、素材及微课视频等教学资源由长沙创文文化产业发展有限公司制作。

本书提供课件、电子教案、源文件及素材的下载链接，每个任务还配有微课视频二维码，以供读者扫码观看。如读者需要本书相关素材，可通过电子信箱 378663308@qq.com 与作者联系。

由于编者水平有限，书中难免有不妥之处，恳请各位读者批评指正。

编　者
2023 年 1 月

目 录

模块一　认识计算机系统

任务一　认识广义计算机系统

任务提出

认识广义计算机系统

　　9 月的一天，王华同学拿着大学录取通知书到学校报到，在学校大门口醒目位置立着一块宣传牌，上面标注了校园 Wi-Fi 名称和密码、学校微信公众号、智慧校园 APP 的二维码。王华拿出手机输入校园 Wi-Fi 密码并联网，关注了学校公众号，下载并安装了智慧校园 APP。智慧校园 APP 展示了其强大的功能，例如校园百事通、移动图书馆、校园活动、学校概况、校历日程、我的课表等。王华通过校园百事通了解了新生报到的流程，从报到直到缴费全部采用网上认证及缴费的方式。他打开学校概况里的虚拟校园，按 GPS 定位很快找到了学校图书馆，随后他又参观了学校一体化教室、食堂、寝室，并通过扫码加入了班级 QQ 群和微信群。坐在校园操场上，看着大电子屏里的校园宣传片，他感慨现代信息技术给人们生活带来的便捷，立志要学好专业课，掌握现代信息技术知识及技能，从这里打开未来美好生活之门。

　　开学后，王华觉得不论是专业课还是基础课，很多课程的课后作业都需要使用电脑来完成，班上很多同学都配置了电脑，他也准备配置一台高性能电脑。虽然高中期间他学过一些电脑知识，但他只会使用电脑，对电脑市场也不太熟悉，要他写出每个组件的型号和参数是一件比较困难的事情。于是他找了教授"信息技术基础"课程的张老师，张老师告诉王华："配置电脑首先要知道计算机硬件系统的组成，然后考虑自己大学期间所学课程的软件需要，再做出资金预算，接下来就是到网上搜索京东、天猫、太平洋电脑网等电脑零售网上商城，根据选购原则，参照网上电脑配置拟订一份配置清单，在清单中尽可能详细地写明部件名称、品牌型号和价格，最后通过网络购物平台选购价廉物美的电脑。"王华同学从来没有买过电脑，哪里知道计算机硬件和选购原则呢？于是张老师很耐心地给王华进行了讲解。

知识准备

一、电子计算机的发展

　　计算机的起源可以追溯到我们祖先用石头或者手指帮助计数的远古时代。古人用石头计算捕获的猎物，用绳子打结的多少来表示数的概念，于是就有了"结绳计数"。之后，数学的萌芽让人类开始了"数字化生存"的初次尝试，各国的人们不约而同地想到使用算筹作为计算工具。算筹在中国古代被普遍采用，实际上是一根根竹制、木制或骨制的同样长短和粗细的小棍。古人经常会在地面上或盘子里反复摆弄这些小棍，通过移动来进行计算，从此便出现了"运筹"这个词，即所谓的"运筹帷幄，决胜千里"。算筹在使用过程中，一旦遇到复杂运算就显得特别混乱，让人感到不便，于是算筹的形状不断演变，最终算盘应运而生。由于算盘具有"随手拨珠，便成答数"的优点而一直延用至今。

17 世纪中期的法国科学家布莱斯•帕斯卡被公认为是制造出机械计算机的第一人。1642 年，年仅 19 岁的帕斯卡发明了一种由齿轮驱动的、只能进行加法运算的"加法机"，以帮助其担任税务官的父亲统计税款，从此确立了计算机的概念。1971 年发明的程序设计语言——Pascal 语言，其取名就是为了纪念这位伟大的先驱者。

后来，手摇式计算机、微分分析仪、数字计算机相继问世，直到第二次世界大战爆发，世界上第一台电子计算机——ENIAC 诞生。

从第一台电子计算机诞生至今不过 70 多年时间，计算机发展迅速，已先后经历了"四代"的变革：第一代是电子管计算机，第二代是晶体管计算机，第三代是集成电路计算机，第四代是大规模集成电路计算机，目前正在向第五代计算机——具有人工智能的计算机发展，从而展现出人类将制造出"会思考"的计算机的美好前景。

二、计算机硬件的基本组成

计算机硬件系统是指构成计算机的所有实体部件的集合，通常这些部件由电路(电子元件)、机械等物理部件组成，它们都是看得见摸得着的，故通常称为"硬件"。常见的计算机硬件结构又称为冯•诺伊曼结构，分为主机和外部设备两部分。主机部分由运算器、控制器、存储器组成，外部设备部分由输入设备和输出设备组成，其中核心的部件是运算器和控制器，两者合起来称为中央处理器(CPU)。哈佛结构是一种并行体系结构，它的主要特点是将程序和数据存储在不同的存储空间中，即程序存储器和数据存储器是两个独立的存储器，每个存储器独立编址，独立访问。计算机硬件系统的基本组成如图 1-1 所示，图中带箭头的实线表示控制信号传输，带箭头的虚线表示数据传输。

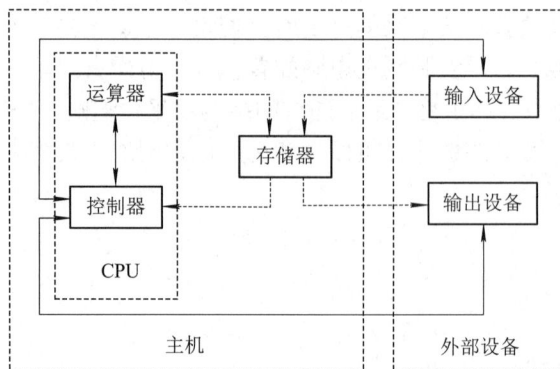

图 1-1　计算机硬件系统基本组成图

1. 运算器

运算器是用于对数据进行加工的部件，它可对数据进行算术运算和逻辑运算。

算术运算包括加、减、乘、除及它们的复合运算。逻辑运算包括一般的逻辑判断和逻辑比较，如比较、移位、逻辑加、逻辑乘、逻辑反等操作。

运算器通常由算术逻辑部件(Arithmetic Logical Unit，ALU)和一系列寄存器组成。ALU是具体完成算术逻辑运算的部件。寄存器用于存放运算操作数及计算中间结果，其中的运算操作数一般均取自存储器，最后的计算结果再存放到存储器中。

2. 控制器

控制器是计算机的控制部件，它控制计算机各部分自动协调工作，完成对指令的解释和执行。它每次从存储器读取一条指令，经过分析译码，产生一串操作命令发向各个部件，控制各部件动作，实现该指令的功能；然后再取下一条指令，继续分析、执行，直至程序结束，从而使整个机器能连续、有序地进行工作。

控制器由程序计数器(Program Counter，PC)、指令寄存器(Instruction Register，IR)、指令译码器(Instruction Decoder，ID)和操作命令产生部件组成。PC中存放的是指令地址，它具有自动加1的功能；IR中存放着当前正在执行的指令代码；ID用来识别IR中所存放指令的操作性质；操作命令产生部件用于发送控制命令。

3. 存储器

存储器是计算机的记忆装置，它的主要功能是存放程序和数据。程序是计算机操作的依据，数据是计算机操作的对象，它们在存储器中都是用二进制"1"和"0"的组合来表示的。存储器一般被划分成许多单元，被称为存储单元。一个存储单元可存放若干个二进制位(bit)，8个二进制位为一个字节(Byte)。一个存储器所能容纳的总字节数，称为该存储器的容量，通常将1024个字节简记为1 KB；1024 KB则为1兆字节，简记为1 MB；1024 MB则为1吉字节，简记为1 GB；1024 GB则为1太字节，简记为1 TB。存储单元按一定顺序编号，称为单元地址，地址在计算机中也用二进制编码表示。单元地址编码号是唯一且固定不变的，而存储在该单元中的内容是可以改变的。

向存储单元中存入(称为写)或从存储单元取出(称为读)信息，称为访问存储器。读操作不会破坏原来的内容，而写操作则会将原来的内容抹掉。

存储器通常分为内存储器和外存储器。

内存储器简称内存(又称主存)，是计算机中信息交流的中心。用户通过输入设备输入的程序和数据首先送入内存，控制器执行的指令和运算器处理的数据取自内存，运算的中间结果和最终结果保存在内存中，输出设备输出的信息来自内存，内存中的信息如要长期保存，就应送到外存储器中。总之，内存要与计算机的各个部件打交道，进行数据传送。因此，内存的存取速度直接影响计算机的运算速度。

当今绝大多数计算机的内存以半导体存储器为主，由于价格和技术方面的原因，内存的存储容量受到限制，而且大部分内存是不能长期保存信息的随机存储器(RAM，断电后信息丢失)，所以还需要能长时间保存大量信息的外存储器。

外存储器设置在主机外部，简称外存(又称辅存)，主要用来长期存放"暂时不用"的程序和数据。通常外存不和计算机的其他部件直接交换数据，只和内存交换数据，且不是按单个数据进行存取，而是成批地进行数据交换。常用的外存有移动硬盘、光盘、U盘等。

外存与内存有许多不同之处，一是外存上的信息不会因停电而消失，而内存上(RAM)上的信息会因断电而全部丢失，如磁盘上的信息可以保存几年甚至几十年，CD-ROM上的信息可以永久保存；二是外存的容量不像内存那样受多种限制，可以大得多；三是外存速度慢，内存速度快。

由于外存储器安装在主机外部，所以归属于外部设备。

4. 输入设备

输入设备用来接收用户输入的原始数据和程序，并将它们转变为计算机可以识别的形式(二进制)存放到内存中。常用的输入设备有键盘、鼠标、扫描仪、光笔、数字化仪、麦克风等。

5. 输出设备

输出设备用来将存放在内存中的由计算机处理的结果转变为人们所能接受的形式。常用的输出设备有显示器、打印机、绘图仪、音响等。

三、计算机中数据的表示

计算机最基本的功能是对数据进行计算和加工处理，这些数据可以是数值、字符、图形、图像和声音等。在计算机内，不管是什么样的数，都是以二进制编码形式表示的。

在日常生活中，会遇到不同进制的数，如十进制，逢十进一；七进制，一周有七天，逢七进一；六十进制，一小时有六十分钟，逢六十进一。平时用的最多的是十进制数。而计算机中存放的是二进制数，为了以后的书写和表示方便，计算机系统还引入了八进制数和十六进制数。无论哪种数制，其共同之处都是进位计数制。

1. 进位计数制

在采用进位计数的数字系统中，如果用 r 个基本符号(例如 0，1，2，…，$r-1$)表示数值，则称其为基 r 数制(Radix-r Number System)，r 称为该数制的"基数"(Radix)，而数制中每一固定位置对应的单位值称为"权"。表 1-1 是常用的几种进位计数制。

表 1-1　常用的几种进位计数制

进位制	二进制	八进制	十进制	十六进制
规则	逢二进一	逢八进一	逢十进一	逢十六进一
基数	$r=2$	$r=8$	$r=10$	$r=16$
基本符号	0, 1	0, 1, 2, …, 7	0, 1, 2, …, 9	0, 1, 2, …, 9, A, B, …, F
权(i 为整数)	2^i	8^i	10^i	16^i
形式表示	B	O	D	H

由表 1-1 可知，不同的数制有共同的特点：其一，采用进位计数制方式，每一种数制都有固定的基本符号，称为"数码"；其二，都使用位置表示法，即处于不同位置的数码所代表的值不同，与它所在位置的"权"值有关。

例如：在十进制数中，678.34 可表示为

$$678.34 = 6 \times 10^2 + 7 \times 10^1 + 8 \times 10^0 + 3 \times 10^{-1} + 4 \times 10^{-2}$$

可以看出，各种进位计数制中的权值恰好是基数 r 的某次幂。因此，对任何一种进位计数制表示的数都可以写出按其权展开的多项式之和，任意一个 r 进制数 N 可以表示为

$$N = a_{n-1} \times r^{n-1} + a_{n-2} \times r^{n-2} + \cdots + a_1 \times r^1 + a_0 \times r^0 + a_{-1} \times r^{-1} + \cdots + a_{-m} \times r^{-m} = \sum_{i=-m}^{n-1} a_i \times r^i$$

其中：a_i 是数码，r 是基数，r^i 是权。不同的基数，表示的是不同的进制数。例如：

$$(345.21)_\mathrm{O} = 3 \times 8^2 + 4 \times 8^1 + 5 \times 8^0 + 2 \times 8^{-1} + 1 \times 8^{-2}$$

2. 不同进位计数制间的转换

(1) 将 r 进制数转换成十进制数。其展开式为

$$N = \sum_{i=-m}^{n-1} a_i \times r^i$$

只要将各位数码乘以各自的权值再累加即可。例如，将二进制数 110011.101 转换成十进制数，则

$$(110011.101)_\mathrm{B} = 1 \times 2^5 + 1 \times 2^4 + 1 \times 2^1 + 1 \times 2^0 + 1 \times 2^{-1} + 1 \times 2^{-3} = (51.625)_\mathrm{D}$$

例如，将十六进制数 A12 转换成十进制数，则

$$(A12)_\mathrm{H} = A \times 16^2 + 1 \times 16^1 + 2 \times 16^0 = (2578)_\mathrm{D}$$

(2) 将十进制数转换成 r 进制数。将十进制数转换为 r 进制数时，应将此数分成整数与小数两部分分别转换，然后再拼接起来。

整数部分转换成 r 进制整数采用除 r 取余法，即将十进制整数不断除以 r 取余数，直到商为 0，余数从右到左排列，首次取得的余数最右。

小数部分转换成 r 进制小数采用乘 r 取整法，即将十进制小数不断乘以 r 取整数，直到小数部分为 0 或达到所求的精度为止(小数部分可能永远不会得到 0)。所得的整数从小数点自左往右排列，取有效精度，首次取得的整数最左。

例如，将$(100.345)_\mathrm{D}$转换成二进制数的过程如下：

转换结果：

$$(100.345)_\mathrm{D} \approx (a_6a_5a_4a_3a_2a_1a_0.a_{-1}a_{-2}a_{-3}a_{-4}a_{-5})_\mathrm{B} = (1100100.01011)_\mathrm{B}$$

3. 二进制、八进制、十六进制数间的相互转换

由上例可以看到，将十进制数转换成二进制数时，转换过程书写起来比较长，为了方便起见，人们常把十进制数先转换成八进制数或十六进制数，再转换成二进制数。由于二进制、八进制和十六进制之间存在特殊关系：$8^1 = 2^3$，$16^1 = 2^4$，即一位八进制数相当于三位二进制数，一位十六进制数相当于四位二进制数，因此转换方法就比较容易，如表1-2 所示。

表 1-2　进制之间的转换关系

八进制数	对应二进制数	十六进制数	对应二进制数	十六进制数	对应二进制数
0	000	0	0000	8	1000
1	001	1	0001	9	1001
2	010	2	0010	A	1010
3	011	3	0011	B	1011
4	100	4	0100	C	1100
5	101	5	0101	D	1101
6	110	6	0110	E	1110
7	111	7	0111	F	1111

根据这种对应关系，将二进制数转换成八进制数时，以小数点为中心向左右两边分组，每三位为一组，两头不足三位补 0 即可。同样，将二进制数转换成十六进制数时，只要四位为一组进行分组。

例如，将二进制数 1101101110.110101 转换成十六进制数，则

$$(0011\ 0110\ 1110.1101\ 0100)_B = (36E.D4)_H\ (整数高位和小数低位补零)$$
$$\quad\ \ 3\quad\ \ 6\quad\ \ E\quad\ \ D\quad\ 4$$

又如，将二进制数 1101101110.110101 转换成八进制数，则

$$(001\ 101\ 101\ 110.110\ 101)_B = (1556.65)_O$$
$$\ \ 1\quad 5\quad\ \ 5\quad\ \ 6\quad\ \ 6\quad\ 5$$

同样，将八(十六)进制数转换成二进制数只要一位化三(四)位即可。例如：

$$(2C1D.A1)_H = (0010\ 1100\ 0001\ 1101.1010\ 0001)_B$$
$$\qquad\qquad\quad 2\quad\ \ C\quad\ \ 1\quad\ \ D\quad\ \ A\quad\ 1$$
$$(7123.14)_O = (111\ 001\ 010\ 011.001\ 100)_B$$
$$\qquad\qquad\ \ 7\quad 1\quad\ \ 2\quad\ \ 3\quad\ \ 1\quad\ 4$$

注意

整数前的高位 0 和小数后的低位 0 可去掉。

任务实施

下面介绍计算机各主要部件的具体选购原则。

一、中央处理器(CPU)

中央处理器(CPU)是微型计算机的核心，由运算器和控制器两部分组成，运算器是微机的运算部件，控制器是微机的指挥控制中心。表征微机运算速度的指标是微机 CPU 的主频，主频指的是 CPU 的时钟频率，主频的单位是 MHz(兆赫兹)。主频越高，微机的运算速度越快。在整个微机系统中，CPU 应该是最先选购的配件，因为只有确定 CPU 后，才能选购主板。目前 CPU 的主流品牌有英特尔(Intel)、AMD、华硕、惠普、超微、劲鲨、技嘉、微星、潘多拉等，用户可根据个人爱好选择。图 1-2 展示的是英特尔(Intel)i9-10900X 酷睿十核 CPU 处理器。

图 1-2　英特尔(Intel)i9-10900X 酷睿十核 CPU 处理器

识别英特尔处理器编号小窍门：在英特尔处理器名称末尾出现的后缀 F/K/KF/X 等字母分别代表不同的处理器系列，例如，"F 系列"中的英特尔酷睿 i5-9400F 不含核显需配独立显卡，"K 系列"中的如英特尔酷睿 i7-9700k 支持超频需配散热器，"KF 系列"中的英特尔酷睿 i5-9600KF 不含核显可超频需独显和散热器，"X 系列"中的英特尔酷睿 i9-10940X 专业级处理器需配置散热器。

在选择 CPU 时需要考虑以下因素：

(1) 预算。如果预算充足，在选择的时候可以参考"只选贵的，不选对的"，更多的人在配置电脑的时候，首先要考虑的是预算，在预算许可的范围内选择满足需要的 CPU。

(2) 用途。确定购买电脑的主要用途，不同的用途所选择 CPU 的方向也是不同的。CPU 分为高、中、低三档，低端 CPU 主要用于办公或家庭老人用机，能胜任对硬件要求不是太高的游戏、办公、简单图像处理等；中端 CPU 一般是主流用户选择较多的范围，基本上所有的游戏都能玩，普通的设计等也能处理，但对于硬件要求高的游戏可能体验不了最佳的效果。

✑ 说明

(1) 现在 CPU 的主频已不是整机性能的决定因素。内存大小、硬盘速度、显卡速度，对整个微机的性能都起作用，因此盲目追求 CPU 的高频率并不可取。

(2) 在购买 CPU 时，首先，要明确自己购机的目的，自己的微机是用来做什么的？是用来玩游戏还是进行三维图形处理？是仅仅用来打字、上网还是另有其他特殊的用途？其次，要对自己的经济实力有所了解。最后，对自己的计算机水平要有清醒的认识，即是初学者还是熟练用户。

(3) CPU 是所有微机配件中降价最快的部件，所以选择 CPU 时以"够用"为原则。

二、主板

主板又称主机板(mainboard)、系统板(systemboard)或母板(motherboard)，它安装在机箱内，是微机最基本也是最重要的部件之一。主板一般为矩形电路板，上面安装了组成计算机的主要电路系统，一般有 BIOS 芯片、I/O 控制芯片、键盘和面板控制开关接口、指示灯插接件、扩充插槽、主板及插卡的直流电源供电接插件等，具体如图 1-3 所示。

图 1-3　主板

面对性能各异、价格不一的主板，要考虑的因素很多，下面给出一般的选购原则。

(1) 根据应用需求。应按自己的实际需要来选购主板。例如，对一般的家用、办公、商务处理来说，如果没有较高的娱乐要求，则可选购一款主流产品，没有必要去选购当时最新推出的顶级产品。如果不是超频爱好者，就不要买提供外频组合及调节 CPU 核心电压功能的主板。

(2) 必要的功能。要考虑主板是否实现了必要的功能。例如，是否带有 USB3.0/2.0、IEEE1394、SATA 接口，板载声卡、网卡是否满足要求等。

(3) 品牌。不同厂商及相同厂商生产的不同批次和不同型号的主板的质量是不同的，因此选购者应该选购口碑好的品牌和型号，如华硕、联想、精英、硕泰克等。

(4) 价格。价格是用户最关心的因素之一。不同产品的价格和该产品的市场定位有密切关系，大厂商的产品往往性能好一些，价格贵些。有的产品用料差一些，成本和价格也相对低一些。用户应该按照自己的需要考虑性能价格比，完全抛开价格因素而比较不同产品的性能、质量或者功能是不合理的。

(5) 服务。目前国内市场上有二三十种品牌的主板，有时用户也不清楚所购买的主板是否有良好的售后服务。有的品牌的主板甚至连公司网址都没有标明，购买后，连最起码的主板驱动程序或更新服务都没有。虽然这些主板的价格很低，但如果出了问题，用户往往只好自认倒霉。所以，无论选择何种档次的主板，在购买前都要认真考虑厂商的售后服务。如厂商能否提供完善的质保服务，包括产品售出时的质保卡，承诺产品的保换时间的长短，产品的本地化工作如何(包括提供详细的中文说明书)，配件提供是否完整等。

综上，在选购前要多了解主板方面的知识、主板厂商的实力和产品的特点等，做到心中有数。同时也要多看、多听、多比较，这样才能选购到一块称心如意的主板。

三、内存

内存(Memory)是计算机中重要的部件之一，它是与 CPU 进行沟通的桥梁。计算机中运行的程序和数据都是存放在内存中的。因此，内存的性能对计算机的影响非常大。内存也被称为内存储器，其作用是用于暂时存放 CPU 中的运算数据，以及与硬盘等外部存储器交换的数据。计算机运行时，CPU 将需要运算的数据从内存调入 CPU，当运算完成后 CPU 再将结果传送到内存，内存的运行也决定了计算机的稳定运行。内存的外观如图1-4 所示。

图1-4　内存

内存是微机中最重要的配件之一，内存的容量及性能是影响整台微机性能最重要的因素之一。提高配备内存的容量，可提高微机的整体性能。选购内存时，需要考虑以下方面。

(1) 内存条的品牌。市场上的内存分为有品牌和无品牌两种。有品牌的内存，质量信得过，且都有外包装。无品牌的内存，多为散装，这类内存只依内存上的内存芯片的品牌命名，如 HY、LGS。

用户应该选用知名品牌的内存，如金士顿(Kingston)、勤茂(Twin MOS)、胜创(Kingman)、海盗船(CORSAIR)、宇瞻(Apacer)、金邦(GEIL)、威刚(ADATA)、海力士(Hynix)、三星(SAMSUNG)等，正规产品的包装都比较完整，包括产品型号、产品描述、安装使用说明书、产品保证书、条形码、产地、符合标准的盒子等。

(2) 内存颗粒。虽然内存条的品牌较多，但内存颗粒(内存芯片)的制造商只有几家，所以许多不同品牌的内存条上焊接着相同型号的内存芯片，在选择内存条时，应注意内存颗粒的品牌。

常见内存芯片制造商有三星(SAMSUNG)、海力士(Hynix)、尔必达(ELPIDA)、镁光(Micron)、英飞凌(Infineon)、易胜(Elixir)、南亚(Nanya)、茂矽(MOSEL VITELIC)、ProMOS(茂德)、Winbond(华邦)等厂家，这些厂家本身也推出了内存条产品，可优先选用。由于内存芯片生产技术都处于同一档次，因此不同厂商的内存芯片在速度、性能上相差很小。

(3) 频率要搭配。购买内存时一定要注意内存工作频率要与 CPU 前端总线匹配，宁大毋小，以免造成内存瓶颈。

(4) 容量。对于内存容量，如果要运行 Windows 10，则建议安装 2 GB 以上内存；如果要运行 Windows Vista，则至少要安装 2 GB 内存；如果用于软件开发、视频制作，则配备4～8 GB 内存是很有必要的。

四、显卡

显卡全称为显示接口卡(video card，graphics card)，又称为显示适配器(video adapter)，也可简称为显卡，是个人电脑最基本的组成部分之一。显卡的用途是将计算机系统所需要的显示信息进行转换驱动，并向显示器提供行扫描信号，控制显示器的正确显示。显卡是连接显示器和个人电脑主板的重要元件，是"人机对话"的重要设备之一。显卡作为电脑主机里的一个重要组成部分，承担输出显示图形的任务，对于从事专业图形设计的人来说显示卡非常重要。显卡的外观如图 1-5 所示。

图 1-5　显卡

显卡的品牌非常多，如华硕(ASUS)、丽台(LEADTEK)、艾尔莎(ELSA)、耕升(GAINWARD)、启亨、昂达(DNDA)、捷锐、小影霸(INBA)、七彩虹(Colorful)等。显卡的价格从几百元到几千元不等。面对如此众多的品牌和产品，用户在选购时要根据自己的需要来选择，一方面要注意显示芯片和显存，另一方面也要考虑显卡的品牌。

在选购时，要考虑显卡的以下方面：

(1) 系统兼容性和显卡自身的稳定程度。

(2) 在 Windows 和某些 2D 应用程序中的表现。

(3) 在游戏中的速度。

(4) 在游戏中 3D 画面的质量。

(5) 在专业 3D 作图应用程序中的表现。

(6) 显卡是否带有 HDMI-HDCP 输出接口，是否支持 MPEG-2 TS 和 WMA-HD 等视频格式的硬件解码。

不同的显卡都有自己的强项，所以选购显卡时，还是要根据用户最终的使用目的来选购，否则会影响到显卡性能的发挥。

五、显示器

显示器是指与电脑主机相连的显示设备，现在一般使用液晶显示器(或称 LCD)。LCD为平面超薄的显示设备，它由一定数量的彩色或黑白像素组成，放置于光源或者反射面前方。LCD 具有机身薄、节省空间、功耗低、无辐射、画面柔和等优点，因此倍受青睐。LCD的外观如图 1-6 所示。

图 1-6　液晶显示器(LCD)

在一台电脑中，显示器、鼠标、键盘与人体健康密切相关，因为，这三者均产生电磁辐射，其中，显示器产生的电磁辐射最大，而在使用电脑时，用户始终要面对显示器，且显示器更新周期比较慢，价格变动幅度也不像其他部件那样大，是所有部件中寿命最长的，因此，它是唯一可以"一步到位"的配件，所以挑选一台好的显示器非常重要。

从价格的角度考虑，显示器通常占据了购机总预算的三分之一。但在购机的过程中，人们的目光往往集中在 CPU、显卡、主板这类更新速度比较快、型号比较多的部件上，而对于显示器这个人机交流的窗口仅仅抱着"随便"的态度。殊不知，一台好的显示器不仅能使人更清晰地感受到一个丰富多彩的计算机世界，还能使人尽可能少地受到电磁辐射的困扰，为健康做出保证。

现在 LCD 技术已经非常成熟，LCD 适合所有用户，包括图形设计工作者。在选购显示器时，应根据用途、品牌、尺寸及技术参数等综合考虑。

(1) 在尺寸上，在目前条件下，对于大多数消费者来说，应该选择 19in 以上的 LCD。

(2) 如果主要用于上网浏览和文字处理，应该选择点距大的 LCD；如果主要用于图像处理，则可选择点距小的 LCD。目前 16∶10 大点距的 LCD 是主流，16∶9 的 LCD 也开始流行。

六、硬盘

硬盘(简称 HDD)是电脑主要的存储媒介之一，由一个或者多个铝制或者玻璃制的碟片组成，这些碟片外覆盖有铁磁性材料。绝大多数硬盘都是固定硬盘，被永久性地密封固定在硬盘驱动器中。硬盘的外观如图 1-7 所示。

硬盘的选购与其他产品一样，在没有充足的经济实力支持下，以"够用"为原则。如果考虑得更长远一点，就要想到以后的升级等问题。

在购买硬盘时以主流产品为主，如希捷(Seagate)、西部数据(Western Digital)、富士通(Fujitsu)、日立(HITACHI)、东芝(TOSHIBA)、三星(SAMSUNG)等，目前用户主流选择的硬盘参数为：容量为 640 GB 或 1 TB，转速为 7200

图 1-7　硬盘

r/min，数据缓存为 16 MB 或 32 MB，接口类型为 SATA 2.5，平均寻道时间低于 9.0 ms。

七、声卡

声卡也称音频卡或声效卡，是计算机多媒体系统中最基本的组成部分，是实现声波/数字信号相互转换的一种硬件。声卡的基本功能是把来自话筒、磁带和光盘的原始声音信号加以转换，输出到耳机、扬声器、扩音机及录音机等声响设备，或通过音乐设备数字接口(MIDI)使乐器发出美妙的声音。声卡的外观如图 1-8 所示。

图 1-8　声卡

在购买时应按需要选择，现在声卡市场的产品很多，不同品牌的声卡在性能和价格上的差异也非常大，所以一定要在购买之前想一想自己打算用声卡来做什么，要求有多高。一般说来，如果只是普通的应用，如听听 CD、看看影碟等，普通的声卡就可以了；如果是用来玩大型的 3D 游戏，就一定要选购带 3D 音效功能的声卡，因为 3D 音效已经成为游戏发展的潮流，现在所有的新游戏都开始支持它了。不过这类声卡也有高、中、低档之分，大家可以综合考虑。

八、网卡

计算机与外界局域网的连接是通过在主机箱内插入一块网络接口板(或者是在笔记本电脑中插入一块 PCMCIA 卡)来实现的。网络接口板又称为通信适配器或网络适配器(Network Adapter)或网络接口卡 NIC(Network Interface Card)，但现在更多人愿意使用更为简单的名称"网卡"。网卡的外观如图 1-9 所示。

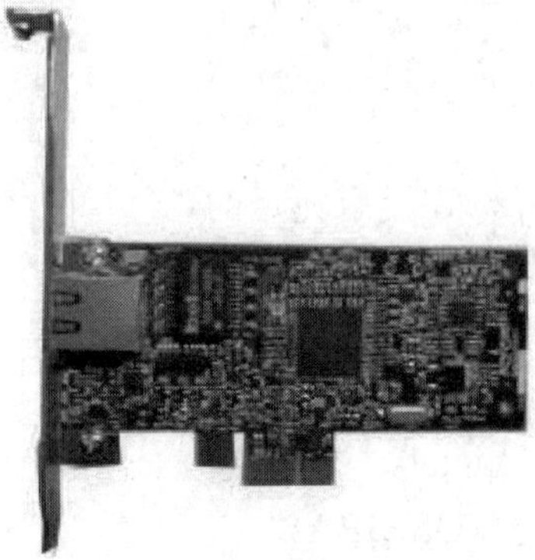

图 1-9　网卡

选购网卡时，需要考虑以下方面：

(1) 网卡品牌。目前有线网卡的品牌有很多种，由于现在很多主板都集成了网卡的功能，加上多数品牌的家用网卡的价格都已降到很低(很少有超过百元零售价的)，所以原来很受欢迎的大品牌，如 3Com、Intel 等厂家已基本上退出了 10/100 Mb/s 的低端家用网卡市场。目前在家用消费级网卡市场上常见的网卡品牌有 TP-LINK、D-Link、金浪、联想(Lenovo)、清华同方、UGR(联合金彩虹)、LG、实达、全向(Qxcomm)、ECOM、维思达(VCT)、世纪飞扬(Centifly)等，用户应尽量采用知名品牌的产品，这样不仅兼容性好，而且能享受到一定的售后服务。

(2) 网卡主芯片。主芯片是网卡的核心部分，一款网卡的主芯片决定着网卡的性能，因此在选择网卡的时候需要对其主芯片有一定的了解。

(3) 传输速率。有线网卡可以分为 10 Mb/s、10/100 Mb/s 自适应和千兆(1000 Mb/s)网卡三种规格，目前最常用的是 10/100 Mb/s 自适应网卡。网卡的传输速率越高越好。

九、光驱

光驱是电脑用来读写光碟内容的机器，是台式机里比较常见的一个配件。随着多媒体的应用越来越广泛，使得光驱在台式机的诸多配件中已经成标准配置。目前，光驱可分为 CD-ROM 驱动器、DVD 光驱(DVD-ROM)、刻录机等。光驱的外观如图 1-10 所示。

图 1-10　光驱

在购买光驱时，用户要根据实际需求选择 DVD 光驱或刻录机。总的来说，价格不重要，技术指标要适宜，整体性能是选购基础，产品服务是选购关键。

十、机箱

机箱作为电脑配件中的一部分，它的主要作用是放置和固定各种电脑配件，起到一个承托和保护作用，此外，电脑机箱具有屏蔽电磁辐射的重要作用。机箱一般包括外壳、支架、面板上的各种开关、指示灯等。外壳用钢板和塑料结合制成，硬度高，主要起保护机箱内部元件的作用。支架主要用于固定主板、电源和各种驱动器。机箱的外观如图 1-11 所示。

其实，机箱的选择是非常重要的，因为它不仅仅关系到计算机能否稳定工作，更和使用者的健康息息相关。在购买机箱时需要注意下面几个方面：

(1) 机箱类型。机箱有很多种类型，目前最为常见的是

图 1-11　机箱

ATX、Micro ATX 两种。ATX 机箱支持现在绝大部分类型的主板。Micro ATX 机箱是在 ATX 机箱的基础之上建立的，为了进一步节省桌面空间，因而比 ATX 机箱体积要小一些。

各个类型的机箱只能安装其支持的类型的主板，一般是不能混用的，而且电源也有所差别，所以大家在选购时一定要注意。

(2) 面板材质。机箱面板的材质是很重要的，前面板大多采用工程塑料制成。用料好的前面板强度高，韧性大，使用数年也不会老化变黄；而劣质的前面板强度很低，容易损坏，使用一段时间就会变黄。

(3) 箱体用料。机箱箱体用料是选择机箱的重要条件，机箱的用料基本可分为三类：镀锌钢板、喷漆钢板、镁铝合金。一般说来，比较有名的机箱厂家对原材料、进货渠道以及质量的控制都非常严格。所以在资金充裕的情况下，应该尽量选择大厂的产品。

(4) 材料的导电性。机箱材料是否导电，是关系到机箱内部的电脑配件是否安全的重要因素。如果机箱材料是不导电的，那么产生的静电就不能由机箱底壳传导到地面，情况严重时会导致机箱内部的主板等烧坏。

十一、电源

电源是向电子设备提供功率的装置，也称电源供应器，它提供计算机中所有部件所需要的电能。电源功率的大小，电流和电压是否稳定，将直接影响计算机的工作性能和使用寿命。计算机电源是一种安装在主机箱内的封闭式独立部件，它的作用是将交流电通过一个开关电源变压器变换为稳定的直流电，以供应主机箱内主板、硬盘及各种适配器扩展卡等系统部件使用。电源的外观如图 1-12 所示。

图 1-12　电源

十二、鼠标/键盘

鼠标因形似老鼠而得名，英文名叫"Mouse"。鼠标的使用是为了使计算机的操作更加简便，以代替键盘那些烦琐的指令。

键盘是最常用也是最主要的输入设备，通过键盘，可以将英文字母、数字、标点符号等输入到计算机中，从而向计算机发出命令、输入数据等，英文名叫"Keyboard"。鼠标/键盘的外观如图 1-13 所示。

图 1-13 鼠标/键盘

任务拓展

在老师指导下,了解本专业所需要使用的软件,以及这些软件对计算机的 CPU、内存、显卡等部件的基本要求,根据实际情况,选配性价比较高的配置,并填写表 1-3。

表 1-3 计算机配置清单

硬件名称	型 号 参 数	价格	备 注
CPU			
主板			
显卡			
声卡			
内存			
硬盘			
显示器			
网卡			
光驱			
机箱			
电源			
鼠标/键盘			
总 价			

任务二 电脑的组装

任务提出

王同学拿着配置清单到电脑城询价,经与电脑公司销售人员沟通并交费后,该公司技术人员从仓库领取配件,并开始组装电脑。

电脑的组装

知识准备

一、准备计算机配件

组装一台计算机的配件一般包括主板、CPU、CPU 风扇、内存、显卡、声卡(主板中都有板载声卡，除非用户特殊需要)、光驱(VCD 或 DVD)、机箱、机箱电源、键盘/鼠标、显示器、数据线和电源线等。本例中所需的计算机配件如图 1-14 所示。

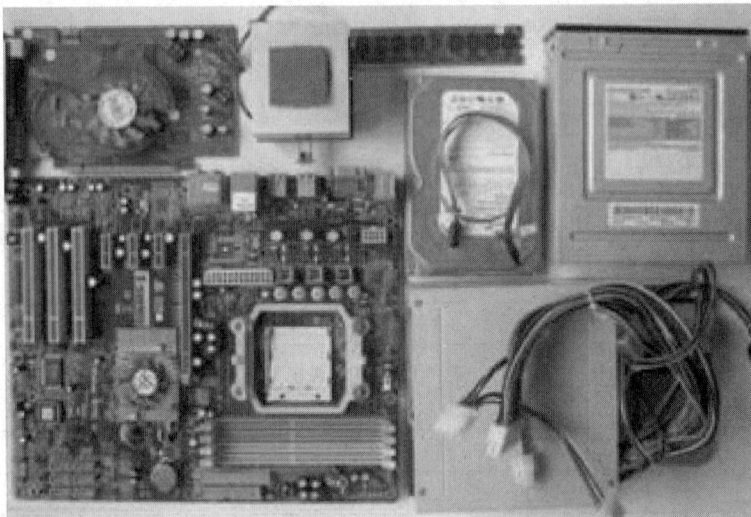

图 1-14　计算机配件

二、准备装机工具

除了计算机配件以外，还需要准备螺丝刀、尖嘴钳、镊子等装机工具，如图 1-15 所示。

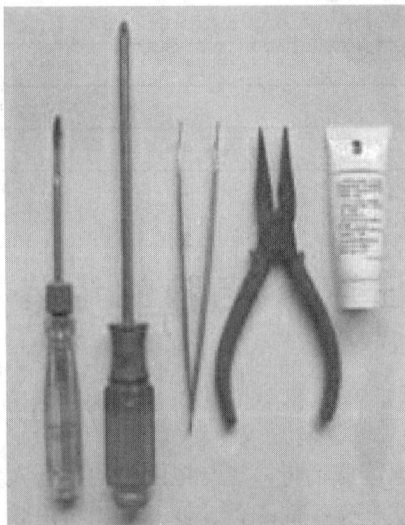

图 1-15　装机工具

(1) 十字口螺丝刀：用于螺丝的安装或拆卸。最好使用带有磁性的螺丝刀，这样安装螺丝钉时可以将其吸住，在机箱狭小的空间内使用起来比较方便。

(2) 一字口螺丝刀：用于辅助安装。

(3) 镊子：用来夹取各种螺丝、跳线和比较小的零散物品。例如，在安装过程中一颗螺丝掉入机箱内部，并且被一个地方卡住，用手又无法取出，这时镊子就派上用场了。

(4) 尖嘴钳：主要用来拆卸机箱后面的挡板或挡片。不过，现在的机箱多数都采用断裂式设计，用户只需用手来回对折几次，挡板或挡片就会断裂脱落。当然，使用尖嘴钳会更加方便。

(5) 散热膏(硅脂)：在安装 CPU 时必不可少的用品。将散热膏涂到 CPU 上，帮助 CPU 和散热片之间的连接，以增强硬件的散热效率。在选购时一定要购买优质的导热硅脂。

🕯 注意

(1) 在组装计算机前，为避免人体所携带的静电对精密的电子元件或集成电路造成损伤，应先清除身上的静电。例如，用手摸一摸铁制水龙头，或者用湿毛巾擦一下手。

(2) 在组装过程中，计算机各个配件要轻拿轻放，在不知道安装方法的情况下要仔细查看说明书，严禁粗暴装卸配件。

(3) 安装需螺丝固定的配件时，一定要检查安装是否对位再拧紧螺丝，否则容易造成板卡变形、接触不良等情况。

(4) 在安装那些带有针脚的配件时，应注意安装是否到位，避免安装过程中针脚断裂或变形。

(5) 在连接各个配件时，应注意插头、插座的方向，如缺口、倒角等。插接的插头一定要完全插入插座，以保证接触可靠。另外，在拔插时不要抓住连接线拔插头，以免损伤连接线。

上述这些问题在装机过程中经常会遇到，稍不小心就会对计算机造成很大的伤害，在组装计算机时一定要多加注意。

📄 任务实施

在完成了安装前的准备工作以后，开始实施安装。

一、安装机箱

计算机机箱的安装主要是对机箱进行拆封，并将电源安装在机箱内部。一般情况下，用户购买的机箱本身就配有已经安装好的电源，如用户对电源品质还有更高的要求，则需重新购买机箱电源。具体的拆卸机箱和安装电源的步骤如下：

(1) 将机箱从包装箱中取出。在机箱的前面板上，可以看到前置的 USB 接口、音频接口、电源按钮、硬盘指示灯和电源指示灯等。

(2) 将机箱扭转。在机箱的后面板可以看出，机箱的盖板设计的非常人性化，都是用塑料螺丝钉固定的。用户将机箱盖的四个螺丝钉分别拧下，然后用手向后拉动机箱盖板即可取下盖板，如图 1-16 所示。

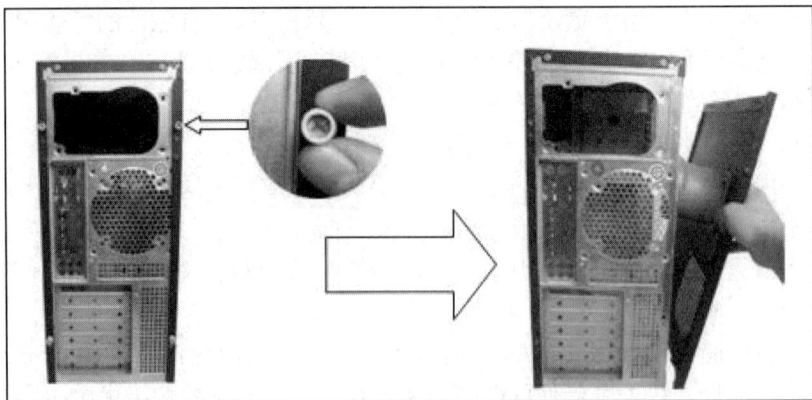

图 1-16　取下机箱盖板

(3) 通过上述方法，将另一块盖板去掉后，将机箱平放到工作台上。

(4) 取出电源，将带有风扇且有四个螺丝孔的那一面向外，放入机箱内部。在放入过程中，对准机箱上电源的固定位置，将四个螺丝孔对齐，如图 1-17 所示。

(5) 左手控制好电源的位置，右手使用螺丝刀将四个螺丝拧上。

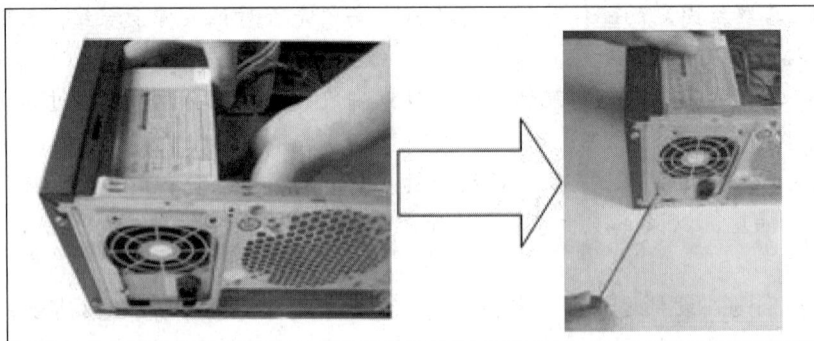

图 1-17　安装电源

👤 注意

刚开始拧螺丝的时候无需拧紧，待所有螺丝钉拧上后，再依次按照对角线方式拧紧四个螺丝，这样做能够保证电源安装的绝对稳固。

二、安装 CPU

CPU 的安装，即在主板处理器插座上插入所需的 CPU，并安装 CPU 散热风扇。具体安装步骤如下：

(1) 从包装袋中取出主板，平放到工作台上。主板下面最好垫上一层胶垫，避免在安装 CPU 散热风扇时，损坏主板背面的针脚。

(2) 在主板上找到安装 CPU 的插座，将插座旁边的手柄轻微向外掰开，同时抬起手柄，此时 CPU 插座会向旁边发生轻微侧移，这表明 CPU 可以插入了，如图 1-18 所示。

(3) 将 CPU 从包装盒中取后，观察 CPU 的四个角中，有一个角的表面上有三角标志，而在主板的 CPU 插座上面也有对应的三角标志。

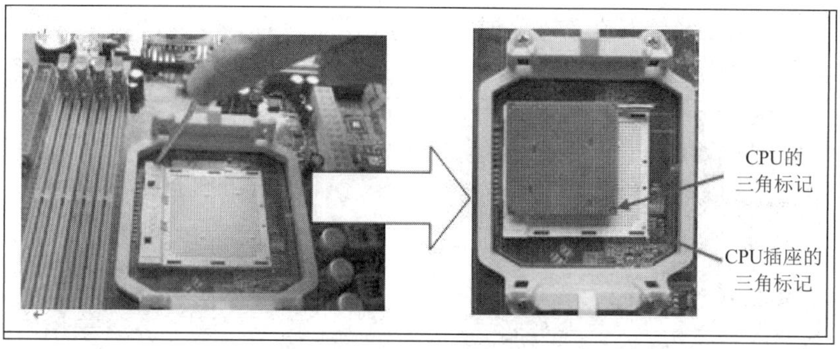

图 1-18　抬起手柄

(4) 将 CPU 针脚向下，按照三角标记的方向，将 CPU 放入到 CPU 插座中，如图 1-19 所示。

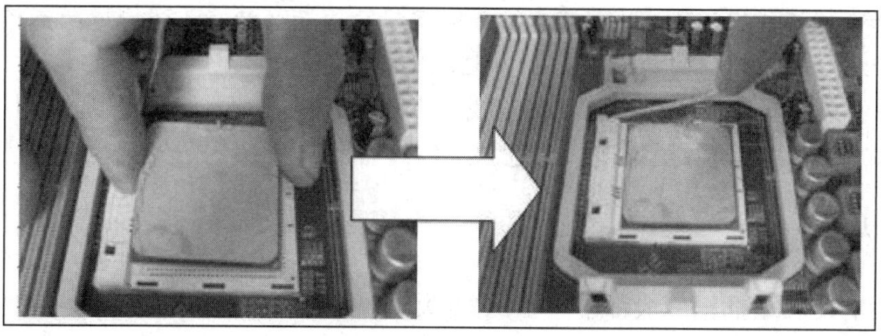

图 1-19　将 CPU 插入主板插座，下压手柄固定 CPU

(5) 用手指将 CPU 轻轻按平到 CPU 插座上，并将手柄压下来。

(6) 取出散热膏(硅脂)，将其均匀地涂抹到 CPU 表面上，薄薄一层即可。

三、安装 CPU 风扇

正确安装 CPU 后，接下来安装 CPU 风扇。一般 CPU 的风扇与主板上的 CPU 风扇的支架都是塑料制成的，在安装风扇时，一定要格外注意风扇两侧的挂钩，避免其断裂。

安装的主要步骤如下：

(1) 取出 CPU 风扇，然后将风扇对齐放到 CPU 支架上，使之与涂抹散热膏的 CPU 紧密接触，如图 1-20 示。

图 1-20　将风扇放到 CPU 支架上，将挂钩挂在卡口内

(2) 将风扇两边的金属扣挂在支架对应的卡口内。

(3) 在确定挂钩已经挂好在支架上时，再将 CPU 风扇的手柄用力下压，使散热块与 CPU 紧密结合，如图 1-21 所示。

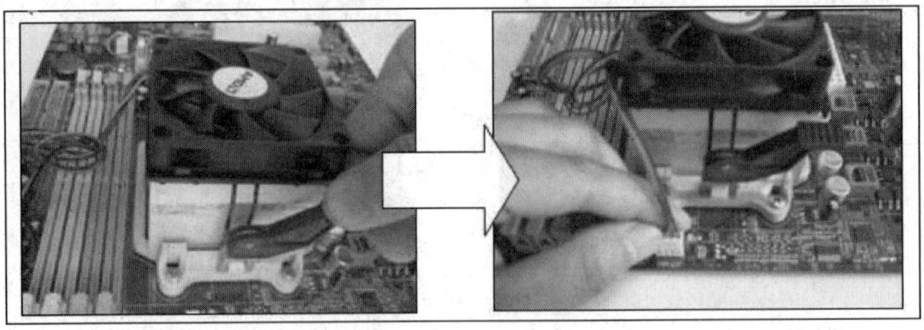

图 1-21　扣压风扇手柄，将风扇电源插头接至主板电源插座

👂 注意

在下压手柄过程中，如果风扇倾斜，一定要停止下压，并检查两侧风扇挂钩是否挂好。另外，在安装过程中，不要用力过猛，以免造成损伤。

(4) CPU 风扇固定完成后，在主板上找到 CPU 风扇的电源插座，将风扇电源线插头连接到主板 CPU 风扇的电源插座上。待电源线插好后，CPU 风扇的安装就完成了。

四、安装内存

主板上的内存条插槽一般都采用不同的颜色来区分双通道和单通道。用户将两条规格相同的内存条分别插入到两条颜色相同的插槽中，即可打开双通道功能。

这里仅以一个内存条为例，介绍内存条的安装方法。具体操作步骤如下：

(1) 取出准备好的内存条，先仔细观察。此时会发现，内存条的下边有一个凹槽，两边分别也有卡槽。

(2) 在主板上找到内存条的插槽，可以发现内存插槽两端分别有一个卡子，并且在内存插槽中间还有一个隔断。用双手把内存条插槽两端的卡子向两侧掰开，如图 1-22 所示。

图 1-22　安装内存条

(3) 将内存条中间的凹槽对准内存插槽上的隔断，平行地将内存条放入内存条插槽内。

(4) 轻轻地用力按下内存条，听到"咔"的一声响后，内存插槽两端的卡子恢复到原位，说明内存条安装到位。

👂 注意

如果内存插到底时，两端的卡子却不能自动归位，可用手将其掰到位。

五、安装主板

主板的安装主要是将主板安装到机箱主板上。主要安装步骤如下：

(1) 打开机箱，将其平稳地放在桌面上，找到机箱内安装主板类型的螺丝孔。

(2) 取出机箱提供的主板垫脚螺母(铜柱)和塑料钉，拧到这些螺丝孔中，如图 1-23 所示。

图 1-23　安装主板垫脚螺母

🔖 注意

固定主板所使用的垫脚螺母和其他的螺丝钉不一样，一般是橙黄色的铜柱。

(3) 将机箱上的 I/O 接口的密封片撬掉，并安装由主板提供的 I/O 接口挡板。

提示：

在去掉这些密封片过程中，可以先使用平口螺丝刀将其顶部撬开，再用尖嘴钳将其掰下。对于机箱背部的挡板，可以根据安装的外加板卡多少来决定，不要将所有挡板都取下。

(4) 将主板一侧倾斜，并用手托住将其放置到机箱内部，如图 1-24 所示。在放置过程中，一定要注意机箱后面的挡板与主板端口要对齐。

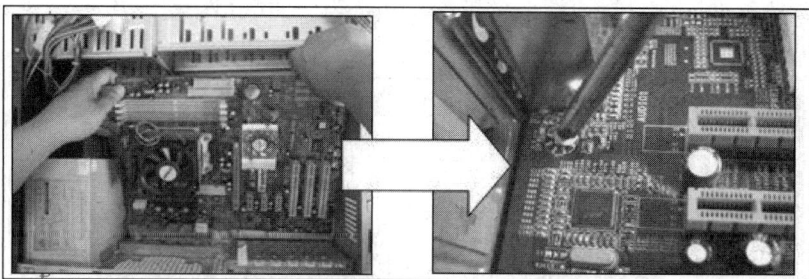

图 1-24　放置主板，拧紧主板螺丝

(5) 放置后，观察主板上的螺丝孔是否与刚拧上的垫脚螺母(铜柱)对齐。待检查主板放置无误后，用螺丝钉将主板固定到机箱上。

(6) 主板安装到机箱后，将机箱立起来，检查机箱内是否有多余的螺丝钉或其他小杂物。

🔖 注意

在安装主板过程中，机箱配备多种螺丝钉，应该找到与主板螺丝孔匹配的螺丝钉拧入。如螺丝孔的位置与主板孔位不能对应，切忌强行将螺丝拧入，避免主板受外力变形造成损坏。

六、安装显卡

根据主板的显卡插槽类型，购买合适的显卡。目前绝大多数显卡均采用 PCI-E 接口，这个接口与主板上 PCI 插槽相对应，并且有防误插设计。具体安装步骤如下：

(1) 在主板上找到显卡插槽的位置，将显卡插槽的卡子向外掰开。

(2) 用尖嘴钳将机箱背部对应位置上的挡板卸下。

(3) 将显卡金手指的那一端对准 PCI-E 插槽，并将显卡输入端对准挡板，将显卡向下按，如图 1-25 所示。

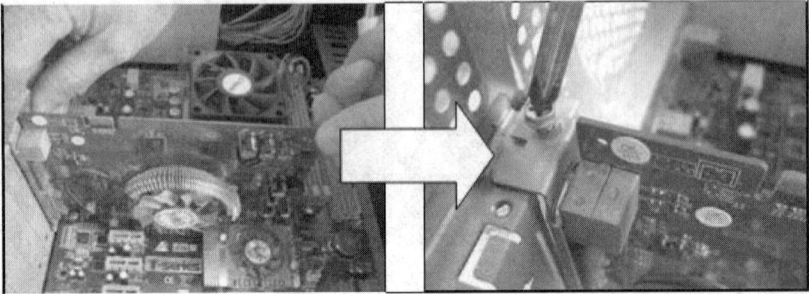

图 1-25　安装显卡

(4) 显卡插入插槽中后，显卡有外接接口的一端正好搭在机箱的板卡安装位上，再挑选螺钉固定显卡。

七、安装光驱

光驱是计算机的主要辅助设备，也是计算机获取外部数据的常用设备之一。具体安装步骤如下：

(1) 将机箱上面光驱位置的前挡板去掉。

(2) 将光驱正面向前，接口端向机箱内，从机箱前面缺口中滑入机箱内部，如图 1-26 所示。

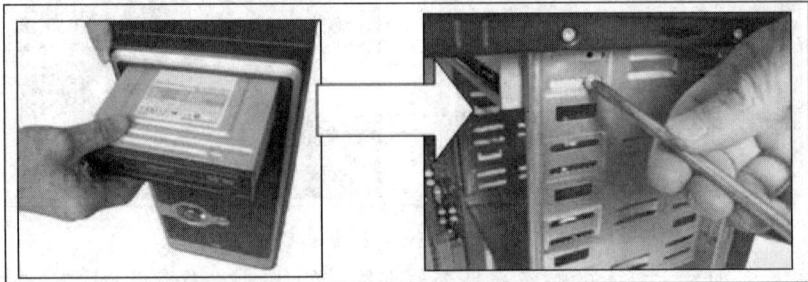

图 1-26　安装光驱

(3) 调整光驱的位置，使光驱螺丝孔对准托架上的螺丝孔。

(4) 分别在机箱两侧拧上螺丝，以固定光驱。

八、安装硬盘

光驱安装结束后，再安装硬盘。具体安装步骤如下：

(1) 用手托住硬盘，正面(标明硬盘容量和类型等信息的那一面)朝上，将硬盘对准 3.5 英寸固定架的插槽。

(2) 轻轻地将硬盘往里推，直到硬盘的四个螺丝孔与机箱上的螺丝孔位置合适为止，如图 1-27 所示。

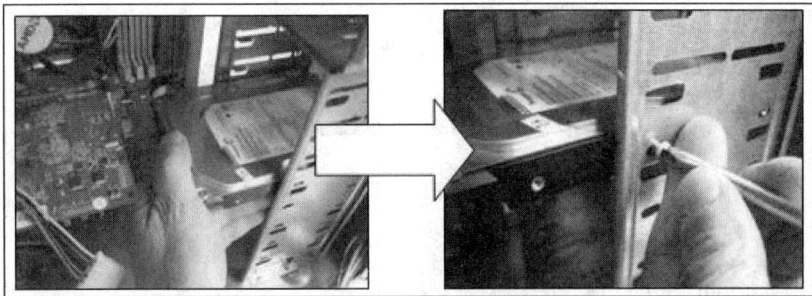

图 1-27 安装硬盘

(3) 在配备的螺丝钉中，选择合适的螺丝钉将其在硬盘的螺丝孔内拧紧。

👤 注意

在固定光驱或硬盘的过程中，应该按照对角线的方式依次拧紧螺丝钉，这样会使光驱或硬盘受力较均匀。切忌一次将一边的螺丝钉拧紧，再拧紧另外两个螺丝钉。

九、连接主板供电线路

(1) 从机箱电源的一把电源线中找到比较宽大的两排共 24 孔的电源插头。

(2) 在主板上可以找到一个长方形的插槽，它就是为主板提供电源的电源插槽。目前主板供电的接口主要有 24 针脚和 20 针脚两种，无论采用 24PIN 和 20PIN，其插法都是一样的。

(3) 用手捏住 24 孔电源插头，对准主板的供电接口，缓缓地用力向下压，如图 1-28 所示，听到"咔"的一声时，表明插头已经插好。

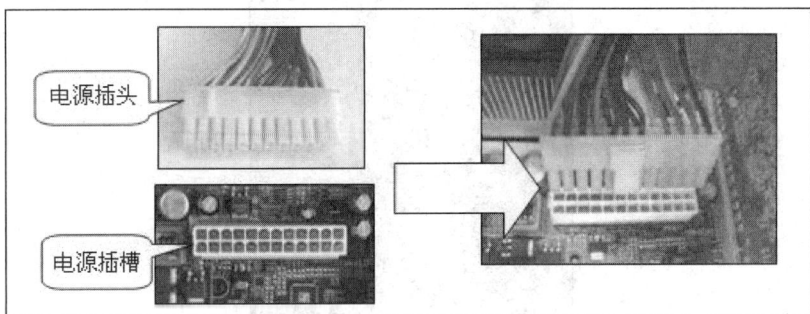

电源插头

电源插槽

图 1-28 连接主板电源线

十、连接 CPU 供电线路

为了给 CPU 提供更加稳定的电压，主板上均提供一个给 CPU 单独供电的 12 V 四针供电接口。CPU 供电接口的连接方法也很简单，方法为：

(1) 在机箱电源线中找到提供给 CPU 的电源线。

(2) 在主板上找到提供给 CPU 单独供电的 12 V 四针供电接口。

(3) 将电源线其插在对应的插座中，如图 1-29 所示。

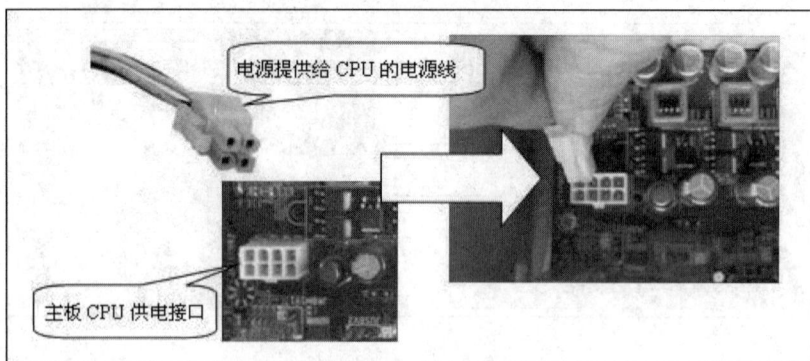

图 1-29　连接 CPU 供电线路

十一、连接光驱和硬盘的供电接口

目前，光盘驱动器采用四针梯形供电接口。硬盘绝大部分都采用的是 SATA 串行接口，它更高的传输速度渐渐替代了 PATA 接口并成为当前的主流。

1. 连接光驱

在机箱电源线中，找一根 PATA 接口类型的电源线，对准光驱的电源接口插槽进行连接，如图 1-30 所示。在连接过程中，可以发现电源线插头为梯形，而光驱电源接口插槽也是梯形，如果方向错误，则无法插入。

图 1-30　连接光驱电源线

2. 连接硬盘

在机箱电源线中找一根 SATA 接口的电源线，对准硬盘的电源接口插槽进行连接，如图 1-31 所示。

图 1-31 连接硬盘电源线

十二、连接光驱数据线

一根典型的 80 芯 IDE 数据线有三个接口，分别为蓝色、黑色和灰色。其中，蓝色接头(SYSTEM)连接主板的 IDE 接口，黑色接头(MASTER)与主盘相连，灰色接头(SLAVE)与从盘相连。

(1) 取出 IDE 数据线，将数据线黑色接头与光驱 IDE 接口相连。此处，IDE 接口也有防误插设计，插反或插错都是插不进去的，如图 1-32 所示。

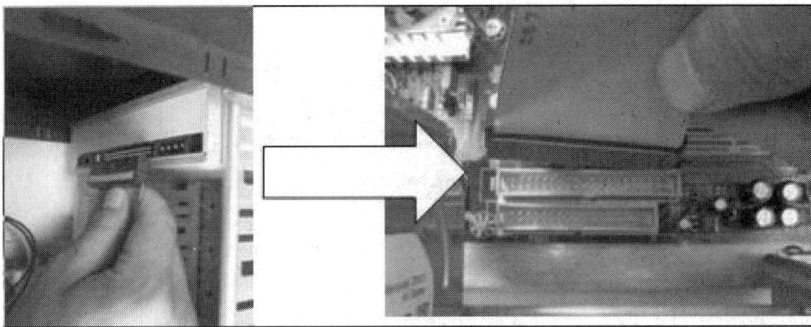

图 1-32 连接光驱数据线

(2) 将数据线的蓝色接口端对准主板上的 IDE 插槽，然后适当用力按下。由于在数据线接口的一侧有个凸出的塑料块，而在主板 IDE 插槽一侧有一个缺口，所以方向错误是插不进插槽的。

十三、连接 SATA 硬盘数据线

由于 SATA 的数据线设计更加合理，所以使得安装变得十分简单。本例中的主板提供了 6 个 SATA 接口，通常在插座旁边会标有"SATA1"和"SATA2"的文字标识。在安装 SATA 数据线时，只需注意数据线接口的凸起方向，一端连接硬盘，一端连接主板上的 SATA 接口即可。

(1) 取出 SATA 硬盘数据连接线，将 SATA 数据线的一端连接至硬盘的数据线接口中。

此接口做了防误插设计，方向错误是插不进去的，如图 1-33 所示。

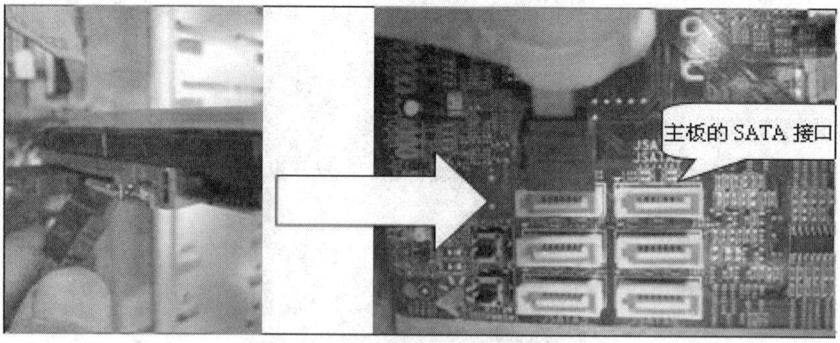

图 1-33　连接硬盘 SATA 数据线

(2) 将 SATA 数据线的另一端连接至主板的 SATA 接口中。

十四、连接前置面板

在机箱中的信号系统线和控制线都比较复杂，包括前置 USB 接口线、电源开关线、电源指示灯线、硬盘指示灯线和扬声器线。图 1-34 所示的就是本例中前置面板的所有接头，包括 POWER SW、POWER LED、RESET、SPEAKER、HDD LED 和 SPK/MIC 等。要将这些连线正确插接到主板对应的插针上，机箱的前置面板才能正常使用。

图 1-34　前置面板的接头

另外，不同品牌的主板在设计这些插针的位置时都有所不同。用户在插接时，一定要参照主板说明书来操作，图 1-35 所示的就是正确插接后的样子。

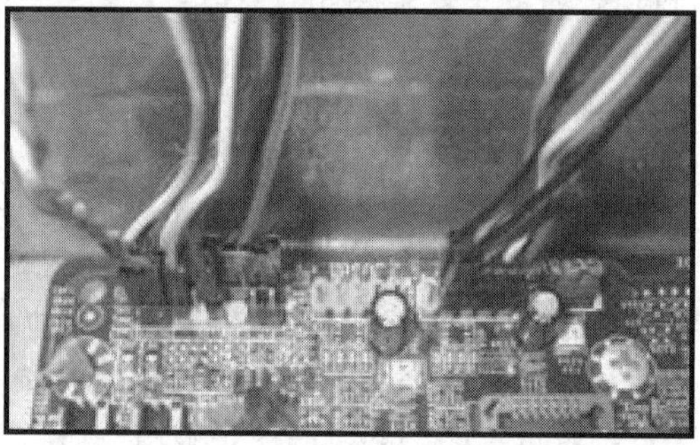

图 1-35　正确插接前置面板接头

十五、连接外部设备

不同品牌的主板背部 I/O 设备接口会有所不同，本例中主板背部接口如图 1-36 所示，这里提供了 PS/2 鼠标键盘、同轴音频、USB、打印机、显示器和音频输出等接口。

图 1-36　机箱背部的接口

1. 连接显示器

液晶显示器已经成为市场的主流，而液晶显示器都提供 DVI 接口的插头(用于高速传输数字信号的技术)，如图 1-37 所示。用户将该插头插入显卡背部相同接口类型的插座，再将旁边的两个螺丝慢慢拧紧即可。

图 1-37　DVI 插头

2. 连接鼠标和键盘

(1) 一般情况下，普通的 PS/2 接口中，鼠标为绿色接口，键盘为紫色接口。在连接鼠标键盘时，把插头上面的箭头对准机箱后面键盘插座的凹洞，轻轻用力即可插上。连接鼠标和键盘时，要注意方向性，避免用力过猛将插头的内插针弄弯。

(2) 如果用户使用的是 USB 接口的键盘和鼠标，只需将其插入机箱背部的 USB 接口即可。

3. 连接音频设备

机箱背部的音频输入/输出接口旁边都有耳机、麦克风等标识，只需将音箱、话筒等外接插头插入对应的插孔即可。

十六、开机测试和收尾工作

开机测试前，应该将所有的设备安装完成，然后接上电源，检查是否正常。其操作步骤如下：

(1) 将电源线的一端连接到交流电插座上，另一端插入到机箱电源的插口中。

(2) 重新检查所有连接的地方，有无错误和遗漏。

(3) 按下机箱的"POWER"电源开关，可以看到电源指示灯亮起，硬盘指示灯闪烁，显示器显示开机画面，并进行自检，到此硬件组装就成功了。如果开机加电测试时，没有任何警告音，也没有一点反应，则应该再重新检查各个硬件的插接是否紧密，数据线和电源线是否连接到位，供电电源是否有问题，显示器信号线是否连接正常等。

(4) 待计算机通过开机测试后，切断所有电源。使用捆扎带对机箱内部所有连线分类整理，并进行固定。

🕪 注意

整理连接线时，尽量不要让连线触碰到散热片、CPU 风扇和显卡风扇。

(5) 所有工作完成后，将机箱挡板安装到机箱上，拧紧螺丝钉即可。至此，一台完整的计算机就组装完成了，如图 1-38 和图 1-39 所示。

图 1-38　安装完成的计算机正面

图 1-39　安装完成的计算机背面

任务三　操作系统的安装

📋 任务提出

电脑公司的技术人员在完成了计算机硬件部分的安装之后，在软件工具包中选了一张 Windows 10(32 位)操作系统的安装光盘，准备安装计算机操作系统。

Windows 10 操作
系统安装

📋 知识准备

没有软件的计算机是"裸机"，不能完成我们需要的功能。计算机只有安装了软件，才有灵魂。我们使用计算机进行文件管理、文字处理和表格制作等的操作，都是建立在计算机操作系统之上的。

当完成了计算机硬件的组装后，就可以安装计算机操作系统了。Windows 10 操作系统是目前用户常用的操作系统之一，它有三种安装方式：全新安装、升级安装和多系统共享安装。

一、全新安装

在没有任何操作系统的情况下或者原有系统是 Windows XP 及以下版本，则应全新安装 Windows 10 操作系统。

二、升级安装

如果原有操作系统是 Windows vista 的话，可以选择升级安装。

三、多系统共享安装

指保留原有操作系统使之与新安装的 Windows 10 共存的安装方式，安装时不覆盖原有操作系统，将新操作系统安装在另一个分区中，与原有的操作系统可分别使用，互不干扰。

具体需要根据不同的情况选择不同的安装方式。如果是一台裸机，需要选择全新安装的方式，即通过 Windows 10 安装光盘引导系统并自动运行安装程序。

✍ 说明

(1) 在安装系统之前，需要在 BIOS 中将启动顺序设置为 CDROM 优先；
(2) 系统安装光盘建议使用 Windows 10(32 位)安装版，而不是克隆版。

任务实施

一、修改 CMOS 设置

以 AWARD BIOS 设置为例：

启动计算机，马上按住 Delete 键，进入 BIOS，如图 1-40 所示。

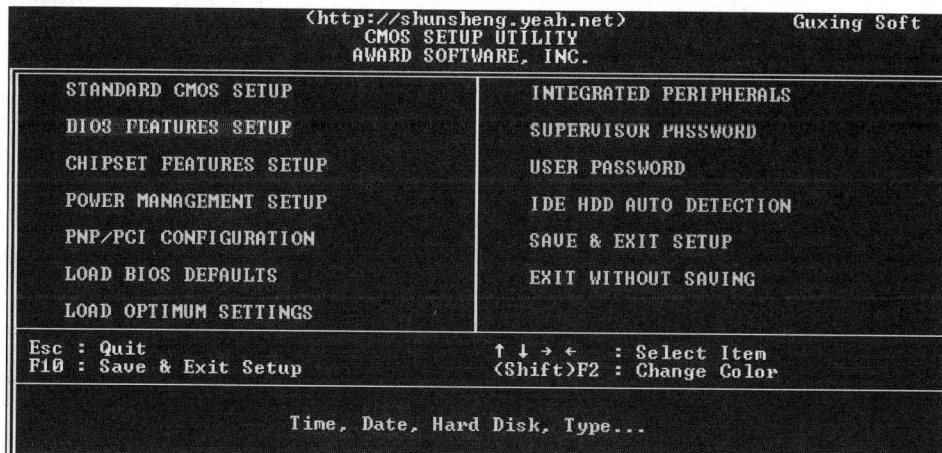

图 1-40　BIOS 界面

用键盘功能键区方向键选第二行"BIOS FEATURES SETUP"(BIOS 功能设定)，回车进入 BIOS FEATURES SETUP 界面，如图 1-41 所示。

```
CPU Internal Core Speed    : 350MHz      OS Select For DRAM > 64MB : Non-OS2
                                         HDD S.M.A.R.T. capability : Disabled
                                         Report No FDD For WIN 95  : No
CPU Core Voltage           : Default
CPU clock failed reset     : Disabled    Video  BIOS Shadow : Enabled
Auti-Virus Protection      : Disabled    C8000-CBFFF Shadow : Disabled
CPU Internal Cache         : Enabled     CC000-CFFFF Shadow : Disabled
External Cache             : Enabled     D0000-D3FFF Shadow : Disabled
CPU L2 Cache ECC Checking  : Enabled     D4000-D7FFF Shadow : Disabled
Processor Number Feature   : Enabled     D8000-DBFFF Shadow : Disabled
Quick Power On Self Test   : Disabled    DC000-DFFFF Shadow : Disabled
Boot From LAN First        : Disabled
Boot Sequence              : A,C,SCSI
Swap Floppy Drive          : Disabled
Boot Up NumLock Status     : On
Gate A20 Prtion            : Normal      ESC : Quit          ↑↓→← : Select Item
Security Option            : Setup       F1  : Help          PU/PD/+/- : Modify
PCI/VGA Palette Snoop      : Disabled    F5  : Old Values    <Shift>F2 : Color
                                         F6  : Load BIOS    Defaults
                                         F7  : Load Optimum Settings
```

图 1-41　BIOS FEATURES SETUP 界面

将光标移动到"Boot Sequence"(启动顺序)选项，按 PAGEUP 或 PAGEDOWN 选择设置为"CDROM,C,A"即为光驱启动，如图 1-42 所示。

```
CPU Internal Core Speed    : 350MHz      OS Select For DRAM > 64MB : Non-OS2
                                         HDD S.M.A.R.T. capability : Disabled
                                         Report No FDD For WIN 95  : No
CPU Core Voltage           : Default
CPU clock failed reset     : Disabled    Video  BIOS Shadow : Enabled
Auti-Virus Protection      : Disabled    C8000-CBFFF Shadow : Disabled
CPU Internal Cache         : Enabled     CC000-CFFFF Shadow : Disabled
External Cache             : Enabled     D0000-D3FFF Shadow : Disabled
CPU L2 Cache ECC Checking  : Enabled     D4000-D7FFF Shadow : Disabled
Processor Number Feature   : Enabled     D8000-DBFFF Shadow : Disabled
Quick Power On Self Test   : Disabled    DC000-DFFFF Shadow : Disabled
Boot From LAN First        : Disabled
Boot Sequence              : CDROM,C,A
Swap Floppy Drive          : Disabled
Boot Up NumLock Status     : On
Gate A20 Prtion            : Normal      ESC : Quit          ↑↓→← : Select Item
Security Option            : Setup       F1  : Help          PU/PD/+/- : Modify
PCI/VGA Palette Snoop      : Disabled    F5  : Old Values    <Shift>F2 : Color
                                         F6  : Load BIOS    Defaults
                                         F7  : Load Optimum Settings
```

图 1-42　设置为光驱启动

按 ESC 键退出，输入字母"y"或"Y"后再按回车保存设置，如图 1-43 所示。

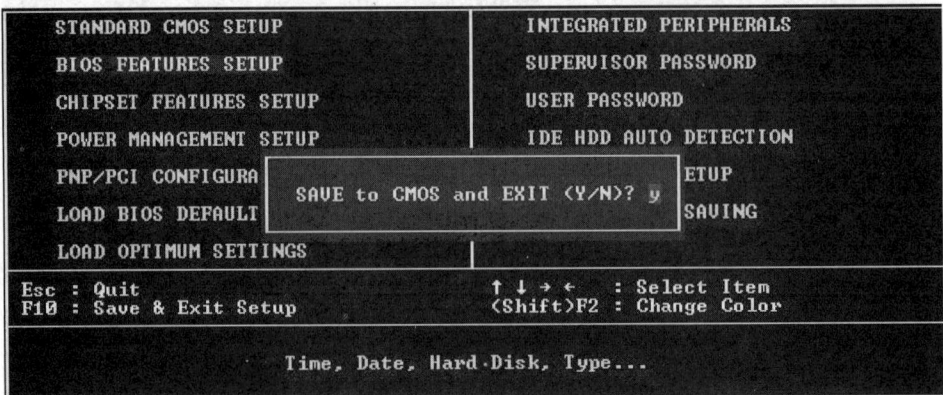

```
STANDARD CMOS SETUP                    INTEGRATED PERIPHERALS

BIOS FEATURES SETUP                    SUPERVISOR PASSWORD

CHIPSET FEATURES SETUP                 USER PASSWORD

POWER MANAGEMENT SETUP                 IDE HDD AUTO DETECTION

PNP/PCI CONFIGURA ┌────────────────────────────────┐ ETUP
                  │ SAVE to CMOS and EXIT <Y/N>? y  │
LOAD BIOS DEFAULT └────────────────────────────────┘ SAVING

LOAD OPTIMUM SETTINGS

Esc : Quit                     ↑ ↓ → ←    : Select Item
F10 : Save & Exit Setup        <Shift>F2  : Change Color

              Time, Date, Hard-Disk, Type...
```

图 1-43　保存设置界面

二、进入安装界面

将 CMOS 修改为光盘引导后将 Windows 10 系统光盘放入光驱中，重新启动计算机，计算机将从光驱引导，屏幕上显示 Press any key to boot from CD…(按任意键从光驱启动)。

请按任意键继续(这个界面出现时间较短暂，请注意及时按下任意键)，安装程序将检测计算机的硬件配置，从安装光盘提取必要的安装文件，之后出现 Windows 10 的安装界面，如图 1-44 所示。

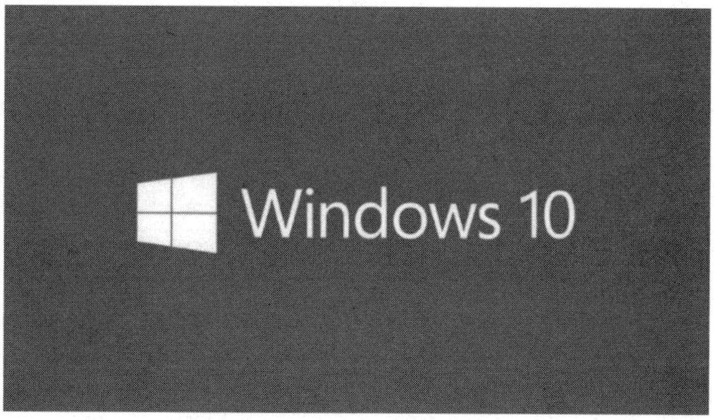

图 1-44　Windows Setup 界面

根据需要选择"要安装的语言""时间和货币格式"及"键盘和输入方法"，然后点击"下一步"，将出现确认安装 Windows 10 的界面。在阅读完安装 Windows 须知后，点击"现在安装"，在安装程序启动完毕后将出现 Windows 10 的许可条款界面。单击"下一步"，将出现选择安装类型界面，如图 1-45 所示，根据情况选择"自定义(高级)"模式，进行下一步操作。

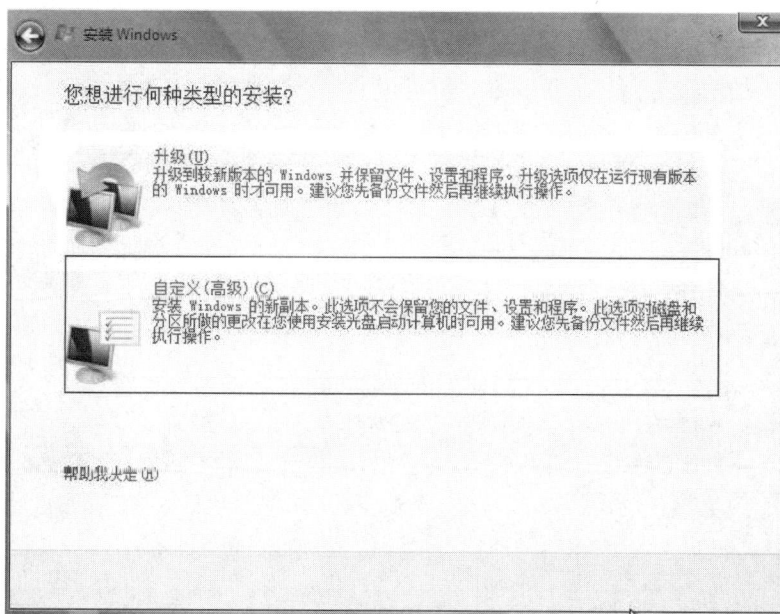

图 1-45　选择安装类型界面

三、硬盘分区格式化及文件复制

进入分区界面，如果你想对硬盘进行分区或者格式化，可以点击"驱动器选项(高级)"，如图 1-46 所示。

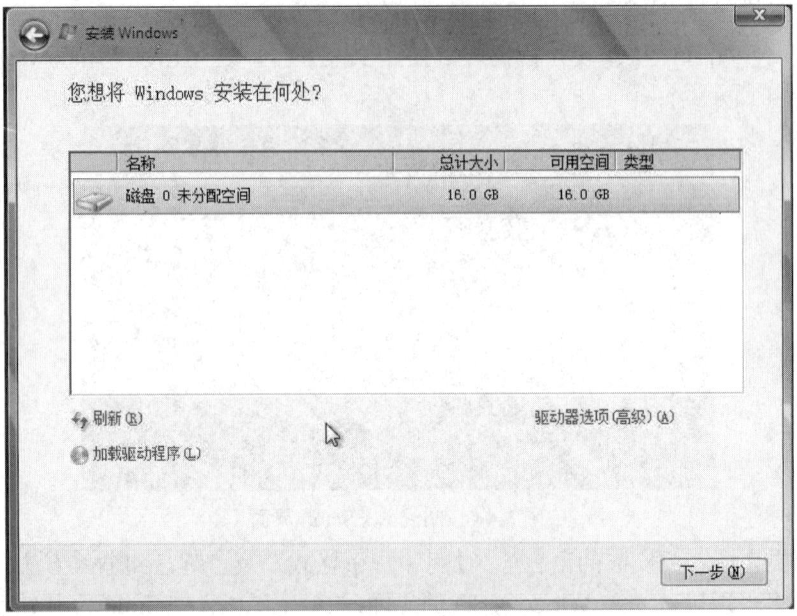

图 1-46　格式化磁盘分区界面

选择"新建(E)"，创建分区(建议设置大小为 30～40 G)，设置分区容量并点击"下一步"，如图 1-47 所示。

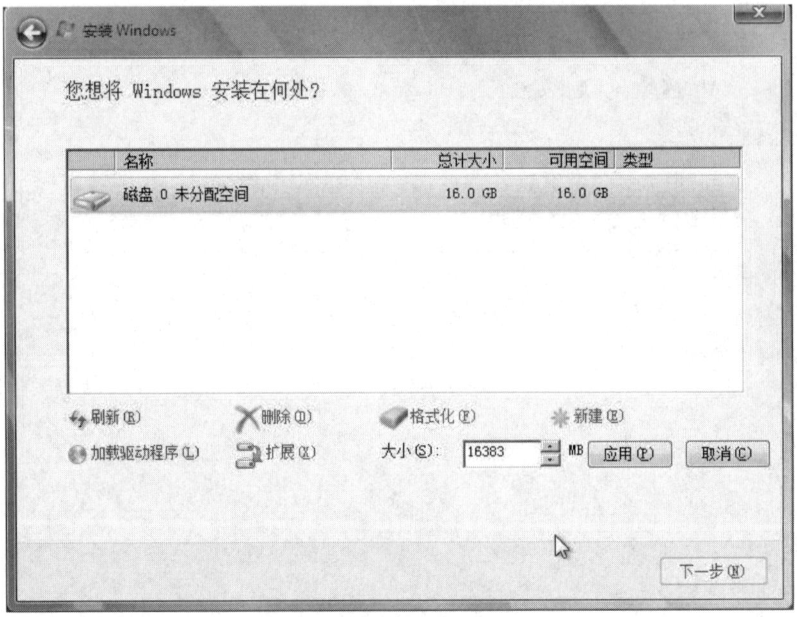

图 1-47　新建分区界面

此时，系统将弹出提示窗口，提示将为系统文件创建额外分区，如图1-48所示。

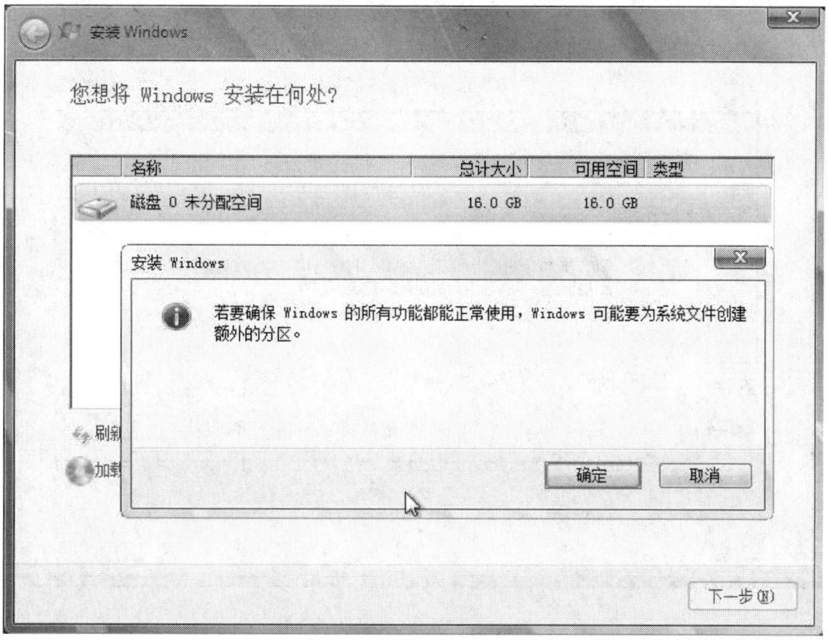

图1-48 系统提示窗口

点击"确定"按钮，在接下来出现的界面中选择"分区2"，并点击"格式化"按钮，如图1-49所示。

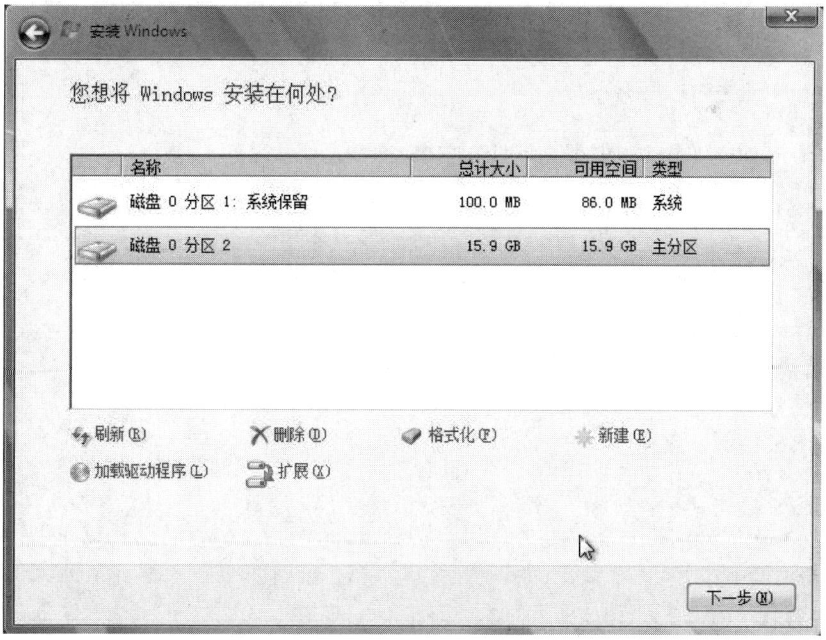

图1-49 分区格式化界面

此时，将出现格式化警告提示，点击"确定"按钮，即可完成格式化，如图1-50所示。

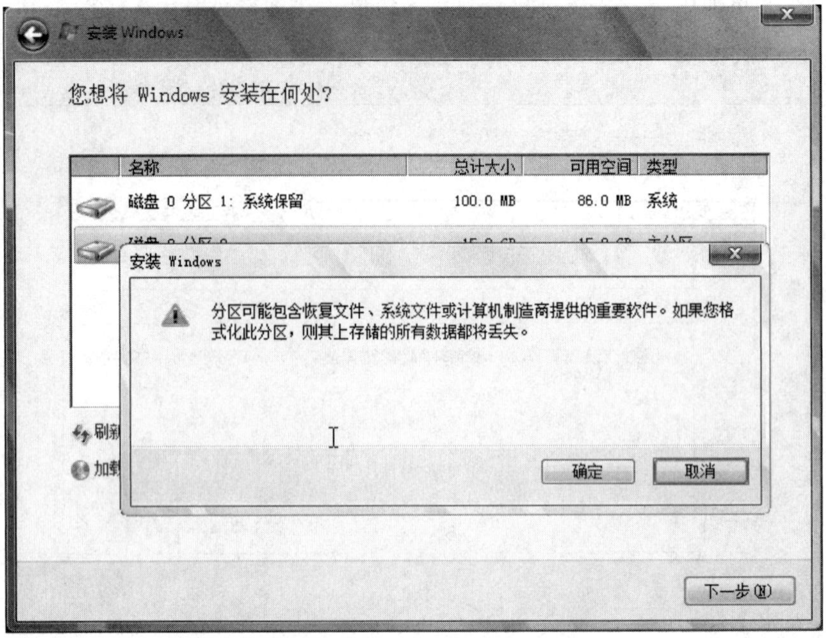

图 1-50　格式化警告窗口

　　格式化完成后，点击"下一步"，便会开始启动包括对系统文件的复制、展开系统文件、安装对应的功能组件、更新等操作，期间基本无需值守，计算机会出现一到两次的重启操作，如图 1-51 所示。

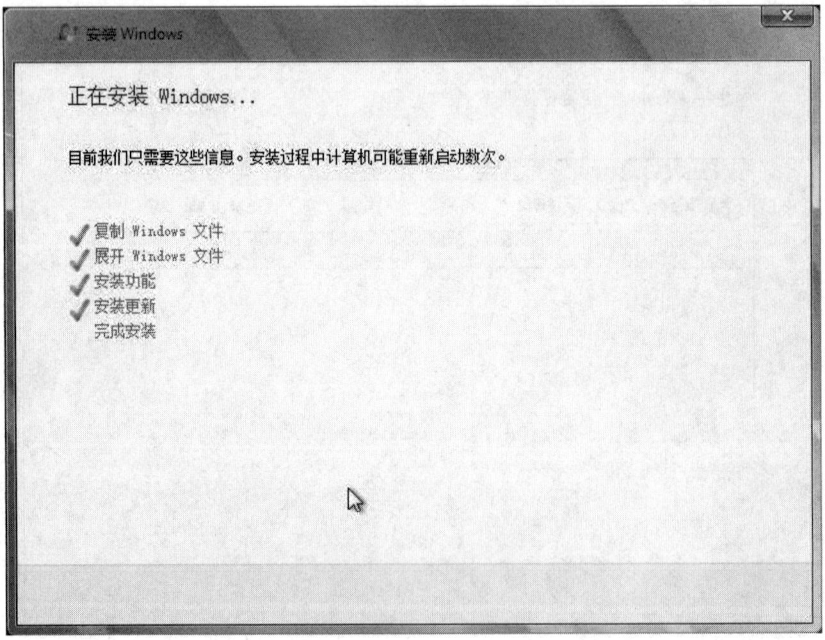

图 1-51　文件复制、展开、安装功能、更新界面

　　文件复制完成之后，计算机会在 10 秒后自动重启，如果不想等待，可以点击"立即重

新启动"，如图 1-52 所示。

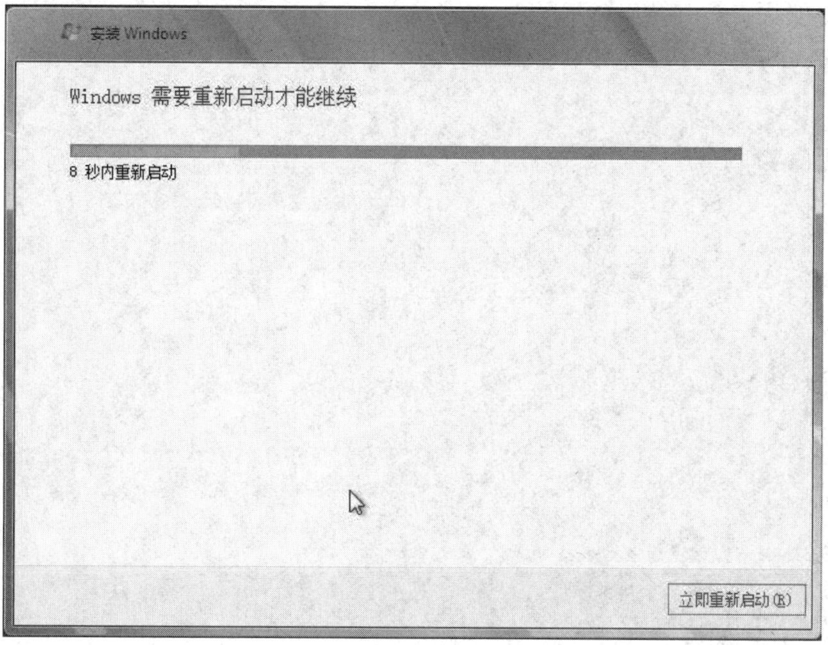

图 1-52　系统重启界面

四、Windows 10 系统安装

重启完成后，系统将进入 Windows 10 系统更新注册表界面，如图 1-53 所示。

图 1-53　更新注册表设置界面

完成注册表更新后，安装程序将启动服务，如图 1-54 所示。

图 1-54　启动服务界面

系统启动服务后，将会出现完成安装界面，如图 1-55 所示。

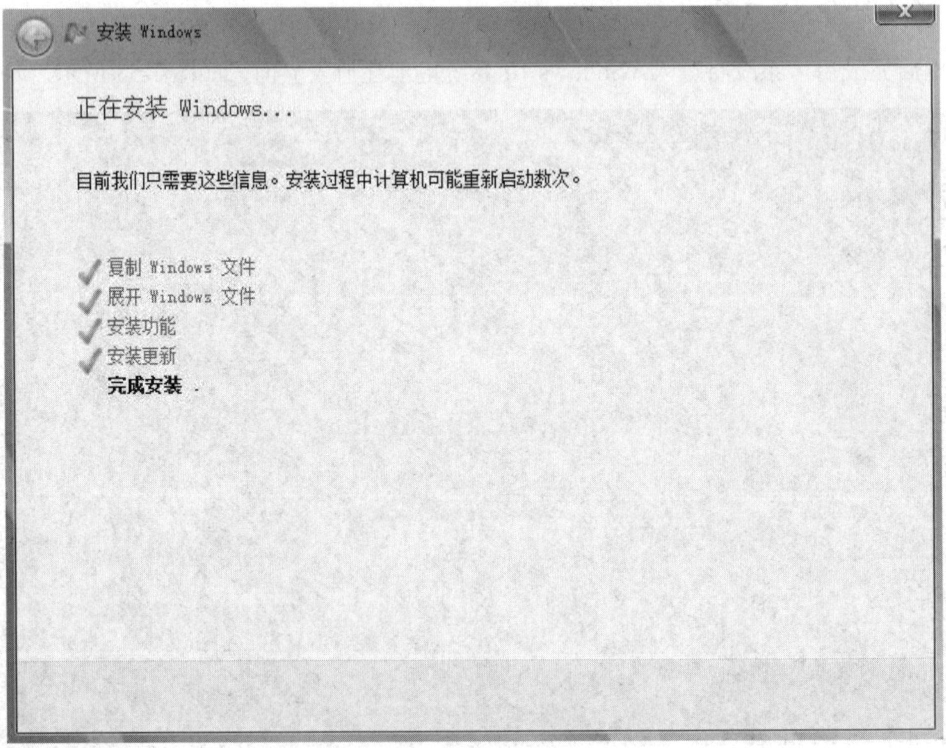

图 1-55　完成安装界面

此时，系统将再次重启，如图 1-56 所示。

安装程序将在重新启动您的计算机后继续

图 1-56 系统重启界面

系统启动后，将为首次使用计算机做准备，如图 1-57 所示。

安装程序正在为首次使用计算机做准备

图 1-57 首次使用计算机准备界面

第一次进入 Windows 10 系统，系统会邀请我们为自己创建一个账号，以及设置计算机名称，完成后点击"下一步"。创建账号后需要为我们的账号设置一个密码，如果不需要密码，直接点击"下一步"即可。如图 1-58 所示。

图 1-58　设置密码界面

此时，会出现更新设置，建议选择"使用推荐设置"，如图 1-59 所示。

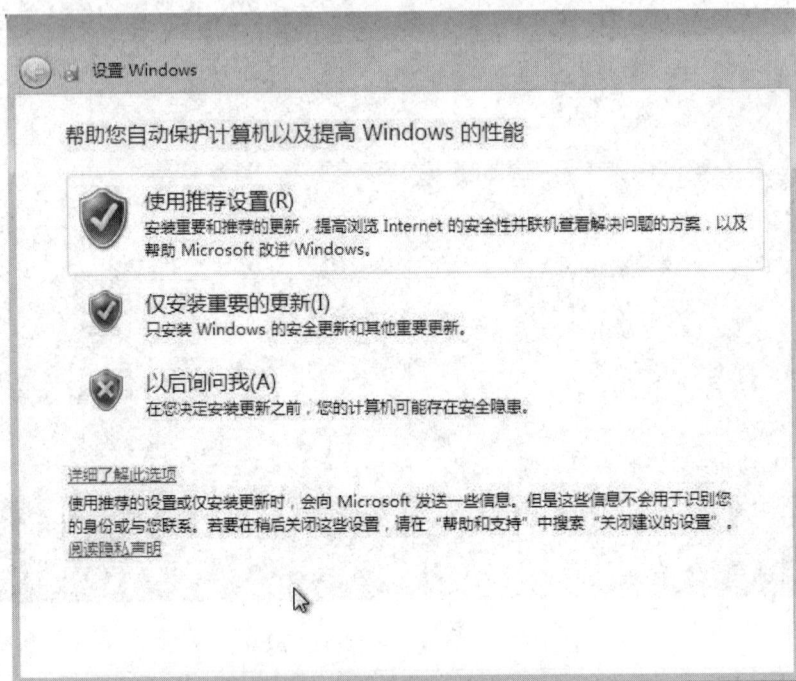

图 1-59　Windows 更新设置界面

接下来,将出现日期和时间设置界面,请校正当前的日期/时间/时区,并点击"下一步",如图 1-60 所示。

图 1-60 日期和时间设置界面

安装程序已完成设置,并进入系统界面,如图 1-61 所示。

图 1-61 Windows 10 系统界面

任务四　外设的添加与删除

任务提出

在安装完驱动程序之后，电脑公司的技术人员将组装完毕的电脑交付给王同学，王同学将组装好的电脑带回寝室，因学习需要，还需要配置一台 HP 激光打印机，该打印机要连接在王同学的新电脑上。

知识准备

外部设备涉及主机以外的任何设备，它是附属或辅助与计算机连接起来的设备，一般分为输入设备和输出设备。常见的外设有：显示器、键盘、鼠标、Modem、打印机、扫描仪、摄像头、数码相机、音箱、麦克风、耳机等。

外部设备虽然很多，但只有显示器、键盘、鼠标才是必需的，其他外设都要根据需要进行添加。新安装的 HP 打印机需要安装驱动程序才能正常使用。

任务实施

(1) 首先下载 HP LaserJet P1020 的驱动程序。

(2) 双击打开"pc6-hp1020 Laser printer.exe"文件，出现如图 1-62 所示许可协议界面。

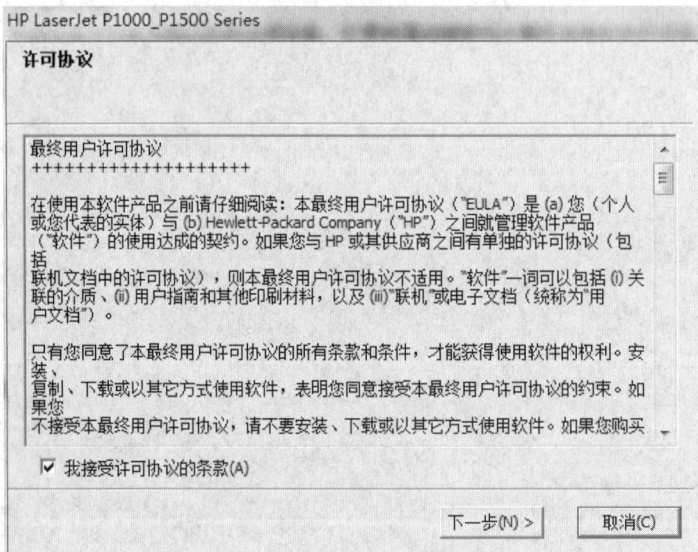

图 1-62　许可协议界面

(3) 在"我接受许可协议的条款"前面方框内打钩，点击"下一步"，出现如图 1-63 的正在安装界面。

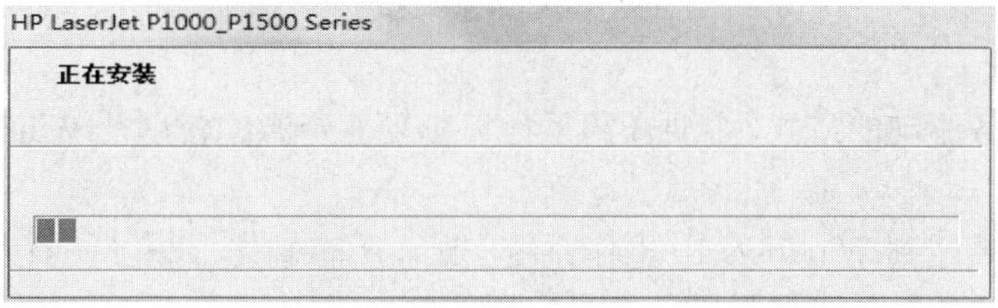

图 1-63 正在安装界面

(4) 接着系统会提示为打印机插上电源,并连接到电脑,如图 1-64 所示。

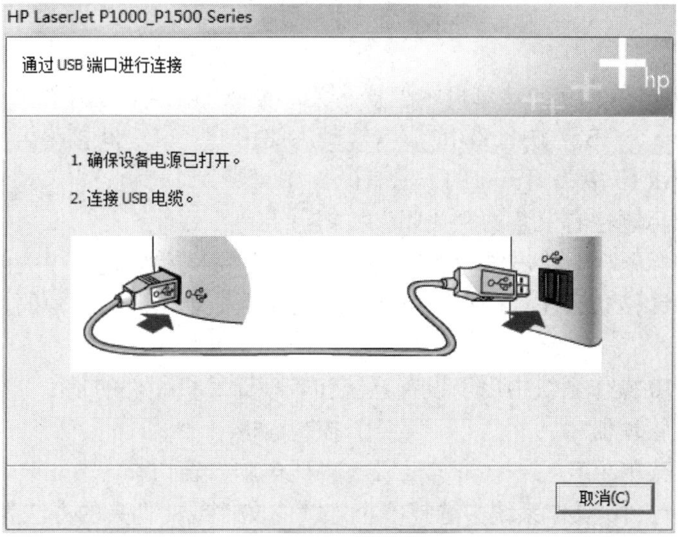

图 1-64 连接设备提示

(5) 将打印机和电脑连,打印机电源插好,打开打印机电源开关,系统将自动安装驱动程序,装完后提示安装完成,如图 1-65 所示。

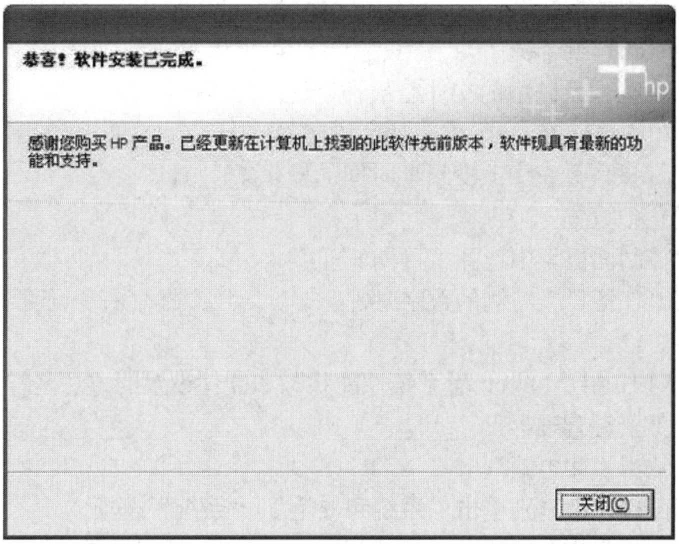

图 1-65 安装完成

模 块 小 结

本模块以任务驱动的方式,主要介绍了计算机硬件资源的使用及 Windows 10 操作系统的安装。

从计算机的装配到 Windows 10 操作系统安装,所有操作都是以任务为主线、以实例为引导驱动任务讲述的,能满足日常计算机应用的基本需求。

课后练习题

1. 在运行 Windows 10 的计算机中配置网关,类似于在路由器中配置(　　)。

A. 直接路由　　　　B. 缺省路由　　　C. 动态路由　　　　D. 间接路由

2. 在 Windows 10 中关闭窗口的方法有(　　)。

A. 单击窗口标题栏右上角的"关闭"按钮

B. 在窗口的标题栏上单击鼠标右键,在弹出的快捷菜单中选择"关闭"命令

C. 将鼠标指针移动到任务栏中某个任务缩略图上,单击其右上角的"关闭"按钮

D. 以上均可

3. Windows 10 操作系统中用于设置系统和管理计算机硬件的是(　　)。

A. 文件资源管理器　　　　　　　B. 控制面板

C. "开始"菜单　　　　　　　　　D. "此电脑"窗口

4. 在 Windows 10 操作系统中选择多个连续的文件或文件夹的方法为:首先选择第一个文件或文件夹,接着按住(　　)键不放,最后单击最后一个文件或文件夹。

A. Tab　　　　　　B. Alt　　　　　　C. Shift　　　　　D. Ctrl

5. 在 Windows 10 操作系统中,用户可以通过(　　)来进行窗口切换。

A. 单击任务栏中的按钮　　　　　　B. 按"Alt+Tab"组合键

C. 按"Win+Tab"组合键　　　　　　D. 以上均可

6. Windows 10 操作系统中的文件名最长可达(　　)个字符。

A. 255　　　　　　B. 254　　　　　　C. 256　　　　　　D. 8

7. Windows 10 操作系统中改变日期时间的操作(　　)。

A. 在系统设置中设置

B. 只能在"控制面板"中选择"日期/时间"

C. 只能双击"任务栏"右侧的数字时钟

D. 不止一种方法

8. 在 Windows 10 中,可以查看系统性能状态和硬件设置的方法是(　　)。

A. 打开"文件资源管理器"

B. 在桌面上双击"此电脑"

C. 在"控制面板"中分别单击"系统和安全"|"系统"选项

D. 在"控制面板"中分别单击"硬件和声音"|"显示"选项

9. 在 Windows 10 操作系统中,如果窗口表示一个应用程序,则打开该窗口的含义是(　　)。

A. 显示该应用程序的内容　　　　B. 运行该应用程序

C. 结束该应用程序的运行　　　　D. 显示并运行该应用程序

10. 在 Windows 10 环境中，当错误地对文件或文件夹进行了操作后，可以利用(　　)快捷键，取消原来的操作。

A. Ctrl+C　　　　B. Ctrl+V　　　　C. Ctrl+A　　　　D. Ctrl+Z

11. Windows 10 操作系统中包含的汉字库文件是用来解决(　　)问题的。

A. 使用者输入的汉字在机内的储存　B. 输入时的键盘编码

C. 汉字识别　　　　　　　　　　　D. 输入时转换为显示或打印字模

12. 在 Windows 10 中有关文件或文件夹的属性说法，不正确的是(　　)。

A. 所有文件或文件夹都有自己的属性

B. 文件存盘后，属性就不可以改变

C. 用户可以重新设置文件或文件夹属性

D. 文件或文件夹除了文件属性外，还允许索引此文件的内容

13. Windows 10 操作系统中的"磁盘碎片整理程序"的主要作用是(　　)。

A. 修复损坏的磁盘　　　　　　　B. 缩小磁盘空间

C. 提高文件访问速度　　　　　　D. 扩大磁盘空间

14. Windows 10 自带的网页浏览器是(　　)。

A. IE　　　　B. Chrome　　　　C. Edge　　　　D. Safari

15. 启动 Windows 10，下列(　　)不是桌面上常见的图标。

A. 此电脑　　　　B. 回收站　　　　C. 网络　　　　D. 文件资源管理器

16. 退出 Windows 10 时，直接关闭计算机电源可能产生的后果是(　　)。

A. 可能破坏尚未存盘的文件　　　B. 可能破坏临时设置

C. 可能破坏某些程序的数据　　　D. 以上都对

17. 登录到 Windows 10 后首先看到的屏幕显示为(　　)。

A. 窗口　　　　B. 桌面　　　　C. 图标　　　　D. 菜单

18. 在 Windows 10 环境中的一般情况下，不能执行一个应用程序的操作是(　　)。

A. 用鼠标单击"任务栏"中的图标按钮

B. 用鼠标单击"开始"菜单中的"程序"项，然后在其子菜单中单击指定的应用程序

C. 用鼠标单击"开始"菜单中的"运行"项，在弹出的对话框中指定相应的可运行程序文件全名(包括路径)，然后单击"确定"按钮

D. 打开"文件资源管理器"窗口，在其中找到相应的可执行程序文件，双击文件名左边的小图标

19. 在 Windows 10 环境中，鼠标是重要的输入工具，而键盘(　　)。

A. 配合鼠标起辅助作用(如输入字符)

B. 无法起作用

C. 仅能在菜单操作中运用，不能在窗口中操作

D. 也能完成几乎所有操作

20. 在 Windows 10 中，一个文件夹中可包含(　　)。

A. 文件　　　　B. 文件夹　　　　C. 快捷方式　　　　D. 以上三种都可以

21. Windows 10 操作系统中，将打开窗口拖动到屏幕顶端，窗口会(　　　　)。

A. 关闭　　　　　B. 最大化　　　　C. 消失　　　　　D. 最小化

22. 在 Windows 10 中的桌面是指(　　　　)。

A. 计算机台　　　　　　　　　　B. 活动窗口

C. "文件资源管理器"窗口　　　D. 窗口、图标、对话框所在的屏幕

23. 在 Windows 10 中，有些文件的内容比较多，即使窗口最大化也无法在屏幕上完全显示出来，此时可利用窗口的(　　　　)来阅读文件内容。

A. 窗口边框　　　B. 控制菜单　　　C. 滚动条　　　　D. "最大化"按钮

24. 以下输入法中哪个是 Windows 10 自带的输入法(　　　　)。

A. 搜狗拼音输入法　　　　　　　B. 微软拼音输入法

C. QQ 拼音输入法　　　　　　　D. 陈桥五笔输入法

25. 在 Windows 10 操作系统中，允许用户在计算机系统中配置的打印机(　　　　)。

A. 只能是一台任意型号的打印机

B. 可以是多台打印机

C. 只能是一台激光打印机或一台喷墨打印机

D. 是一台针式打印机

26. 在 Windows 10 操作环境下，要将当前活动窗口复制到剪贴板中应该按(　　　　)组合键。

A. Ctrl+C　　　　　　　　　　B. Alt+PrintScreen

C. PrintScreen　　　　　　　　D. Ctrl+PrintScreen

27. 在 Windows 10 桌面上有一个"回收站"图标，"回收站"的作用是(　　　　)。

A. 回收并删除应用程序　　　　B. 回收编制好的应用程序

C. 回收将要删除的用户程序　　D. 回收用户删除的文件或文件夹

28. 在 Windows 10 操作环境下，要将整个屏幕画面全部复制到剪贴板中应该按(　　　　)组合键。

A. PrintScreen　　　B. Ctrl + C　　　C. Alt + F4　　　D. Alt + PrintScreen

29. 下面关于 Windows 10 操作系统中文件名的叙述，错误的是(　　　　)。

A. 文件名中允许汉字

B. 文件名中允许使用空格

C. 文件名中允许使用多个圆点分隔符

D. 文件名中允许使用竖线（"｜"）

模块二　　计算机资源管理

任务一　文件管理

文件管理

任务提出

王同学在大一期间担任学生会主席，学院有很多的文件资料都需要建档、归档、收集管理，这就需要运用计算机的资源管理器功能，于是他通过 QQ 咨询张老师。

知识准备

张老师听了之后，要王同学开启 QQ 远程方式，直接在王同学的电脑屏幕上操作演示了起来，很快就将放在电脑桌面上七零八乱的文件整理好了，并将重要的文件做了备份，同时耐心地给王同学进行了讲解。

科学的文件管理应该从以下方面考虑：

一、分门别类

首先制定一套分类标准，把硬盘看成是一套房，里面分了很多的房间，如主卧、次卧、客厅、厨房、卫生间、杂物间等，那我们就把硬盘分区，分成 C、D、E、F 等，根据需要按照字母顺序往下分，每个分区都有它的用途，比方说：一般把 C 盘用作系统盘，专门存放 Windows 操作系统的文件；D 盘用作工作盘，把与工作有关的应用软件和文件归属到这个盘；E 盘用作娱乐盘，存放一些工作之余用来休闲的游戏、音乐等；F 盘可以用作备份盘，把一些重要的不可缺失的文件作备份，以免原文件丢失导致不必要的损失。

当然，根据不同分区的用途，分区大小也需要做相应的规划，比方说一台 500 G 硬盘大小的主机，我们一般分给 C 盘 40 G、D 盘 240 G、E 盘 160 G、F 盘 60 G，因为 C 盘主要是系统盘，里面存放的只是系统文件，包括以后的系统更新，40 G 已经足够大了；D 盘是最为重要的盘，它包含的文件都是平常工作中使用最多的，而且随着工作时间越来越长，文件的数量也会越来越多，所以 D 盘需要分配的容量最大；E 盘是最不重要的盘，它只存放一些游戏、音乐、电影等文件，即使丢失了也没关系；而 F 盘也是不可忽视的一个重要分区，它平常可能作用不大，但在关键时刻却起到无可替代的作用。

接下来根据分区用途，将文件归纳到这些分区中作二次分配，在分区中我们可以创建多级文件夹，给文件夹命名。当然文件夹的命名也是需要科学命名的，例如我们可以以系部名称命名一级文件夹名称，再在一级文件夹下面以教研室名称命名二级文件夹名称，那再下一级我们可以以教师名称命名了，以此类推，形成一个树状的文件夹目录格式，这样就一目了然了。

二、定期整理

按照上面的方法，我们的文件就不会像个流浪汉了，它们都有了自己的"家"。但是随着使用时间越来越长，文件也就越来越多，"家庭成员"也越来越复杂，这个时候就要做一次"人口普查"和"大扫除"，重新清理一下"家庭成员"，把一些系统垃圾文件和过期不用的文件清除，时间充足的话还可以做一次磁盘整理和全盘杀毒，以保持文件的有序化。

三、方便使用

对于一些经常使用的文件或应用程序，如果需要打开多级文件夹才能找到该文件，则是一件十分麻烦的事情。我们可以将这些文件创建快捷方式，放到能够轻松获取的地方，如桌面、快速启动栏等位置。这样既可以节省一些重复性的操作时间，也不必大费周章地反复寻找。

当然，创建过多的快捷方式同样也会给我们的操作带来一些不必要的麻烦，所以一定要及时清理，按使用频率排序摆放，保持桌面快捷方式不超过 10 个。

四、文件保护

有些文件是需要保护的，保护的级别大致分为低、中、高三级。低级保护就是将文件的属性改为只读，即不允许修改文件内容，如教学文件等；中级保护是在低级保护的基础上将文件隐藏，如备份资料等；高级保护需要进行文件加密，即打开文件时需要输入用户密码，如财务报表等。

用户根据文件的重要性和保密性进行分级时，这是一种主观行为，也就是说没有一个统一的分级标准，只能主观地判定文件的保护级别，实行相应的保护措施，因此，需要写一个说明文档来注明这些文件的保护手段，以便于查看。

文件管理的工作需要掌握以下相关知识：

1. 文件和文件夹

文件是以单个名称在计算机上存储的信息集合。文件可以是文本文档、图片、程序等。文件通常具有三个字母的文件扩展名，用于指示文件类型(例如，图片文件常常以 JPEG 格式保存，且文件扩展名为 .jpg)。

文件夹是用来组织和管理磁盘文件的一种数据结构，是为了分类储存文件而建立的有独立路径的目录，"文件夹"就是一个目录名称，它提供了指向对应磁盘空间的路径地址，它没有扩展名，也就不像文件那样用扩展名来标识。

2. 资源管理器

"资源管理器"是 Windows 系统提供的资源管理工具，我们可以用它查看本台电脑的所有资源，特别是它提供的树形文件系统结构，使我们能更清楚、更直观地认识电脑的文件和文件夹。在"资源管理器"中还可以对文件进行各种操作，如打开、复制、移动等。

3. 回收站

回收站主要用来存放用户临时删除的文档资料，用好和管理好回收站、打造富有个性功能的回收站可以使我们日常的文档维护工作更加方便。

4. 磁盘整理

硬盘就像屋子一样需要常整理，要整理磁盘就要用到"磁盘碎片整理程序"，磁盘碎片整理程序可以对文件系统进行碎片整理。磁盘碎片整理其实就是把硬盘上的文件重新写在硬盘上，以便让文件保持连续性。建议最少每三个月做一到两次磁盘碎片整理，使硬盘的读写速度保持在最佳状态。

5. 快捷方式

快捷方式是 Windows 提供的一种快速启动程序、打开文件或文件夹的方法。它是应用程序的快速连接，扩展名为.lnk。对经常使用的程序、文件和文件夹非常有用。

6. 剪贴板

剪贴板(Clipboard)是 Windows 内置的一个非常有用的工具，通过小小的剪贴板，架起了一座桥梁，使得在各种应用程序之间传递和共享信息成为可能。然而美中不足的是，剪贴板只能保留一份数据，每当新的数据传入，旧的便会被覆盖。

7. 文件搜索

在计算机中，有两个十分重要的字符——星号"*"和问号"?"，这两个符号称为通配符。通配符可以代替其他任何字符，其中"*"可以代替字符串，即一组字符；"?"可以代替单个字符。我们可以使用这两个通配符通过模糊匹配进行文件搜索。

8. 网上邻居

在局域网中的计算机可以通过"网上邻居"来查看局域网中的其他计算机，并与它们相互交流、共享。

任务实施

一、文件及文件夹的基本操作

文件和文件夹的操作方式可以通过多种途径实现，本节介绍的操作方法以在"我的电脑"窗口中进行操作为例。

1. 选择文件(文件夹)

在对文件(文件夹)进行任何操作之前，首先要选择文件(文件夹)。文件(文件夹)的选择有如下几种情况：

(1) 选择单个文件(文件夹)：用鼠标单击要选择的文件(文件夹)即可。

(2) 选择连续多个文件(文件夹)：

方法一，按住鼠标左键，从待选的第一个文件(文件夹)起，拖动鼠标到最后一个文件(文件夹)，这样可以选择一个矩形区域内的文件(文件夹)。

方法二，用鼠标单击第一个待选的文件(文件夹)，按住 Shift 键不放，再单击最后一个待选的文件(文件夹)，这样首尾中间的所有文件(文件夹)均被选择。

(3) 选择多个不连续文件(文件夹)：按住 Ctrl 键不放，再用鼠标单击要选择的不连续的文件(文件夹)，松开 Ctrl 键即可选中。

(4) 全部选定：当要全部选定窗口内所有的文件(文件夹)时，可以通过两种方式实现：一是菜单操作，即在菜单栏中选择"编辑"菜单下面的"全部选定"菜单项；二是快捷操作，即按下 Ctrl+A 键。

(5) 反向选择：如果需要选定的文件(文件夹)占大多数而且不连续时，我们可以采用反选操作，这样可以节省操作时间。先选定不需要选择的文件(文件夹)，然后在菜单栏中选择"编辑"菜单下面的"反向选择"菜单项，即可完成操作。

2. 新建文件(文件夹)

在 D 盘根目录下创建一个文件夹"信息学院"，然后在该文件夹下面新建两个子文件夹"多媒体教研室"和"软件教研室"，操作步骤如下：

(1) 双击桌面"此电脑"图标，然后在"此电脑"窗口中双击"设备和驱动器"的"D:"，进入 D 盘根目录窗口。

(2) 在窗口的空白处单击鼠标右键，在弹出的快捷菜单中选择"新建"→"文件夹"菜单项，如图 2-1 所示。

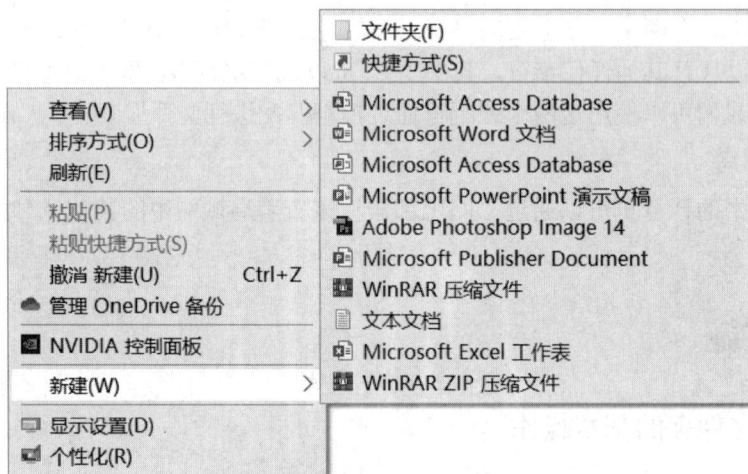

图 2-1   新建文件夹快捷菜单操作

(3) 此时窗口中会出现一个"新建文件夹"，输入名称"信息学院"，然后将鼠标移至该文件夹外部单击鼠标或按下键盘的"Enter"键，这样就完成了创建文件夹的操作。

(4) 双击创建好的"信息学院"文件夹，然后在该窗口下重复步骤(2)和(3)，创建好两个子文件夹"多媒体教研室"和"软件教研室"。

在子文件夹"多媒体教研室"中创建一个 Word 文档"数媒专业教学计划"，操作步骤如下：

(1) 双击"多媒体教研室"，进入该子文件夹窗口。

(2) 在窗口的空白处单击鼠标右键，在弹出的快捷菜单中选择"新建"→"Microsoft Word 文档"菜单项。

(3) 此时窗口中会出现一个"新建 Microsoft Word 文档"，输入名称"数媒专业教学计划"，然后将鼠标移至该文件外部单击鼠标或按下键盘的"Enter"键，这样就完成了 Word 文档的创建。

3. 文件(文件夹)更名

将子文件夹"软件教研室"更名为"网络教研室"，操作步骤如下：

(1) 将鼠标移至"软件教研室"，单击鼠标左键选定该文件夹。

(2) 在菜单栏中选择"文件"→"重命名"，或单击鼠标右键，在弹出的快捷菜单中选择"重命名"。

(3) 在"软件教研室"输入框内输入新的名称"网络教研室"，然后将鼠标移至该文件外部单击鼠标或按下键盘的"Enter"键，这样就完成了文件夹更名操作。

将子文件夹"多媒体教研室"中的 Word 文档"数媒专业教学计划.doc"更名为"动漫专业教学计划.doc"，操作步骤如下：

(1) 双击"多媒体教研室"文件夹，进入该子文件夹窗口。

(2) 将鼠标移至"数媒专业教学计划.doc"，连续单击两次该文件(注意：两次单击时间一定要有明显间隔，否则将变成双击打开了该文件)。

(3) 在文件夹输入框内输入新的名称"动漫专业教学计划.doc"，然后将鼠标移至该文件外部单击鼠标或按下键盘的"Enter"键，这样就完成了文件更名操作。

✍ 说明

(1) 在文件(文件夹)更名时，如果该文件处于打开状态，则无法完成"重命名"操作，将出现如图 2-2 所示的错误提示框，此时要先关闭该文件，重复上述"重命名"操作即可完成。

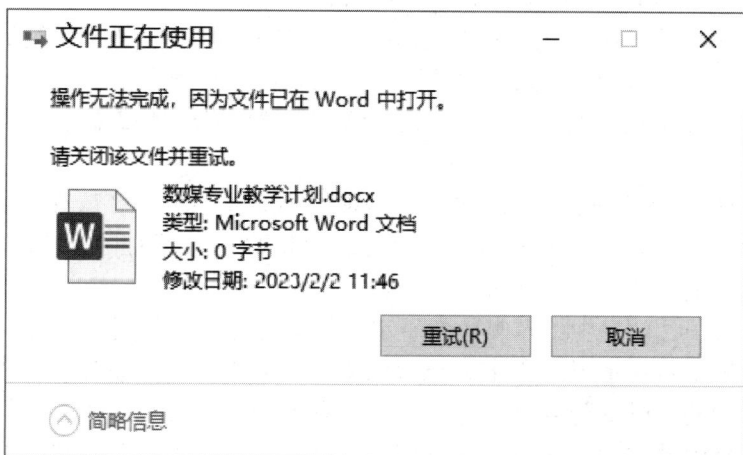

图 2-2 重命名出错提示框

(2) 每个文件都要有扩展名或后缀名，如"数媒专业教学计划.doc"，其扩展名为".doc"，如果该文件设置了"隐藏文件扩展名"，那么该文件的扩展名就不会显示出来。一般情况下，文件进行更名操作不会改变该文件的扩展名，如果更改其扩展名，系统会弹出如图 2-3 所示的扩展名更改提示框，以防止误操作。

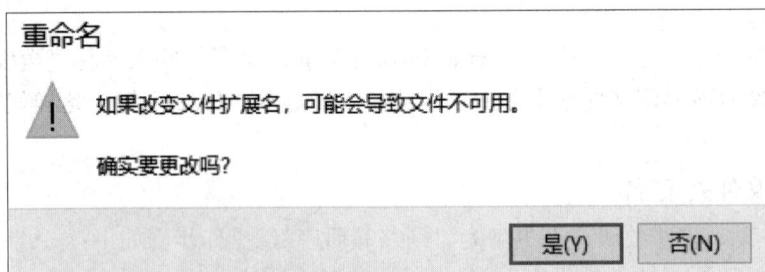

重命名

⚠ 如果改变文件扩展名，可能会导致文件不可用。

确实要更改吗？

是(Y)　　否(N)

图 2-3　扩展名更改提示框

👤 **注意**

有时为了保护文件，可以采用将文件的扩展名更改为一些不常用的扩展名，将文件进行隐藏和保护。

4. 文件(文件夹)的移动和复制

移动和复制是文件管理中最为常用的两个基本操作。移动是指将所选的文件(文件夹)从当前位置移动到指定位置，移动之后，原位置不再保留所选文件(文件夹)；而复制则是指将所选的文件(文件夹)复制到指定位置，复制过后，原位置将保留所选文件(文件夹)。在文件备份时，通常使用文件(文件夹)的复制操作。有时需要把一些文件(文件夹)放到一个新的位置，此时需要使用移动操作。

将 D 盘"信息学院"的子文件夹"多媒体教研室"中的所有文件复制到 C 盘的文件夹"多媒体教研室备份资料"作备份，操作步骤如下：

(1) 双击桌面"此电脑"，在"此电脑"窗口中双击 D 盘，进入 D 盘根目录窗口，接着再双击子文件夹"信息学院"文件夹下的"多媒体教研室"，进入该子文件夹窗口。

(2) 同时按下键盘 Ctrl+A，将文件夹中的所有文件全选。

(3) 将鼠标移动到任意已选定的文件图标上，点击鼠标右键，选择"复制"，或同时按下键盘 Ctrl+C，或在菜单栏中选择"编辑"→"复制"菜单项。

(4) 在菜单栏上方的地址栏中点击"此电脑"下拉按钮选择 C 盘，进入 C 盘根目录窗口。

(5) 在 C 盘根目录下创建一个新文件夹"多媒体教研室备份资料"，双击打开该文件夹。

(6) 在该子文件夹窗口中点击鼠标右键，选择"粘贴"，或同时按下键盘 Ctrl+V，或在菜单栏中选择"编辑"→"粘贴"菜单项。

此时，D 盘子文件夹中"多媒体教研室"的所有文件就复制备份到了 C 盘子文件夹"多媒体教研室备份资料"中了。今后如果在"多媒体教研室"文件夹中的文件有任何变动，都需要及时备份到"多媒体教研室备份资料"文件夹中，这样当"多媒体教研室"文件夹中的文件损坏时，就可以用"多媒体教研室备份资料"文件夹中的文件进行恢复。

将 D 盘中子文件夹"多媒体教研室"中的 Word 文档"动漫专业教学计划.doc"文件移动到 D 盘中的子文件夹"网络教研室"中，并更名为"网络专业教学计划.doc"，操作步骤如下：

(1) 双击桌面"此电脑"，在窗口中双击 D 盘，进入 D 盘根目录窗口，再双击子文件夹"多媒体教研室"，进入该子文件夹窗口。

(2) 在该窗口中选定文件"动漫专业教学计划.docx"，点击鼠标右键，选择"剪切"，或同时按下键盘 Ctrl+X，或在菜单栏中选择"编辑"→"剪切"菜单项。

(3) 点击←，返回 D 盘根目录窗口，双击子文件夹"网络教研室"。

(4) 在"网络教研室"子文件夹窗口中点击鼠标右键，选择"粘贴"，或同时按下键盘 Ctrl+V，或在菜单栏中选择"编辑"→"粘贴"菜单项。

(5) 将"动漫专业教学计划.doc"文件移动到 D 盘中的子文件夹"网络教研室"中，并更名为"网络专业教学计划.doc"。

✍ 说明

(1) 移动文件时还可以利用鼠标拖动的方式，首先将要移动文件的文件夹及目标文件夹分别双击打开，单击要移动的文件，点击鼠标左键不放将文件拖动到目标文件夹内，松开鼠标，该文件就从一个文件夹移动到了另外一个文件夹中。

(2) 在对文件(文件夹)进行"复制"或"剪切"操作后，实际上是把该文件(文件夹)放到了"剪贴板"中，然后进行"粘贴"操作时，就是将"剪贴板"中的内容粘贴到了目标位置，因此"剪贴板"在其中起到了中间过渡作用。

5. 删除文件(文件夹)

当一个文件(文件夹)不再需要时，可以将其删除以节约磁盘空间。文件夹一旦被删除，其下属的所有文件及文件夹也一并被删除。

将 D 盘中子文件夹"多媒体教研室"中的 Word 文档"动漫专业教学计划.docx"删除，操作步骤如下：

(1) 双击桌面"此电脑"，在窗口中双击 D 盘进入 D 盘根目录窗口，再双击子文件夹"多媒体教研室"，进入该子文件夹窗口。

(2) 选定文件"动漫专业教学计划.docx"，点击鼠标右键，选择"删除"，或按下键盘 Delete 键，或在菜单栏中选择"编辑"→"删除"菜单项。

6. 调整文件(文件夹)显示方式

在窗口中，文件(文件夹)有缩略图、平铺、图标、列表及详细信息等显示方式，用户可以根据需要进行切换。

在"网络教研室"文件夹中新建一个 Word 文件和一个 Excel 文件，显示所有文件的详细信息，操作步骤如下：

(1) 双击"网络教研室"子文件夹，在打开的新窗口单击鼠标右键，选择"新建 Microsoft Word 文档.docx"，再新建一个"新建 Microsoft Excel 工作表.xlsx"。

(2) 在窗口空白处点击鼠标右键，选择"查看"→"详细信息"菜单项，或在菜单栏中选择"查看"→"详细信息"菜单项，或点击工具栏中的"布局"→"详细信息"菜单项。操作完毕后，将显示如图 2-4 所示的样式。

图 2-4　详细信息样式

二、回收站

回收站是外存中开辟出来的用来存放被删除的文件(文件夹)的区域。当有些被删除的文件(文件夹)还需要使用时，可以从回收站中还原，这样能够弥补因为误删除而造成的损失；而对于那些确定不再需要使用的文件(文件夹)，则可以从回收站中彻底清除。

由此看来，在前面我们所说的删除文件(文件夹)指的是"逻辑删除"，即放入回收站，并没有实际删除，是可以还原的；而如果从回收站中彻底清除了，是不能恢复的，这种删除称为"物理删除"或"永久删除"。

删除"网络教研室"文件夹中的"新建 Microsoft Excel 工作表.xlsx"，再从回收站还原，操作步骤如下：

(1) 打开"网络教研室"文件夹，单击并选择"新建 Microsoft Excel 工作表.xlsx"文件，按 Delete 键删除。

(2) 双击桌面的"回收站"，在回收站窗口单击鼠标右键，选择"还原"，或在菜单栏中选择"文件"→"还原"，或直接点击鼠标左键不放拖到原有位置。

　✍ 说明

(1) 如果删除的对象是存放在可移动磁盘(U 盘、移动硬盘等)或网络驱动器中时，它们是不会放入回收站的，而是直接永久删除，不能还原。

(2) 如果删除对象时，使用键盘 Shift+Delete，那么这些对象也不会进回收站，而是直接删除。

(3) 回收站的空间是有限的，当被充满后，系统会自动清除早些进来的对象，以腾出空间存放新删除的对象。

(4) 在确认回收站中的所有文件(文件夹)都已不用时，我们就要清理掉这些"垃圾"，因为长期存放在回收站中是需要占用磁盘空间的。只有清空回收站，才真正腾出了磁盘空间。要清空回收站，可以采用如下办法：在"回收站"文件夹窗口的空白处，单击鼠标右键，选择"清空回收站"，或在菜单栏中选择"文件"→"清空回收站"。

三、磁盘管理

磁盘不仅容量大，存取速度快，而且可以实现随机存取，是软件资源的"家"。因此，磁盘管理是一项使用计算机时的常规任务。在 Windows 10 中的磁盘管理主要包括格式化磁盘、磁盘清理及磁盘碎片整理等操作。

1. 格式化磁盘

一般新买来的 U 盘或移动硬盘在第一次使用时总要对其进行格式化操作,有时候在使用了一段时间后(如感染病毒无法清除)也需要重新格式化,那么格式化有什么作用呢? 其实格式化就是指对磁盘或磁盘分区进行初始化的一种操作,但这种操作通常会导致现有的磁盘或分区中所有的文件被清除,所以在使用时一定要慎重。

王同学的 Kingston 14G U 盘中毒了,用遍了各种杀毒软件也无法清除,好在 U 盘里面的资料都有备份,于是张老师建议他将 U 盘格式化,操作步骤如下:

(1) 将 U 盘插入机箱上的 USB 接口,此时在右下角的任务栏上会显示 U 盘名称。

(2) 双击桌面"此电脑",在"此电脑"文件夹窗口会发现在"设备和驱动器"下面增加了一个盘。

(3) 选定该 U 盘驱动器,单击鼠标右键选择"格式化",弹出如图 2-5 所示的格式化对话框。

图 2-5　格式化对话框

(4) 在该对话框中勾选"快速格式化",点击"开始",将会出现如图 2-6 所示的对话框。

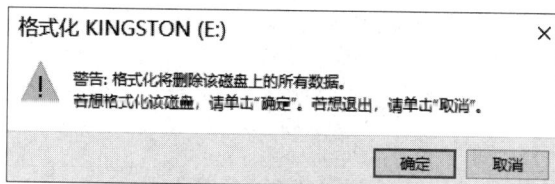

图 2-6　格式化警告对话框

(5) 点击"确定"按钮,将会出现正在格式化的对话框,完成后将弹出格式化完毕对话框,如图 2-7 所示。

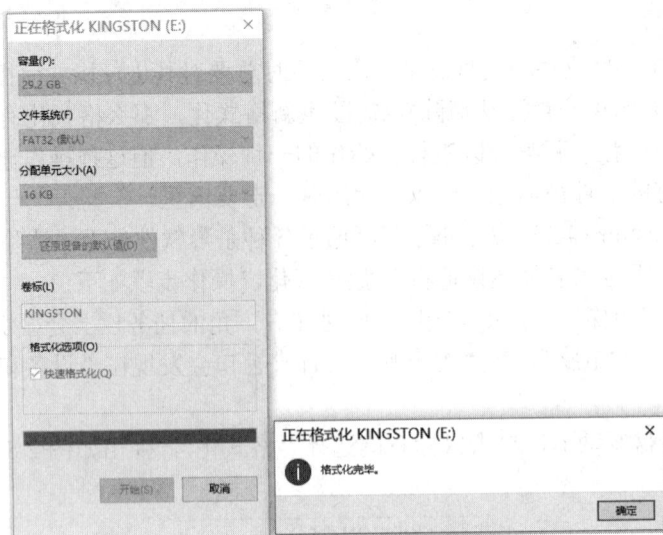

图 2-7　正在格式化对话框及格式化完毕对话框

✍ **说明**

本例中，我们选择了"快速格式化"方式，它仅重写磁盘分配表，并不能查找磁盘坏区。如果需要查找磁盘坏区，就必须进行彻底的格式化，此时不用选择"快速格式化"选项。

2. 磁盘清理

磁盘在使用了一段时间后会产生很多临时文件，这些临时文件是用户在使用计算机时留下的痕迹，一般是在上网、安装或使用程序等过程中产生的。"磁盘清理"的作用就是清除磁盘上不再需要的文件，以便得到更多的可用磁盘空间。

王同学逐渐形成了一种习惯，他的电脑一般在使用了一个月之后就会做一次磁盘清理，操作步骤如下：

(1) 单击左下角任务栏中的"开始"菜单，选择"Windows 管理工具"→"磁盘清理"，如图 2-8 所示。

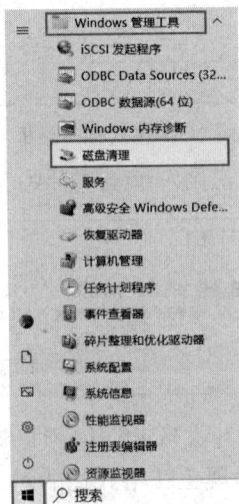

图 2-8　磁盘清理菜单

(2) 在弹出的如图 2-9 所示的对话框中，选择 C 盘，点击"确定"。

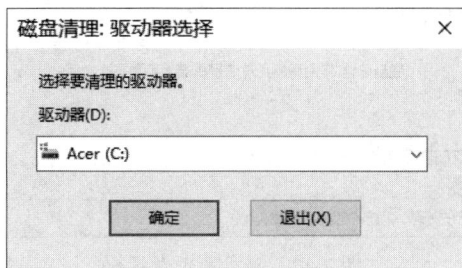

图 2-9　选择驱动器对话框

(3) 在弹出的如图 2-10 所示的对话框中，选择所有需要清理的选项，点击"确定"。

图 2-10　磁盘清理选项对话框

(4) 在弹出的如图 2-11 所示的对话框中，点击"删除文件"。

图 2-11　磁盘清理提示对话框

(5) 系统将进行磁盘清理，如图 2-12 所示。

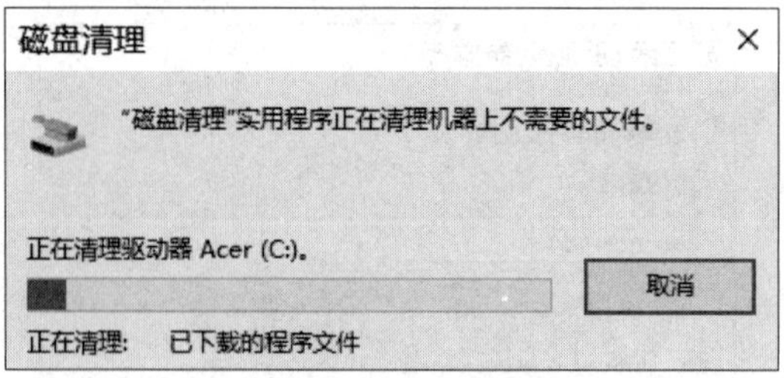

图 2-12　磁盘清理对话框

(6) 重复上述(1)～(5)的操作步骤可分别对电脑其他磁盘进行清理。

3. 磁盘碎片整理

磁盘上文件的存放一般是连续的，但是在进行修改文件、删除文件等操作后，再存储新文件时，因文件长度不一致，要分多处存放而形成碎片，这些碎片在逻辑上是连续的，因此并不妨碍文件的读写操作。但时间一长，随着碎片越来越多，最后几乎所有文件都是由若干碎片拼凑而成的，系统在读写文件时就会因为在磁盘的不同地方读写这些碎片而降低系统的运行速度。

Windows 10 中的"磁盘碎片整理程序"是整理磁盘碎片的系统工具，它可以将零碎的文件碎片组合到一起，使所有的文件内容紧凑地结合起来，并将空余的碎片集中到磁盘尾部。这样能使系统的运行效率得到极大的提高。

王同学在完成了磁盘清理后，接着又进行了磁盘碎片整理，操作步骤如下：

(1) 单击左下角任务栏中的"开始"菜单，选择"Windows 管理工具"→"碎片整理和优化驱动器"，如图 2-13 所示。

图 2-13　磁盘碎片整理菜单

(2) 在弹出的如图 2-14 所示的对话框中，选择 C 盘，点击"优化"。

图 2-14　磁盘碎片整理程序对话框

(3) 在优化过程中 C 盘的"当前状态"会显示优化进程，如图 2-15 所示。

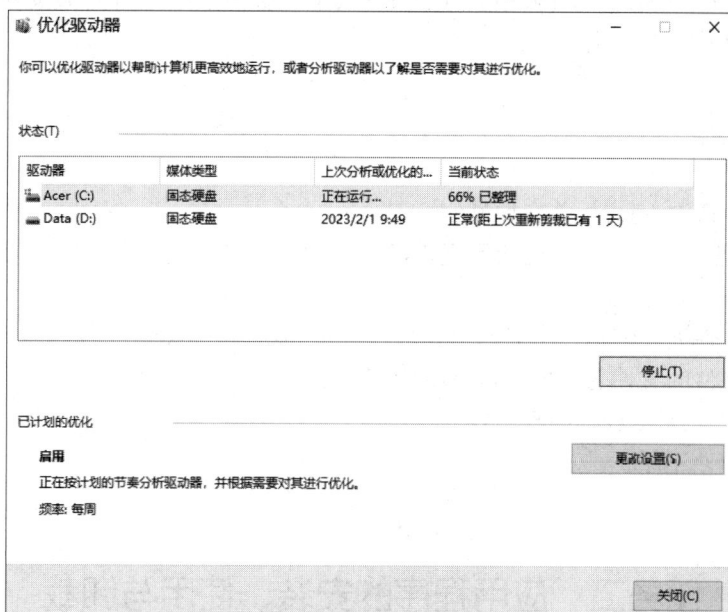

图 2-15　磁盘碎片整理分析

四、资源的搜索

随着计算机内的资源越来越多，有时候我们查找一个资源需要很长时间，尤其是当我们忘记资源的路径的时候。此时我们可以利用系统提供的搜索功能对资源进行搜索，这样可以节省很多查找资源的时间。

在电脑中搜索文件后缀为 docx 的文件。

双击桌面"此电脑",在窗口左边选择"此电脑",然后在右上角放大镜图标后输入需要搜索的文件名称"docx",如图 2-16 所示。

图 2-16　搜索文件窗口

✍ 说明

在搜索文件或文件夹时,如果我们忘记了部分或全部文件名称时,可以利用通配符"*"或"?"进行模糊匹配搜索。"*"代表任意几个连续字符,"?"代表任意一个字符。例如:"*.doc"表示所有后缀名为.doc 的文件,"m??.doc"表示字母 m 开头的文件名为 3 个字符且后缀名为.doc 的所有文件。

任务拓展

请根据下列需求完成相关文件操作。

(1) 在 D 盘创建一个以自己的班级姓名学号为文件名的文件夹,如 1 班 1 号张三建立的文件夹为(1 班 1 号张三)。

(2) 在该文件夹中创建一个名为"计算机应用.xlsx"的 Excel 文件。

(3) 将该文件的文件名改成"计算机应用基础.xlsx"。

(4) 将该文件删除(放入回收站)。

(5) 将该文件还原。

任务二　应用程序的安装、使用与卸载

任务提出

王同学在使用计算机的过程中,不管是工作还是娱乐,都要使用软件来实现,那么如何安装软件就成了使用计算机必备的操作技能。

应用程序安装
与卸载

知识准备

几乎所有的文件都必须依赖计算机软件生存。对于终端用户而言，他只需要了解文件的使用是依赖何种软件即可，当然大多数的文件可以使用多种方式打开，那么当需要使用这个文件时就必须安装合适的软件，不需要使用时也可以将其从计算机中卸载。

一、程序的安装及使用

一般来说，程序的安装都会由第三方提供一个软件安装包，里面包含了安装程序所需要的所有文件，其中有一个安装程序文件，其名称一般为 Setup.exe、Install.exe 等。当然现在的很多应用程序安装包封装成了一个 .exe 文件或在安装光碟中有个 autorun.exe 程序，直接双击打开就可以开始安装程序了。程序安装过程其实是很简单的，只要按照提示步骤依次点击即可安装成功。

二、程序的卸载

与安装相反，程序的卸载是将软件从电脑中移除的过程，所以又叫反安装。一般软件的卸载程序是由软件商提供，如果没有提供，我们可以通过系统自带的或第三方卸载工具完成。

卸载过程比安装过程更为简单，同样按照步骤进行就可以了。

任务实施

王同学的电脑最近有点异常，有时候会莫名其妙的蓝屏，于是他准备安装 360 杀毒软件，检查系统是否中毒，操作步骤如下：

(1) 点击网址 http://www.360.cn/，从官方网上下载 360 杀毒软件。

(2) 双击打开该文件，进入 360 杀毒安装界面，如图 2-17 所示。

图 2-17　360 杀毒安装界面

(3) 在"安装到"对话框中，选择合适的路径(最好不要安装在系统盘)，并阅读软件安装协议，选择"我已阅读并同意许可协议"，点击"立即安装"。

(4) 进入安装过程，如图 2-18 所示。

图 2-18　360 杀毒软件安装过程

(5) 当进度条走完，安装即完成，进入 360 杀毒软件界面，如图 2-19 所示。

图 2-19　360 杀毒软件界面

(6) 在第一次使用杀毒软件或怀疑电脑已经中毒情况下，一般要选择"全盘杀毒"，杀毒软件会自动进入杀毒状态，并对电脑的所有分区进行一次扫描，如图 2-20 所示。

图 2-20　360 杀毒状态

(7) 360 杀毒软件除了可以进行病毒查杀之外，还提供了其他服务，如实时防护、病毒免疫、产品升级等，这些功能对日常保护电脑至关重要，尤其是升级病毒库，可以使 360 查杀最新的病毒。

期末快到了，王同学要整理每位老师的课程资料，但老师们的课程资料太多了，于是他决定使用压缩软件将每位老师的课程资料按教师名称分别压缩成一个文件，操作步骤如下：

(1) 选定所有需要压缩的文件，点击鼠标右键，在弹出来的快捷菜单栏中选择"添加到压缩文件"，在弹出的"压缩文件"对话框中，输入压缩文件名，设置压缩文件路径、压缩文件格式、压缩方式等参数，点击"确定"，如图 2-21 所示。

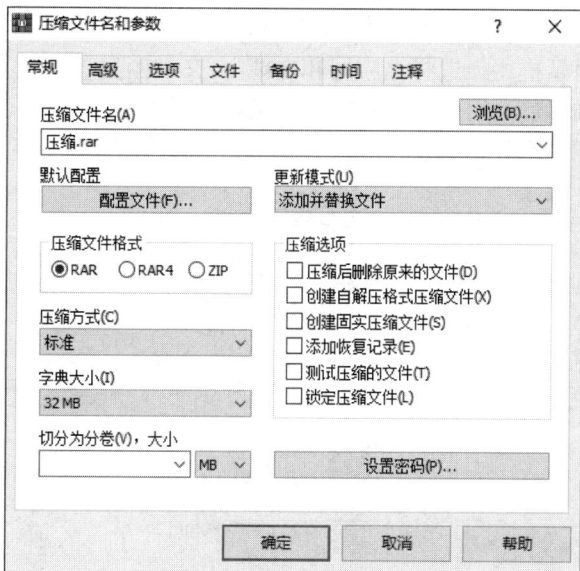

图 2-21　压缩文件对话框

(2) 弹出"正在创建压缩文件"对话框，等待压缩完成，如图 2-22 所示。

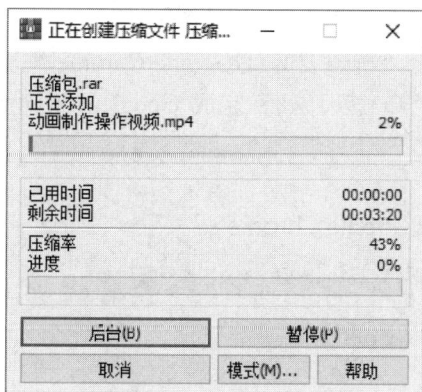

图 2-22　文件压缩过程

(3) 压缩完成后，在压缩文件所在的文件夹中会有一个压缩完成的文件(后缀名为.zip)。王同学电脑内安装了一个谷歌浏览器，但他并没有用到该软件，于是他决定将其卸载，操作步骤如下：

(1) 单击左下角任务栏中的 ⊞，在出现的"开始"菜单中选择 ⚙ "设置"选项，如图 2-23 所示。

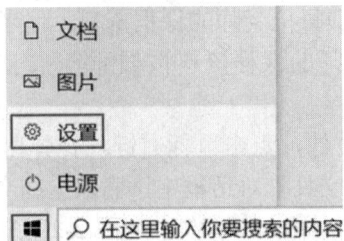

图 2-23　选择"设置"选项

(2) 在"设置"对话框中，选择"应用和功能"，在右侧面板查找到"Google Chrome"，单击鼠标后，点击"卸载"按钮，如图 2-24 所示。

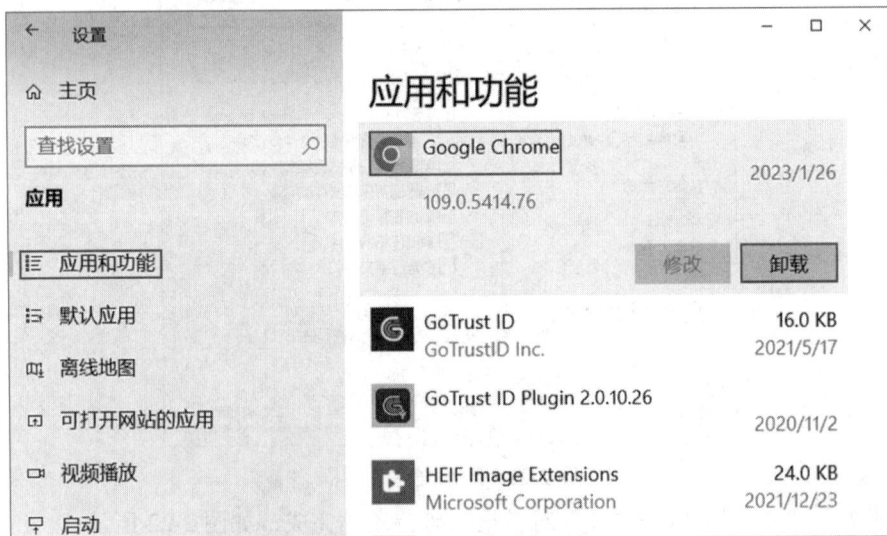

图 2-24　卸载谷歌浏览器

(3) 系统弹出对话框提示"确定要卸载 Google Chrome 浏览器吗？"，勾选"同时删除您的浏览数据吗？"，单击"卸载"按钮，完成 Google Chrome 浏览器的卸载，如图 2-25 所示。

图 2-25　删除浏览器数据

任务拓展

学会应用软件的安装及使用是最基本的操作技能，请同学们按下面要求完成相应操作。

(1) 点击网址 http://www.360.cn/360，在安全中心下载并安装 360 安全卫士，安装完成后的界面如图 2-26 所示。

图 2-26　360 安全卫士界面

(2) 点击"电脑体检"按钮，并查看体检结果。

(3) 点击"系统修复"按钮，进行漏洞修复扫描，选择重要补丁进行"立即修复"，并查看补丁文件下载存放的路径。

(4) 点击"优化加速"按钮，进行可优化项目扫描，通过查看可优化项目及给出的相关建议完成优化。

模 块 小 结

本模块以任务驱动的方式，主要介绍了计算机软件的安装、使用与卸载，Windows 10 操作系统的基本操作，文件及文件夹的创建及管理。

课后练习题

1. 在 Windows 10 中，改变窗口大小时，可将鼠标放在(   )，然后拖动鼠标。
   A. 窗口内任意位置　　　　　　　B. 窗口滚动条上
   C. 窗口四角或四边　　　　　　　D. 窗口标题栏上

2. 在 Windows 10 中，任务栏的作用是(   )。
   A. 显示系统的所有功能　　　　　B. 只显示当前活动窗口
   C. 只显示正在后台工作的窗口名　D. 实现窗口之间的切换

3. Windows 10 操作系统提供了一个恢复被删除文件或文件夹的工具，即(   )。
   A. 计算机　　　B. 网上邻居　　　C. 我的文档　　　D. 回收站

4. 在 Windows 10 操作系统中，保存"画图"程序建立的文件时，默认的扩展名为(   )。
   A. png　　　　　B. bmp　　　　　C. gif　　　　　D. jpeg

5. Windows 10 "系统工具"中的"磁盘清理"，主要具有(   )功能。
   A. 增加硬盘的存储空间　　　　　B. 备份文件
   C. 修复已损坏的存储区域　　　　D. 加快程序运行速度

6. Windows 10 中的即插即用是指(   )。
   A. 在设备测试中帮助安装和配置设备
   B. 使操作系统更容易使用、配置和管理
   C. 系统状态动态改变后以事件方式通知其他系统组件和应用程序
   D. 以上都对

7. Windows 10 操作系统是一个(   )。
   A. 单用户多任务操作系统　　　　B. 单用户单任务操作系统
   C. 多用户多任务操作系统　　　　D. 多用户单任务操作系统

8. 在 Windows 10 中欲打开其他计算机共享的文档时，在地址栏中输入地址的完整格式是(   )。
   A. /计算机名/路径名/文档名　　　B. 文档名/路径名/计算机名
   C. /计算机名/路径名文档名　　　D. /计算机名路径名文档名

9. 在 Windows 10 的文件资源管理器中，查找文件的操作是通过(   )来实现的。
   A. "搜索"框　　　　　　　　　B. "搜索"菜单
   C. "搜索"命令　　　　　　　　D. "搜索"按钮

10. 在 Windows 10 中，下列叙述正确的是(   )。
    A. 用户为应用程序创建了快捷方式时，就是为应用程序增加一个备份
    B. 关闭一个窗口就是将该窗口正在运行的程序转入后台运行
    C. 桌面上的图标完全可以按用户的意愿重新排列
    D. 一个应用程序窗口只能显示一个文档窗口

11. 在 Windows 10 操作系统的"开始"菜单中，包括了 Windows 系统提供的(   )。
    A. 部分功能　　　B. 初始功能　　　C. 主要功能　　　D. 全部功能

12. 在 Windows 10 环境中，按(　　)组合键可以打开窗口的控制菜单。

A. Alt+空格　　　B. Ctrl+空格　　　C. Shift+空格　　　D. Ctrl+V

13. 启动 Windows 10 操作系统，显示的整个屏幕称为(　　)。

A. 窗口　　　　　B. 图标　　　　　C. 桌面　　　　　D. 资源管理器

14. 在 Windows 10 操作系统中，"库"的功能是(　　)。

A. 为了存放一些图片、文档、音乐、视频文件

B. 像一个容器，只是为了存放各种类型文件

C. 像图书馆的索引，将文档的位置、元数据等信息汇集到库中，让用户轻松实现资料的管理

D. 是一个数据文件，方便用户打开查看

15. 鼠标是 Windows 10 环境下的一种重要的(　　)工具。

A. 画图　　　　　B. 指示　　　　　C. 输入　　　　　D. 输出

16. 在 Windows 10 环境中，当启动(运行)一个程序时就打开一个该程序自己的窗口，把运行程序的窗口最小化，就是(　　)。

A. 结束该程序的运行

B. 暂时中断该程序的运行，但随时可以由用户加以恢复

C. 该程序的运行转入后台继续工作

D. 中断该程序的运行，而且用户不能加以恢复

17. 为了正常退出 Windows 10 操作系统，用户的正确操作是(　　)。

A. 关掉供给计算机的电源

B. 选择"开始"菜单中的"关机"命令

C. 在没有任何程序正在执行的情况下关掉计算机的电源

D. 按 Alt+Ctrl+Delete 组合键

18. 在 Windows 10 环境中，通常情况下单击对话框中的"确定"按钮与按(　　)键的作用是一样的。

A. Ese　　　　　B. Enter　　　　　C. F1　　　　　D. F2

19. 在 Windows 10 中，"写字板"文件默认的扩展名是(　　)。

A. txt　　　　　B. rtf　　　　　C. wri　　　　　D. bmp

20. 使用 Windows 10 的"录音机"录制的声音文件的扩展名是(　　)。

A. xlsx　　　　　B. wav　　　　　C. bmp　　　　　D. docx

21. 为了获取 Windows 10 的帮助信息，可以在需要帮助的时候按(　　)键。

A. F1　　　　　B. F2　　　　　C. F3　　　　　D. F4

22. 关于 Windows 10 操作系统中窗口的概念，以下叙述正确的是(　　)。

A. 屏幕上只能出现一个窗口，这就是活动窗口

B. 屏幕上可以出现多个窗口，但只有一个活动窗口

C. 屏幕上可以出现多个窗口，但不止一个活动窗口

D. 屏幕上可以出现多个活动窗口

23. 在 Windows 10 操作系统中，鼠标左键和右键的功能(　　)。

A. 固定不变　　　　　　　　　B. 通过对"控制面板"操作来改变

C. 通过对"文件资源管理器"操作来改变

D. 通过对"附件"操作来改变

24. 在 Windows 10 环境中，对文档实行修改后，既要保存修改后的内容，又不能改变原文档的内容，此时可以使用"文件"菜单中的"(　　)"命令。

A. 新建　　　　　B. 保存　　　　　C. 另存为　　　　　D. 打开

25. 在 Windows 10 中，剪贴板是(　　)。

A. 硬盘上的一块区域　　　　　B. 软盘上的一块区域

C. 内存中的一块区域　　　　　D. 高速缓存中的一块区域

26. 安装 Windows 10 操作系统时,如果硬盘容量未超过 2 TB,系统磁盘分区最好为(　　)格式。

A. EXT2　　　　　B. FAT32　　　　　C. NTFS　　　　　D. FAT

27. 在 Windows 10 环境中，用键盘打开"开始"菜单，需要(　　)。

A. 同时按下 Ctrl 和 Esc 键　　　　　B. 同时按下 Ctrl 和 Z 键

C. 同时按下 Ctrl 和空格键　　　　　D. 同时按下 Ctrl 和 Shift 键

28. 在 Windows 10 操作系统中，显示桌面的组合键是(　　)。

A. Win + P　　　　　B. Win + Tab　　　　　C. Alt + Tab　　　　　D. Win + D

29. 在 Windows 10 的文件资源管理器中选定了文件或文件夹后，若要将它们复制到同一驱动器的文件夹中，操作为(　　)。

A. 按下 Alt 键拖动鼠标　　　　　B. 按下 Shift 键拖动鼠标

C. 直接拖动鼠标　　　　　D. 按下 Ctrl 键拖动鼠标

30. 在 Windows 10 中，使用删除命令删除硬盘中的文件后(　　)。

A. 文件确实被删除，无法恢复

B. 在没有存盘操作的情况下，还可以恢复，否则不可以恢复

C. 文件被放入回收站，但无法恢复

D. 文件被放入回收站，可以通过回收站操作恢复

模块三　Word 应用

本模块主要介绍 Word 强有力的文字处理功能，包括字符格式的设置、段落格式的设置、表格的制作、制表位的使用、页面边框的设置、文本框的使用、分栏的设置、图文的混排、艺术字的应用、样式的应用、目录的生成、页眉/页脚的插入、模板的使用以及文件的打印输出等内容。

任务一　制作求职简历

任务提出

王同学即将毕业，为了求职，他需要精心制作一份求职简历。

知识准备

制作一份精美的求职简历，首先要为简历设计一张漂亮的封面，封面最好使用图片或艺术字进行点缀；然后要草拟一份自荐书，要根据自荐书内容的多少，适当调整字体、字号、行间距及段间距，其目的是使自荐书的内容在页面中分布合理，不要留太多空白，也不要太拥挤；最后设计自己的个人简历，包括基本情况、联系方式和受教育情况等内容，为了使个人简历清晰、整洁、有条理，最好以表格的形式呈现。设计的求职简历如图 3-1 所示，需要用到以下相关知识。

一、字符及段落的格式化

字符格式化包括对各种字符的大小、字体、字形、颜色、字符间距、字符之间的上下位置及文字效果等进行定义。

段落格式化包括对段落左右边界的定位、段落的对齐方式、缩进方式、行间距、段间距等进行定义。

二、表格的制作

Word 的表格由水平行和垂直列组成。行和列交叉成的矩形部分称为单元格。

(a) 求职简历的封面效果图

自 荐 信

尊敬的领导：

您好！

我是XX大学XX系的一名学生，即将面临毕业。

XX大学是我国XX人才的重点培养基地，具有悠久的历史和优良的传统，并且素以治学严谨、育人有方而著称；XX大学XX学院则是全国XX学科基地之一。在这样的学习环境下，无论是在知识能力，还是在个人素质修养方面，我都受益匪浅。

进入大学以来，在老师的严格教育及个人的努力下，我具备了扎实的专业基础知识，系统地掌握了XX、XX等有关理论；熟悉涉外工作常用礼仪；具备较好的英语听、说、读、写、译等能力；能熟练操作计算机办公软件。同时，我利用课余时间广泛地涉猎了大量书籍，不但充实了自己，也培养了自己多方面的技能。更重要的是，严谨的学风和端正的学习态度塑造了我朴实、稳重、创新的性格特点。

此外，我还积极地参加各种社会活动，抓住每一个机会，锻炼自己。大学的学习和生活使我深深地感受到，与优秀学生共同成长，使我在竞争中获益；向实际困难挑战，让我在挫折中成长。祖辈们教我勤奋、尽责、善良、正直；培养了我实事求是、开拓进取的作风。我热爱贵单位所从事的事业，殷切地期望能够在您的领导下，为这一光荣的事业添砖加瓦，并且在实践中不断学习进步。

收笔之际，希望尊敬的领导能够接受我的诚恳的谢意！

个人简历附下页，盼面谈！祝愿贵单位事业蒸蒸日上！

此致

敬礼！

自荐人：XXX

XX年XX月XX日

(b) 求职简历的自荐信效果图

个 人 简 历

姓名		性别		出生年月		1寸相片
民族		籍贯		政治面貌		
学历		专业		毕业时间		
毕业院校				外语水平		
联系电话				E-mail		
通信地址					邮编	
获奖证书						
求职意向						
应聘岗位				薪 金		
求职地区				求职行业		
自我评价						
爱好特长						
教育情况						
专业课程						
奖励和任职情况						

(c) 求职简历的个人简历效果图

图 3-1 求职简历

编辑表格分为两种：

(1) 以表格为对象进行编辑，如表格的移动、缩放、合并和拆分等。

(2) 以单元格为对象进行编辑，如单元格区域的选定，单元格的插入、删除、移动和复制，单元格的合并和拆分，单元格高度和宽度的设置，单元格中对象对齐方式的设置等。

三、制表位

制表位是在水平方向上对齐文本的有力工具，它的作用就是让文字向右移动一个特定的距离。因为制表位移动的距离是固定的，所以能够非常精确地对齐文本。

四、页面边框

页面边框是页面四周的一个矩形边框，一般来说这个边框都会由多种线条样式和颜色或者各种特定的图形组合而成。

五、打印预览及打印输出

"打印预览"是在正式打印前，预先在屏幕上查看即将打印文件的打印效果，看看是否符合设计要求，如果满意，就可以打印了。文档的打印是进行文档处理工作的最终目的。

任务实施

制作"求职简历"，如图 3-1 所示，主要分为以下步骤：

(1) 制作自荐信，并利用字符格式化和段落格式化功能对自荐信进行排版。

(2) 制作"个人简历"表格，并对表格进行设置。

(3) 制作求职简历封面，插入图片并调整图片的大小和位置，使用制表符对齐封面文字。

(4) 设置"求职简历"页面，并预览打印效果。

具体操作如下：

一、制作自荐信

自荐信的制作包括文字录入、字符及段落格式化，目的是使自荐信的内容在页面中分布合理。

制作自荐信

1. 建立求职简历文档

(1) 启动 Word。

(2) 单击"常用"工具栏上的"保存"按钮，打开"另存为"对话框。

(3) 在"文件名"框中输入文件名"求职简历"，如图 3-2 所示。

(4) 单击"保存"按钮，Word 在保存文档时自动增加扩展名".docx"。

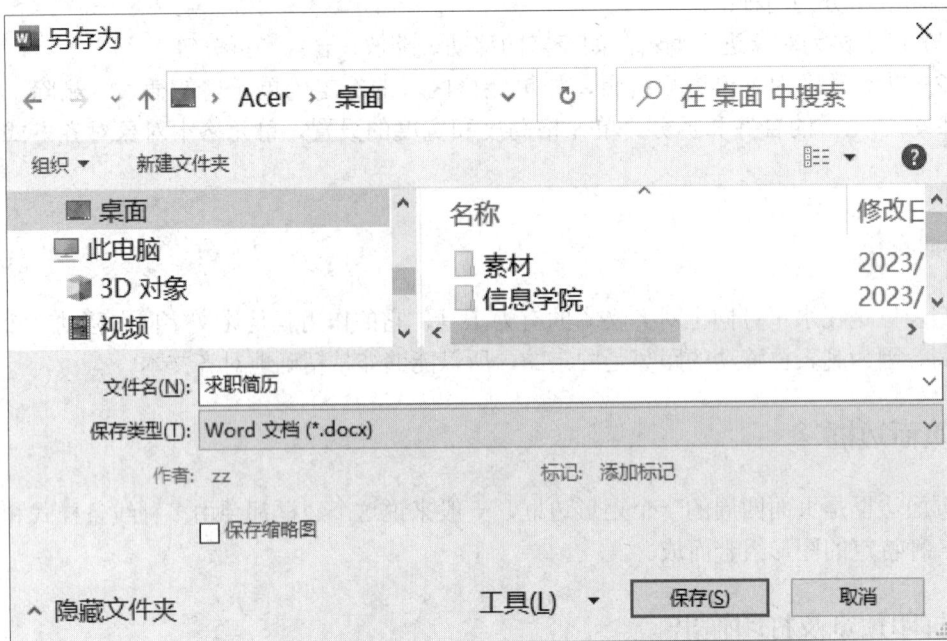

图 3-2　"另存为"对话框

⚓ 小技巧

(1) 要把文件保存到磁盘上不存在的文件夹中，可以临时新建一个文件夹。方法是：单击"另存为"对话框中的"新建文件夹"按钮，在打开的"新建文件夹"对话框中输入文件夹的名字，再单击"确定"按钮。

(2) 对于已经存在的文件，也可以另取一个名字保存到磁盘上，方法是：在菜单栏中选择"文件"→"另存为"命令，打开如图 3-2 所示的"另存为"对话框，在"文件名"框中输入新文件名，在保存位置下拉列表中可以选择其他的文件夹，再单击"保存"按钮。此方法相当于建立了一个当前文件的副本。

⚑ 注意

在编辑文档时应养成经常存盘的好习惯，以避免因死机或断电造成的突然关机而使内存中的数据丢失的情况发生。方法是：单击"常用"工具栏上的"保存"按钮，或按快捷键 Ctrl+S。

2. 输入"自荐信"

(1) 将插入点置于当前文档工作区的左上角。

(2) 选择中文输入法。

(3) 输入文字"自荐信"，按 Enter 键结束当前段落。

(4) 用相同的方法输入其他内容，并按 Enter 键结束当前段落。

(5) 所有内容输入完成后，如图 3-3 所示。

(6) 将自荐信中"×"表示的地方用具体信息替代。

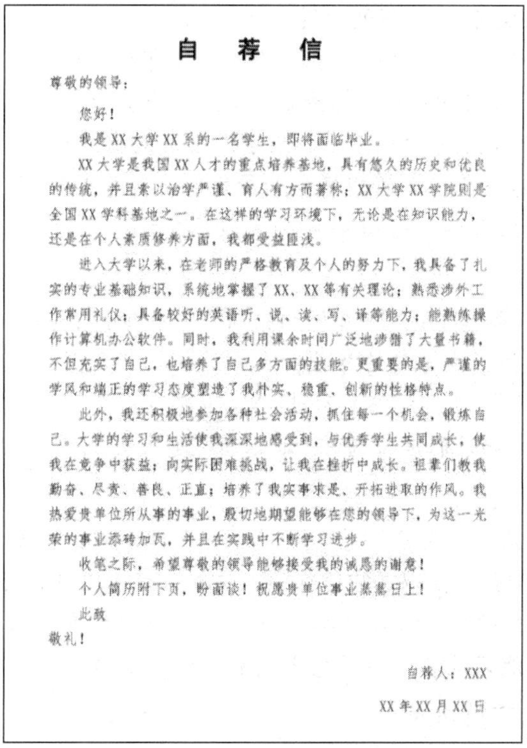

图 3-3　"自荐信"样文

　　(7) 对于日期部分，可通过菜单方式选择"插入"，在"文本"工具组中选择"日期和时间"图标，打开"日期和时间"对话框，如图 3-4 所示，在"语言(国家/地区)"下拉列表框中选择"中文"，在"可用格式"列表框中选择所需要的日期格式，单击"确定"按钮。

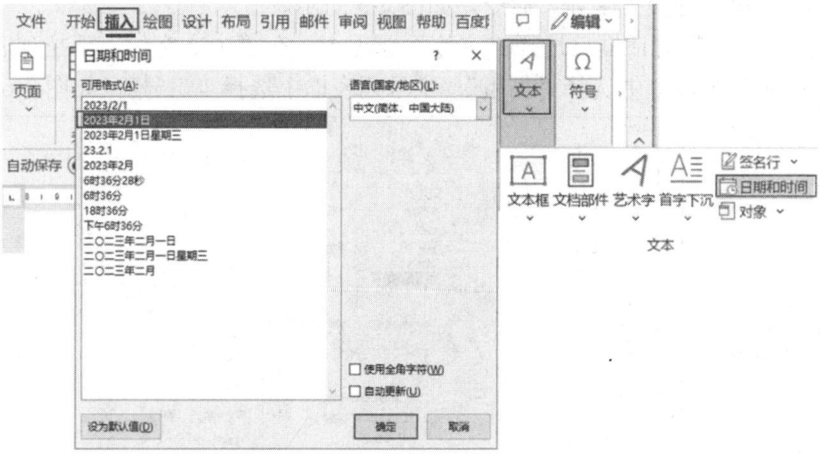

图 3-4　"日期和时间"对话框

✎ 说明

　　(1) 在文档编辑区中可以看到一条闪动的粗竖线，竖线所在位置叫作"插入点"。若粗竖线没有闪动，表示目前不是在编辑状态，只需移动鼠标光标在文档窗口的编辑区中单击一下，就能看到粗竖线在闪烁了。"插入点"的位置代表目前可以输入文字的位置。输入文字后，"插入点"自动往后移动到新的位置。

(2) 输入文字时，Word 会在右边界自动换行，只有在一个段落结束时，才按 Enter 键，这一点非常重要。每按一次 Enter 键，系统就会插入一个符号"↵"，称为"段落标记符"或"硬回车"，它用于标记段落的结尾，并记录了该段落的格式信息。

(3) 当用户需要另起一行，又不想增加新段落时，可同时按下 Shift+Enter 键。此时行尾将显示"↓"(俗称"软回车")，该行称为无段落标记的新行。

注意

(1) 输入内容时，不要通过输入一串空格来对齐或连续按 Enter 键产生空行进行分页，这样的做法都是不妥的，会影响排版的效果。

(2) 在"日期和时间"对话框中，勾选"自动更新"复选框，可根据系统时钟的日期更新输入的日期和时间。如果取消勾选"自动更新"复选框，则插入的日期和时间固定不变。

小技巧

输入文本时也可以启用"即点即输"功能，不但可以在文档的任意位置输入文字，而且可以设定段落格式。例如：要以居中方式输入文本，可以将鼠标移至该行的中间位置，当鼠标指针变为 I 时，双击鼠标就可以将插入点移动到中间位置，该段即为"居中对齐"方式。但"即点即输"功能只能在"页面视图"和"Web 版式视图"中起作用。

3. 设置"自荐信"字符格式

字符格式化功能包括对各种字符(如汉字、英文字母、数字字符以及其他特殊符号)的大小、字体、字形、颜色、字间距和各种修饰效果等进行定义。

(1) 选定要设置的标题文本"自荐信"。

(2) 鼠标指向被选定的文本(注意：鼠标指针不能离开被选定的文本)并单击鼠标右键，在弹出的快捷菜单中选择"字体"命令，如图 3-5 所示。

(3) 打开"字体"对话框，选择"字体"选项卡，在"中文字体"下拉列表框中选择"黑体"，"字形"列表框中选择"加粗"，字号列表框中选择"二号"，如图 3-6 所示。

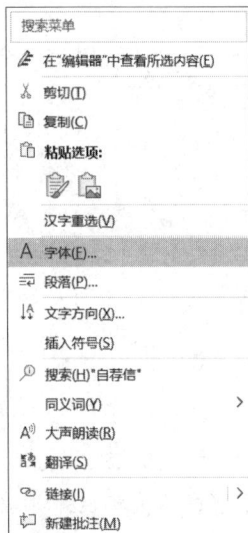

图 3-5　文本快捷菜单　　　图 3-6　"字体"对话框　　　图 3-7　"字符间距"选项卡

(4) 再选择"字符间距"选项卡,在"间距"下拉列表框中选择"加宽",在对应的"磅值"数字框内输入"18磅",如图3-7所示,单击"确定"按钮。

(5) 选定"尊敬的领导:"文本,从"格式"工具栏的"字体"下拉列表框中选择"仿宋","字号"下拉列表框中选择"四号"。

(6) 单击"常用"工具栏上的"格式刷"按钮。

(7) 当鼠标指针变成格式刷形状时,鼠标拖动选择目标文本"自荐人:"×××""×××年××月××日",将该目标文本设置成与"尊敬的领导:"相同的格式(完成后,"格式刷"按钮自动弹起,表明格式复制功能自动关闭)。

✍ 说明

① 如果要在不连续的多处复制格式,则必须双击"格式刷"按钮。当完成所有的格式复制操作后,再次单击"格式刷"按钮或按Esc键,可关闭格式复制功能。

② 若选定的文本范围包括几种字符格式,则系统只复制选定的第一个字符的字符格式;若选定的文本范围包括段落标记符"↵",则系统将复制段落格式和选定的第一个字符的字符格式;若只选定段落标记符"↵",则系统将只复制该段落的段落格式。

◈ 小技巧

当段落标记符"↵"没有出现时,单击"常用"工具栏上的"显示/隐藏编辑标记"按钮,使该按钮处于选中状态,就可以看到段落标记符"↵"了。

(8) 在图3-3所示的样文中,将正文文字(从"您好"开始到"敬礼"为止)设置为"楷体_GB2312、小四"。

4. "自荐信"的段落格式化

在 Word 中,以段落为排版的基本单位,每个段落都可以有自己的格式设置。在编辑文档时按下 Enter 键,表明前一段落的结束,后一段落的开始。每个段落都有一个段落标记符"↵",它包含了这个段落的所有格式设置。如果删除了段落标记,那么下一段的格式信息也就丢失了,下段的段落格式将与当前段的段落格式相同。

Word 提供了灵活方便的段落格式化设置方法。段落格式化包括段落对齐、段落缩进、段落间距、行间距等。

(1) 将"插入点"置于标题"自荐信"段落中,选定标题段落(按住鼠标左键拖动选择、连续三击鼠标左键,或将鼠标移至段左前方,当鼠标变成右向箭头时,拖动选择)。

(2) 单击"格式"工具栏上的"居中"按钮。

(3) 选定正文段落(第3~11段)。

(4) 在菜单栏中选择"格式"→"段落"命令,打开"段落"对话框,选择"缩进和间距"选项卡。在"常规"区域内,在"对齐方式"下拉列表框中选择"左对齐",如图3-8所示。

(5) 在"缩进"区域中的"特殊"格式下拉列表框中选择缩进类型为"首行缩进",在"缩进值"数字框中显示"2字符",如图3-8所示。

(6) 在"间距"区域内的"行距"下拉列表框中选择"固定值",在"设置值"下拉列表框中选择"23 磅"，如图 3-8 所示，单击"确定"按钮。

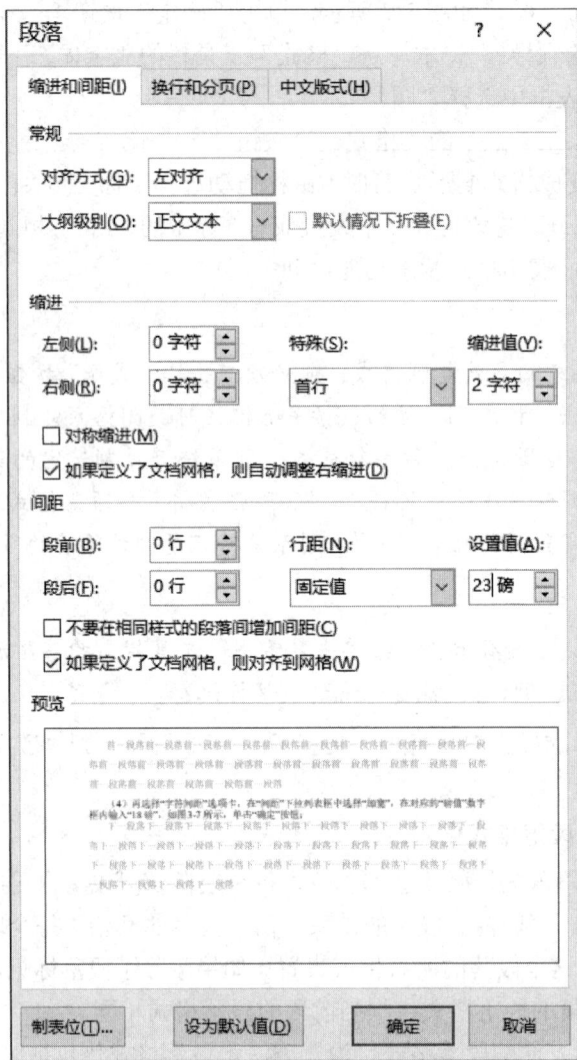

图 3-8　"缩进和间距"选项卡

✍ 说明

行距选项的作用如下：

① 单倍行距：行距为该行最大字符或最高图像的高度再加额外附加量，额外附加值取决于所用字号。

② 1.5 倍行距：行距为单倍行距的 1.5 倍。

③ 2 倍行距：行距为单倍行距的 2 倍。

④ 最小值：此选项需与"设置值"框配合使用，并且不能省略度量单位。"设置值"框中的值就是每行所允许的最小行距，和"单倍行距"不同之处是行距不能小于"设置值"框中的值。若某一行中最大字符或最高图像的高度比"设置值"框中的值还小，则以"设置值"框中的值作为行距。

⑤ 固定值：此选项需与"设置值"框配合使用，并且不能省略度量单位。"设置值"框中的值就是每一行固定行距。Word 不会调整固定的行距，若有文字或图像的高度大于此固定值时，将会被裁剪。

⑥ 多倍行距：此选项需与"设置值"框配合使用，但不能设置度量单位。"设置值"框中的值就是"单倍行距"的倍数。系统默认的多倍行距为"3"，如果在"设置值"框中输入"1.2"，则表示行距设置为单倍行距的 1.2 倍。

(7) 将插入点置于正文第 11 段"敬礼！"中的任意位置。

(8) 向左拖动标尺上的"首行缩进"标记到与"左缩进"重叠处(拖动时文档中显示一条虚线表明新的位置)，如图 3-9 所示，释放鼠标。

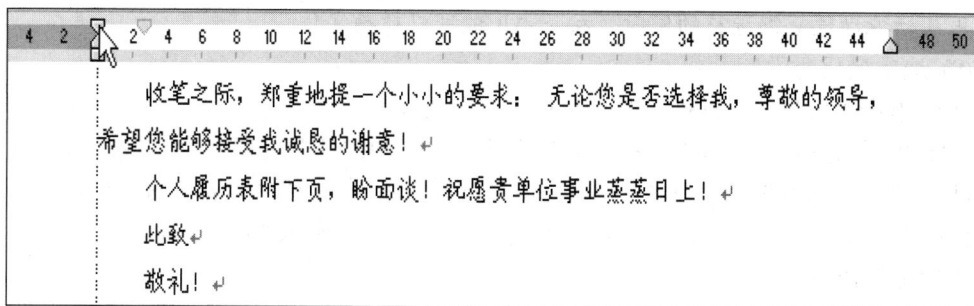

图 3-9　利用水平标尺取消"首行缩进"

☞ 说明

① 设置段落缩进最快速、最直观的方法是使用水平标尺。水平标尺上的各个段落缩进符的作用如图 3-10 所示。

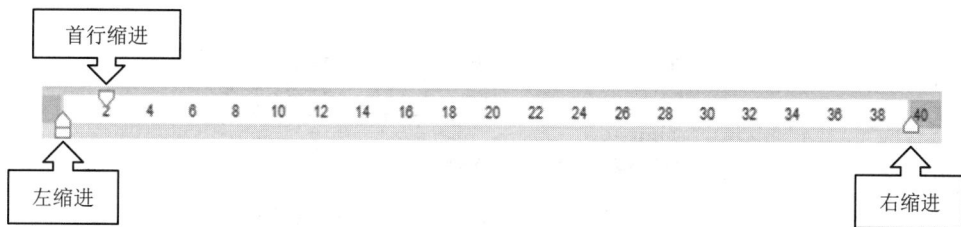

图 3-10　段落缩进符的作用

② 段落缩进方式一般有以下二种类型。

首行缩进：表示只有第一行缩进。通常情况下，中文的首行缩进两个汉字。

悬挂缩进：表示除第一行以外的各行都缩进。通常用于创建项目符号和编号。

左缩进和右缩进：表示段落中的所有行都缩进。通常为了表现段落间不同的层次。

③ 在图 3-10 所示的段落缩进符中，左缩进和悬挂缩进之间的区别是：拖动左缩进时，可改变整个段落的缩进量，即首行缩进会跟着移动；但拖动悬挂缩进时，只能改变第二行以后的缩进方式，首行缩进不受影响。

④ 若水平标尺没有显示出来，可在菜单栏中单击"视图"，勾选"标尺"复选框，如图 3-11 所示。如果"标尺"左侧出现"✓"符号，则显示标尺；再次单击该处，左侧的"✓"符号消失，则隐藏标尺。

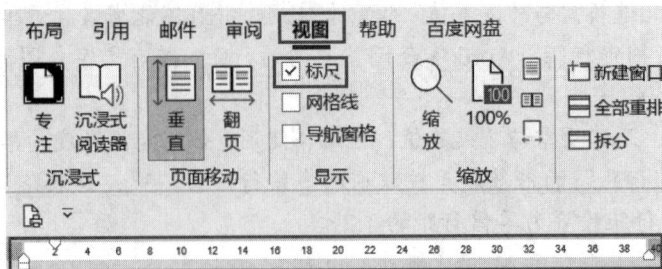

图 3-11   水平标尺的使用方法

♪ 小技巧

用鼠标拖动段落缩进符的同时，按下 Alt 键可以精确定位。

(9) 选定最后两段。

(10) 单击"格式"工具栏上的"右对齐"按钮。

(11) 将插入点置于"自荐人：×××"所在段落中的任意位置。

(12) 单击鼠标右键，在快捷菜单上选择"段落"命令，打开"段落"对话框，选择"缩进和间距"选项卡。在"间距"区域内的"段前"数字框中输入"0.5 行"，如图 3-12 所示，单击"确定"按钮。

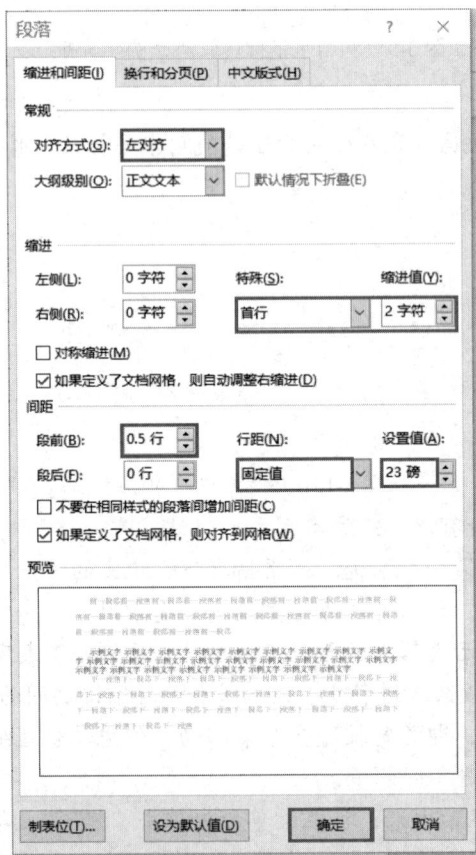

图 3-12   改变"段前"间距

(13) 单击"常用"工具栏上的"保存"按钮，保存"求职简历.doc"文档。

二、制作"个人简历"表格

表格是使用 Word 进行文字排版的简洁、有效的方式之一。如果将个人简历用表格的形式来表现，会使人感觉整洁、清晰、有条理。个人简历表格的效果如图 3-13 所示。

制作求职履历表

个　人　简　历					
姓名		性别		出生年月	
民族		籍贯		政治面貌	1寸相片
学历		专业		毕业时间	
毕业院校				外语水平	
联系电话				E-mail	
通信地址				邮编	
获奖证书					
求职意向					
应聘岗位				薪　金	
求职地区				求职行业	
自我评价					
爱好特长					
教育情况					
专业课程					
奖励和任职情况					

图 3-13　个人简历效果图

从图 3-13 中可以看出，该表中包含了一些不规则的单元格，适合通过手动方法绘制表格。单元格中的文字内容是按一定的方式对齐的，表格又是由不同的线型及底纹颜色构成的。要完成个人简历表格的制作，必须利用 Word 中的合并与拆分单元格、单元格对齐方式、设置表格的边框和底纹等功能实现。

1. 制作表格标题

(1) 按快捷键 Ctrl+End，将插入点定位到文档的末尾。

(2) 在菜单栏中单击"布局"，在工具栏中选择"分隔符"，在弹出的下拉菜单中选择"下一页"，如图 3-14 所示。

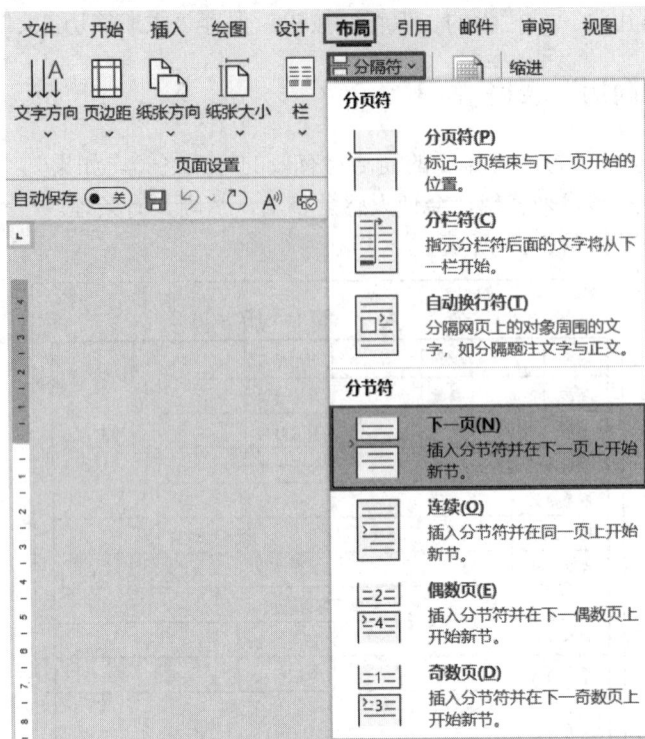

图 3-14　在文档中插入下一页

(3) 在文档中，将光标定位于新的一页(自荐信的下一页)，输入文字"个人简历"。

(4) 选定"自荐信"作为样板文本，用"格式刷"复制字符格式到"个人简历"。

2. 创建表格

(1) 在标题行"个人简历"段落的结束处按下 Enter 键，产生一个新的段落。

(2) 选择新段落，在"开始"的工具栏中，单击"样式"右侧图标"￼"显示"样式"窗口，选择"清除格式"，如图 3-15 所示。

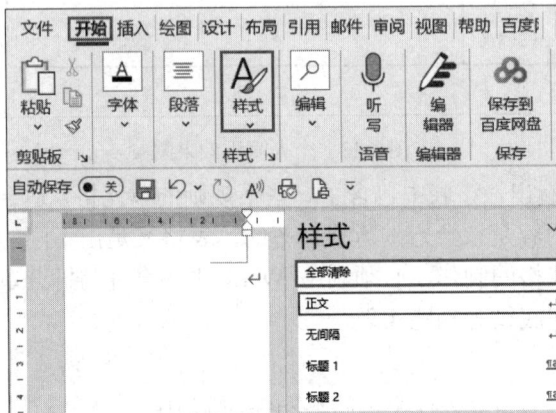

图 3-15　显示"样式"窗口清除段落格式

(3) 在菜单栏中单击"插入"，在工具栏中单击"表格"，在弹出的窗口中选择"绘制表格"命令，如图 3-16 所示，鼠标指针变为铅笔形状 ⚟。

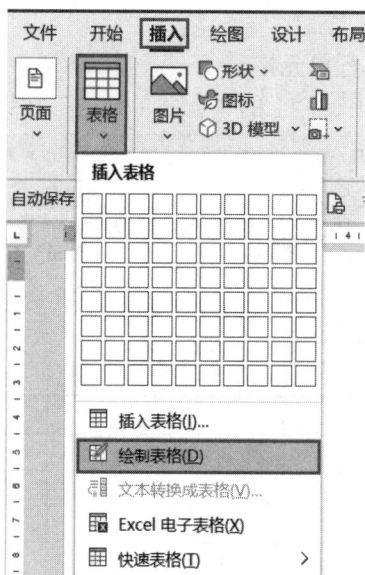

图 3-16　"绘制表格"工具

（4）在标题行下页面左上角的位置按住鼠标左键并拖动，直至页面右下角时释放鼠标左键，这时将拉出一个与页面大小相匹配的矩形框。

（5）在矩形框内，按住鼠标左键并使之在水平方向沿直线移动，绘制出 15 条水平线，如图 3-17 所示。

（6）再按住鼠标左键并使之在矩形框内垂直方向沿直线移动，绘制出相应的垂直线，如图 3-18 所示。

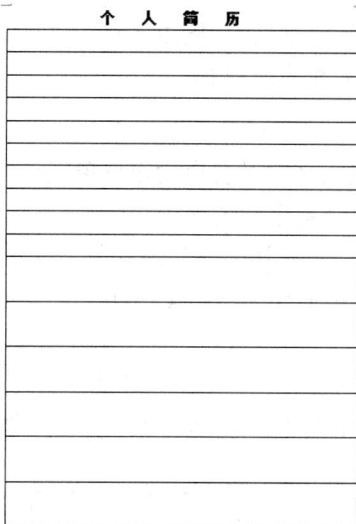

图 3-17　绘制水平线

图 3-18　绘制垂直线

3. 合并与拆分单元格

在设计复杂表格的过程中，当需要将表格中的若干个单元格合并为一个单元格时，可以利用 Word 提供的单元格合并功能。当需要把一个单元格分为多个单元格时，可利用单元格的拆分功能。

(1) 选择第 7 列中的 1～5 行单元格。

(2) 单击"表格和边框"工具栏上的"合并单元格"按钮▦，如图 3-19 所示。

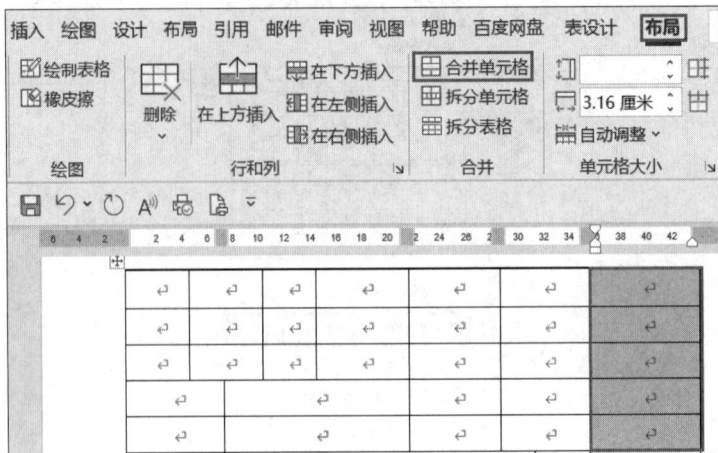

图 3-19　合并单元格

✍ 说明

合并单元格可以用"表格工具"的"设计"菜单下的▦按钮和"表格工具"的"布局"菜单下的▦合并单元格按钮两种方法实现；拆分单元格可以用"表格工具"的"设计"菜单下的▦按钮和"表格工具"的"布局"菜单下▦拆分单元格按钮和两种方法实现。

4．在单元格中输入文字

(1) 用鼠标单击表格第 1 行第 1 列，将插入点定位在该单元格，输入文字"姓名"。

(2) 按 Tab 或→键将插入点向右移动，分别输入"性别""出生年月"。

(3) 按↓键将插入点向下移动，分别在各行输入相应的内容。

5．调整单元格的宽度或高度

表格中的行高和列宽通常是不用设置的，在输入文字时会自动根据单元格中的内容而定。但在实际应用中，为了表格的整体效果，需要对其进行调整。

(1) 将鼠标指针停留在表格第 1 列的右边框线上，直到指针变为"↔"，按住鼠标向左拖动边框，文档窗口里出现一条垂直虚线随着鼠标指针移动，如图 3-20 所示，到合适位置时释放鼠标。

(2) 将鼠标指针停留在表格第 1 行的下边框线上，直到指针变为"≑"，按住鼠标向上拖动边框，文档窗口里出现一条水平虚线随着鼠标指针移动，如图 3-21 所示，到合适位置时释放鼠标。

图 3-20　拖动表格框线改变列宽　　　图 3-21　拖动垂直标尺上的行标记改变行高

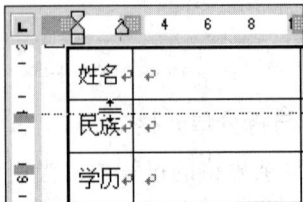

（3）将鼠标指针移动到第 1 行的最左边，直到鼠标指针变为斜向右上的箭头"↗"，单击鼠标选中该行，按住鼠标向下拖动，选定表格第 1～5 行。

（4）在菜单栏中选择"表格"→"表格属性"命令，打开"表格属性"对话框。

（5）在"行"选项卡中，选中"指定高度"复选框，在其后的数字框中输入"0.8 厘米"，如图 3-22 所示，单击"确定"按钮。

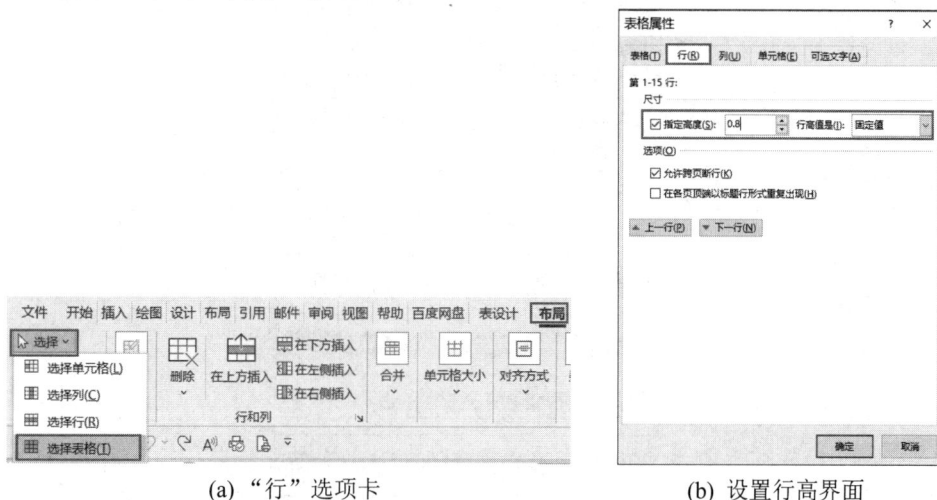

(a) "行"选项卡　　　　　　　　　　　　(b) 设置行高界面

图 3-22　"表格属性"对话框

（6）选定表格第 1～5 行。

（7）单击"表格工具"的"布局"菜单，在切换的"布局"工具中出现"对齐方式"工具，这里共列出了 9 个对齐按钮，每个按钮都同时包含垂直和水平两个方向的对齐方式，选择"中部居中"按钮，如图 3-23 所示。

（8）选定表格第 6～15 行第 2 列的单元格。

（9）在"表"工具组选择"属性"图标，打开"表格属性"对话框在"单元格"选项卡的"垂直对齐方式"区域内选择"居中"，如图 3-24 所示，单击"确定"按钮，可设置选定文字的垂直对齐方式。

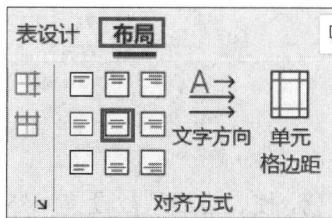

图 3-23　单元格对齐按钮列表　　　　　　图 3-24　设置"单元格"选项卡

(10) 单击"格式"工具栏上的"两端对齐"按钮▤，可设置选定文字的水平对齐方式。

(11) 在表格左上角单击⊞图标，选定整个表格，如图 3-25 所示，使表格中所有单元格呈现高亮显示状态。

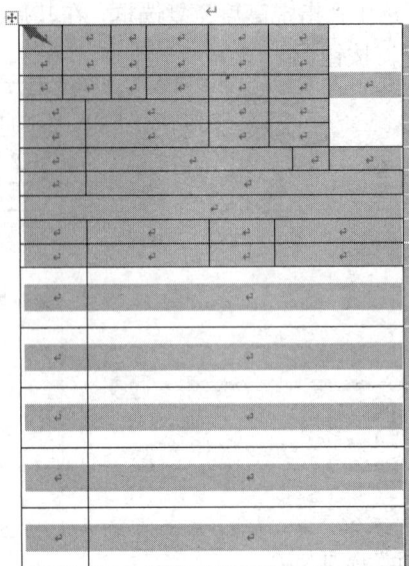

图 3-25　选择表格

(12) 切换到"表设计"菜单，在"边框"工具组中单击"边框样式"为 1.0 磅，在"边框"下拉菜单中单击"所有框线"，设置表格边框线粗度为 1.0 磅，如图 3-26 所示。

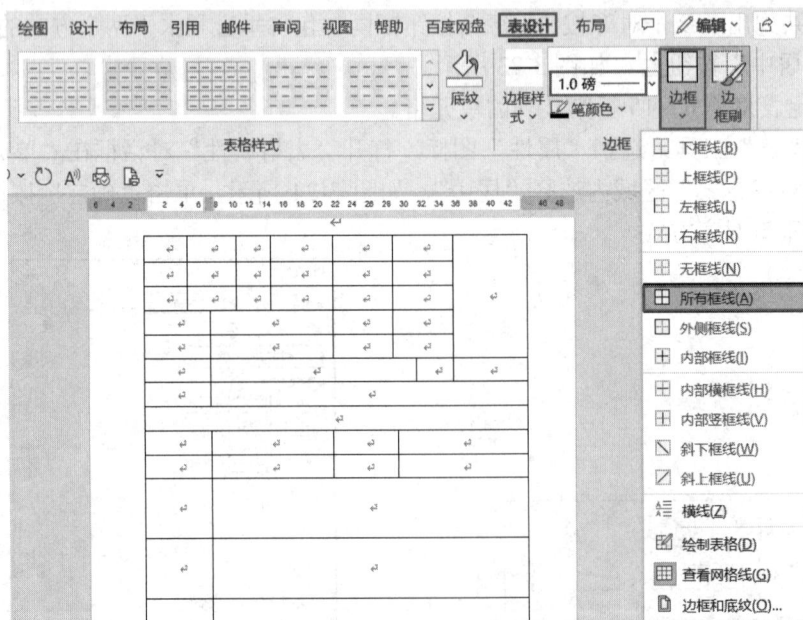

图 3-26　设置表格边框线粗度为 1.0 磅

(13) 按相同步骤设置表格外边框线粗度为 2.25 磅，使表格线型被设置为外粗内细的效果，如图 3-27 所示。

图 3-27　设置边框类型为"外侧框线"

✍ 说明

执行下列操作之一，可选定表格。

(1) 将鼠标指针停留在表格上，直到表格的左上角出现"表格移动控制点" ⊞，右下角出现"表格尺寸控制" ❑，单击" ⊞ "或" ❑ "可选定整个表格。

(2) 将插入点定位在表格的任意一个单元格内，在菜单栏"表格工具"的"布局"中，单击"表"工具栏中的"选择"工具，在弹出的下拉菜单中单击"选择表格"。

💣 小技巧

进行对齐设置时，表格对象对齐方式的设置和表格内文字的对齐方式的设置方法不同。具体操作步骤如下：

(1) 设置整个表格在页面中的对齐方式。在"表格工具"的"布局"中，单击"表"的"属性"，在弹出的"表格属性"对话框的"表格"选项卡中设置表格在页面中的"对齐方式"，如图 3-28 所示。

图 3-28　设置整个表格在页面中的对齐方式

(2) 设置表格内文字的对齐方式。直接选择表格指定单元格中的文字，在"布局"选项卡的"对齐方式"组中设置对齐方式。

三、制作"求职简历"封面

制作"求职简历"封面除了输入必要的文字外，自然少不了图片的衬托，此外还要考虑如何使文字及图片在水平方向和垂直方向上快速地定位。"求职简历"封面的效果如图 3-29 所示。

制作个人求职
简历封面

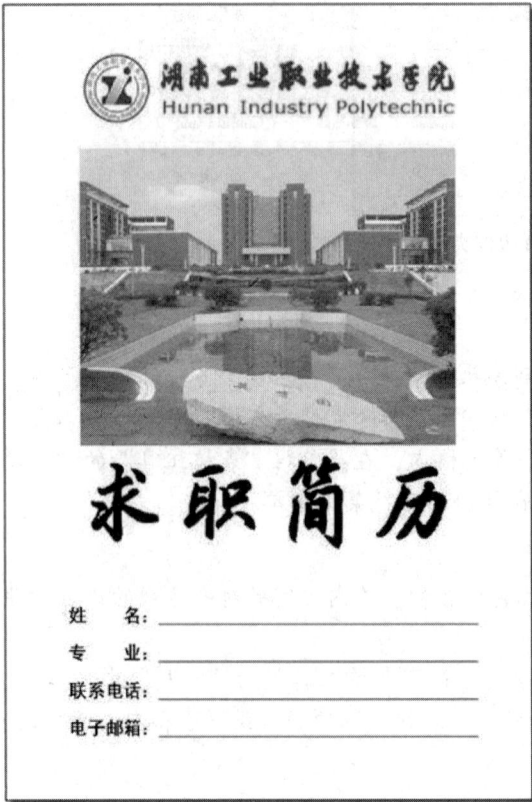

图 3-29　"求职简历"封面　　　　图 3-30　"分隔符"对话框

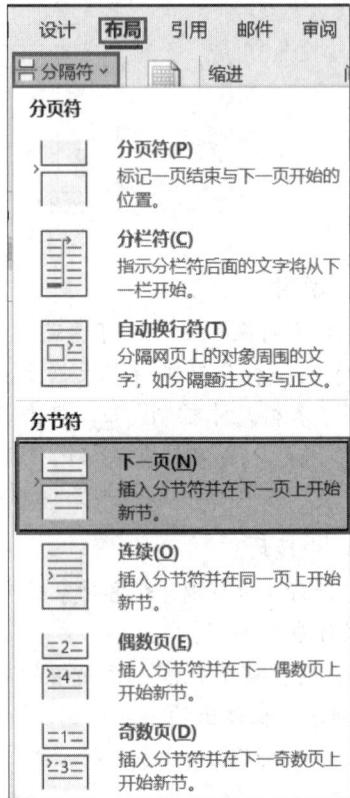

1. 插入"分节符"

(1) 按快捷键 Ctrl+Home 将插入点移动到文档的开始处(即在"自荐信"标题之前)。

(2) 单击功能区的"页面布局"选项卡，在"页面设置"组单击"分隔符"命令，在弹出的下拉菜单中选择"下一页"，如图 3-30 所示。

2. 插入图片

图片的使用在修饰文档中有着非常重要的作用，一篇美观的文档必然在使用图片方面有独到之处。学会了在文档中使用图片，将会使文档增色不少。

(1) 按快捷键 Ctrl+Home 将插入点移动到文档起始位置。

(2) 在功能区单击"插入"选项卡，再单击"插图"组的"图片"命令，在弹出的"插入图片"对话框中找到并打开包含指定图片的文件夹，单击▣按钮旁的下拉箭头，在弹出的菜单中选择"大图标"，可以浏览所有图片的缩略图，如图 3-31 所示。

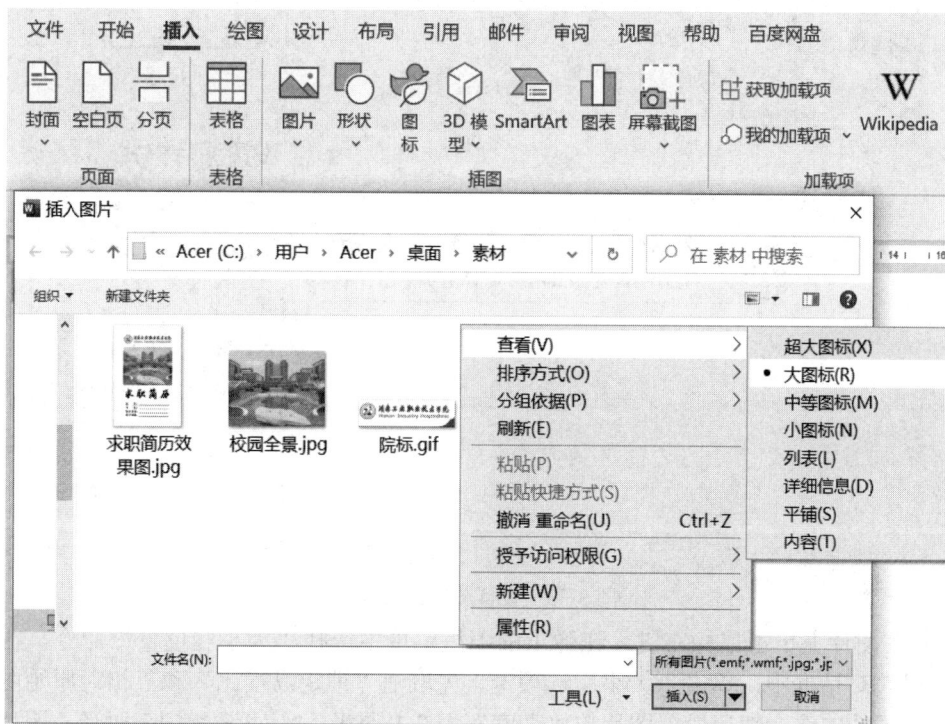

图 3-31 "插入图片"对话框

(3) 选择"院标.jpg"图片，单击"插入"按钮，该图片被插入到文档中。

(4) 按同样的方法将"校园全景.jpg"图片插入到封面页的"院校.jpg"图片下。

3. 调整图片大小

将图片插入 Word 文档后，一般保持原始尺寸。如果图片的原始大小超过了文档版心的尺寸，Word 会自动把图片的长度和宽度两个参数中最大的一个设置为版心的相应尺寸，并按比例将图片缩小，以适应版面的需要。如果插入图片的大小不能满足版面的需要，还可以继续调整图片的大小。

(1) "院标.jpg"图片需要裁剪多余的右下角边线，效果对比如图 3-32 所示。

图 3-32 "院标.jpg"图片裁剪前后效果对比

(2) 在"院标.jpg"图片上单击鼠标右键，在弹出的下拉菜单中选择最后一行的命令"设置图片格式"，在"设置图片格式"面板中选择"裁剪"命令，在右侧参数列表框中，单击参数后面的微调器▣，调整图片位置和裁剪位置，如图 3-33 所示。

图 3-33　设置图片裁剪参数

（3）在图片上单击鼠标右键，在弹出的下拉菜单中选择"大小和位置"命令，在弹出的"布局"对话框中，单击"大小"选项卡，先取消"锁定纵横比"和"相对原始图片大小"复选框的勾选，然后设置图片的"高度"为 3.1 厘米，"宽度"为 15 厘米，图片大小设置完成后单击"确定"按钮，如图 3-34 所示。

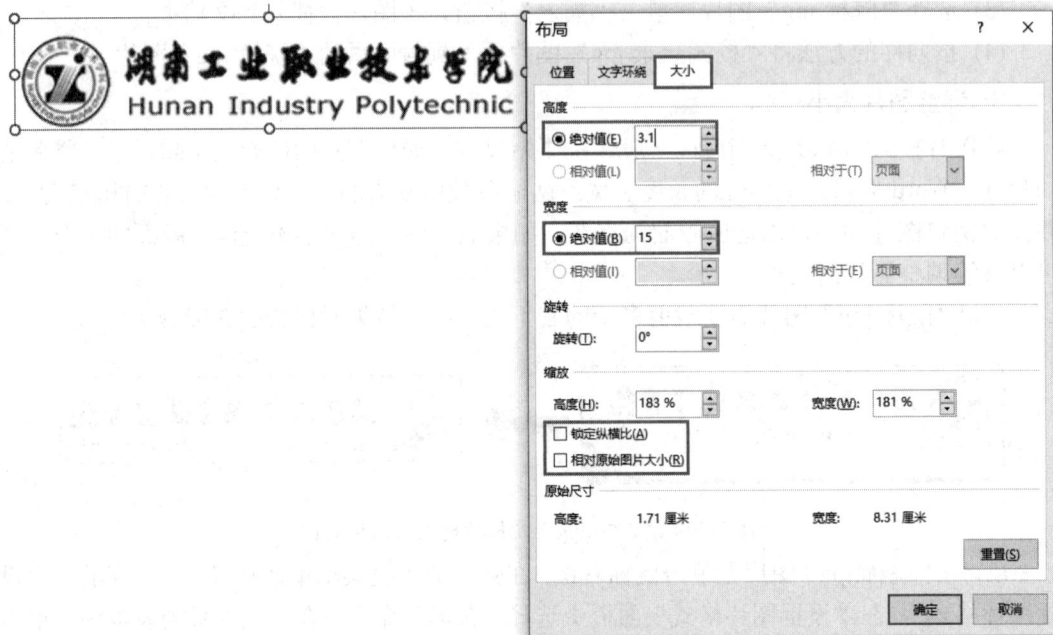

图 3-34　设置图片大小参数

✍ 说明

将鼠标指针移动到图片的上、下边中间的尺寸控点，当鼠标指针变成"⬍"时，上下拖动鼠标可以调整图片的高度；将鼠标指针移动到图片的左、右边中间的尺寸控点上，当鼠标指针变成"⬌"时，左右拖动鼠标可调整图片的宽度。

4. 调整图片位置

(1) 在"院标.jpg"图片下插入"校园全景.jpg"图片。

(2) 单击"校园全景.jpg"图片，当图片周围出现 8 个黑色的控点时，表明图片是"嵌入型"的。

(3) 单击"居中"按钮▤。

✍ 说明

默认情况下，在 Word 文档中导入图片的环绕方式为"嵌入型"，"嵌入型"图片将直接放置于文本的插入点处，与文字位于同一个层次。排版时，这种图片被当作一个很大的特殊字符对待，随着文字的移动而移动。因此，可以像对待文字那样对"嵌入型"图片进行各种排版操作，例如，可以通过提升字符位置的方式来改变"嵌入型"图片的垂直位置，使它们在水平位置上对齐。

在实际使用中，由于"嵌入型"图片只能随着文字移动，因此移动图片受到很大的限制。为了实现"图文混排"的效果，必须将图片的文字环绕方式设置为"非嵌入型"，这样，图片插入到图形层，浮动在文字之外，不随着文字的移动而移动，并可以让文字在图片周围环绕排列。

5. 安装字体

(1) 在提供的素材文件中选择"博洋行书 3500"字体文字，在字体文件上单击鼠标右键，在弹出的菜单中选择"安装"命令，如图 3-35 所示。

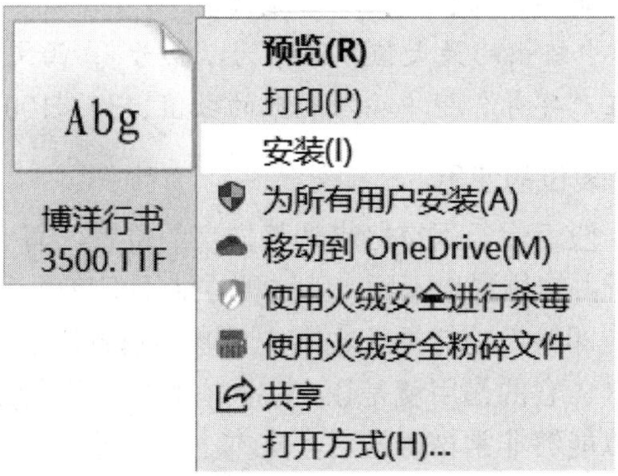

图 3-35 "添加字体"对话框

(2) 将插入点定位在"院标.jpg"图片后，按回车键，在"院标.jpg"和"校园全景.jpg"图片间插入一行空行，在新的段落中输入文字"求职简历"，并选定刚输入的文字。

(3) 在"中文字体"对话框中设置"HAKUYOXingShu"(博洋行书)字体,字号列表框中选择"初号"字。单击"文字效果"按钮,在"设置文本效果格式"对话框中选择"阴影",单击"预设"下拉按钮,在弹出的"预览"区域内可以预设字符格式化的效果。设置结果如图 3-36 所示,单击"确定"按钮。

图 3-36　设置"求职简历"字体

✎ **说明**

(1) 字体有"中文字体"和"西文字体"两种,中文字体表示如"五号"、"小四"等,表示中文字的大小,序号越大字符越小;西文字体表示如字母"abc"或数字"123"等,表示西文字符大小,单位是磅,磅值越大字符越大。

(2) "字号"列表框中给出的最大值,汉字为"初号",西文为"72",当需要使用更大的字号时,可以直接在"字号"框中输入相应的数值,如"100"。

6."即点即输"与制表位的使用

对于初学者来说,一般习惯于用空格来调整文字的位置,而 Word 中的每个空格因所设字体大小不同,因而所占的位置也不同,用这种方法不但麻烦,而且难以精确对齐文字。正确的方法是使用"即点即输"功能插入文本,并通过制表位设置文字的位置。制表位是一个对齐文本的有力工具,它的作用就是让文字向右移动一个特定的距离。因为制表位移动的距离是固定的,所以能够非常精确地对齐文本。本任务中"姓名:""专业:""联系电话:""电子邮箱:"的对齐样式如图 3-37 所示。

(1) 切换到"页面视图"或"Web 版式视图"。

(2) 将鼠标指针移动到要插入文本的空白区域,当鼠标指针变为 I≡ 时双击鼠标,插入点自动定位到指定位置,同时在水平标尺中出现了一个"左对齐式制表符 ⌐",如图 3-38 所示。

图 3-37　输入封面其他文字

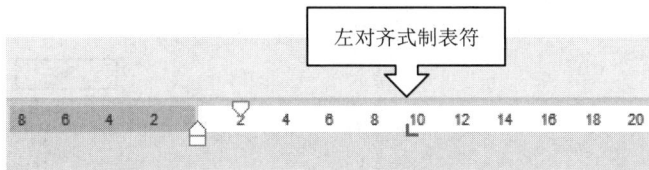

图 3-38　启用"即点即输"功能定位

🖐 **注意**

制表符有左对齐 **└**，居中对齐 **┴**、右对齐 **┘**、小数点对齐 **┴** 和竖线 **┃** 5 种类型，可以通过单击水平标尺最左端的制表符按钮，在以上 5 种类型中切换，直到选择需要的类型然后在水平标尺上相应的位置单击鼠标，可以在此处添加一个制表位。

将制表位标记在水平标尺上左右拖动，可以改变制表位的位置。将制表位标记上下拖动至拖出水平标尺时，可以删除制表位标记。

(3) 在插入点处输入"姓名:"，并将文字设置为"楷体、四号、加粗"，按回车键。同时设置的制表符格式自动复制到新的一段。

(4) 在新段落中，将该段落的"段前间距"设置为"0.5 行"。

(5) 按 Tab 键，光标对齐到制表位标记处，输入"专业:"，再按回车键。

(6) 重复步骤(5)，分别在后两段中输入"联系电话:""电子邮箱:"。

🖐 **注意**

(1) "即点即输"在下列区域中不可用：多栏、项目符号和编号列表、浮动对象附近、具有上下型文字环绕效果的图片的左侧或右侧、缩进的左侧或右侧。

(2) 如果看不到"即点即输"指针形状，可能尚未启用"即点即输"功能。若要启用该功能，可以在菜单栏中选择"文件"→"选项"命令，在"Word 选项"对话框中选择"高级"，勾选"启用'即点即输'"复选框，如图 3-39 所示，单击"确定"按钮。

图 3-39　启用"即点即输"

✍ 说明

在 Word 中提供了多种视图模式供用户选择，这些视图模式包括"页面视图""阅读版式视图""Web 版式视图""大纲视图"和"草稿视图"等五种视图模式。用户可以在"视图"功能区中选择需要的文档视图模式，也可以在 Word 文档窗口的右下方单击视图按钮选择视图，如图其中 3-40 所示。

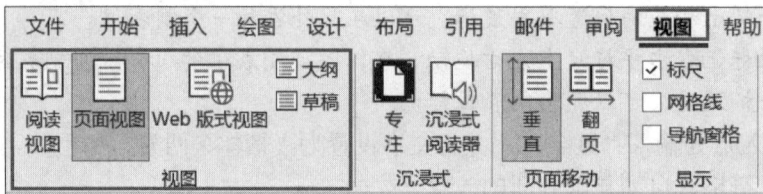

图 3-40　Word 的常用视图

(1) 页面视图。"页面视图"可以显示 Word 文档的打印结果外观，主要包括页眉、页脚、图形对象、分栏设置及页面边距等元素，是最接近打印结果的视图。

(2) 阅读版式视图。"阅读版式视图"以图书的分栏样式显示 Word 文档，"文件"按钮、功能区等窗口元素均被隐藏起来。在阅读版式视图中，用户还可以单击"工具"按钮选择各种阅读工具。

(3) Web 版式视图。"Web 版式视图"以网页的形式显示 Word 文档，Web 版式视图适用于发送电子邮件和创建网页。

(4) 大纲视图。"大纲视图"主要用于 Word 文档的设置和显示标题的层级结构，方便折叠和展开各种层级的文档。大纲视图广泛用于 Word 长文档的快速浏览和设置中。

(5) 草稿视图。"草稿视图"取消了页面边距、分栏、页眉页脚和图片等元素，仅显示标题和正文，是最节省计算机系统硬件资源的视图方式。当然现在计算机系统的硬件配置都比较高，基本上不存在由于硬件配置偏低而使 Word 运行遇到障碍的问题。

四、设置自荐信页面

大家平时看到的一些文档，在页面四周会有矩形的"留白边框"，称为页面边距。默认情况下，设置的页面边距应用于整篇文档。

(1) 在功能区选择"页面布局"菜单，在"页面设置"组单击其右下角 图标，弹出"页面设置"对话框。

(2) 选择"页边距"选项卡，分别设置"页边距"为左边距 3 厘米，右边距 2.5 厘米，上边距 3 厘米，下边距 3 厘米，装订线距左边 1 厘米，如图 3-41 所示。

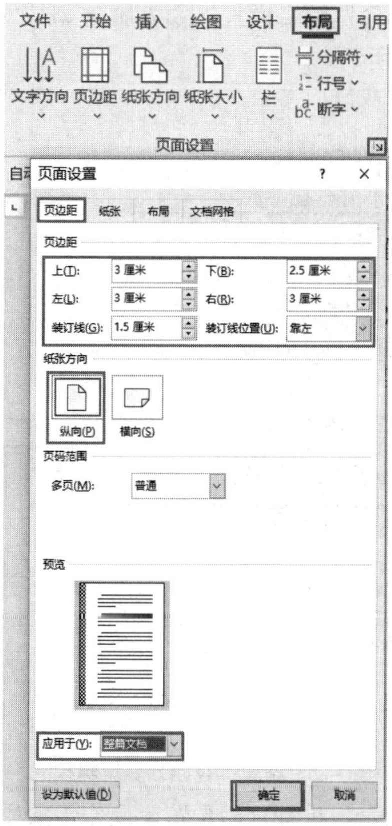

图 3-41　"页面设置"对话框

(3) 单击"常用"工具栏上的"保存"按钮 ，保存"求职简历.doc"文档。

至此，对"求职简历"的排版工作全部完成，最终排版效果如图 3-1 所示。

五、打印求职简历

对文档进行排版之后，大部分工作已经完成。但是制作出来的简历是要投递给用人单位的，因此必须将文件打印出来。

1. 打印预览

Word 强大的"所见即所得"功能给文档的打印工作提供了极大的便利。为确保文档的打印质量，Word 提供了一种特殊功能——打印预览。"打印预览"就是在正式打印之前预先在屏幕上查看即将打印文件的打印效果，看看是否符合设计要求，如果一切满意就可打印了，否则就继续编辑排版。使用打印预览可以避免盲目打印，节省纸张。

Office 2010 需要将"打印预览编辑模式"添加至快速访问工具栏才能使用打印预览。

(1) 在文件菜单上，单击"选项"命令。

(2) 单击"Word 选项"的"快速访问工具栏"选项，然后单击"从下列位置选择命令"下拉列表中选择"所有命令"。

(3) 找到"打印预览编辑模式"，然后单击"添加"。

(4) 单击确定，将"打印预览编辑模式" 添加至 word 左上角。

具体操作步骤如图 3-42 所示。

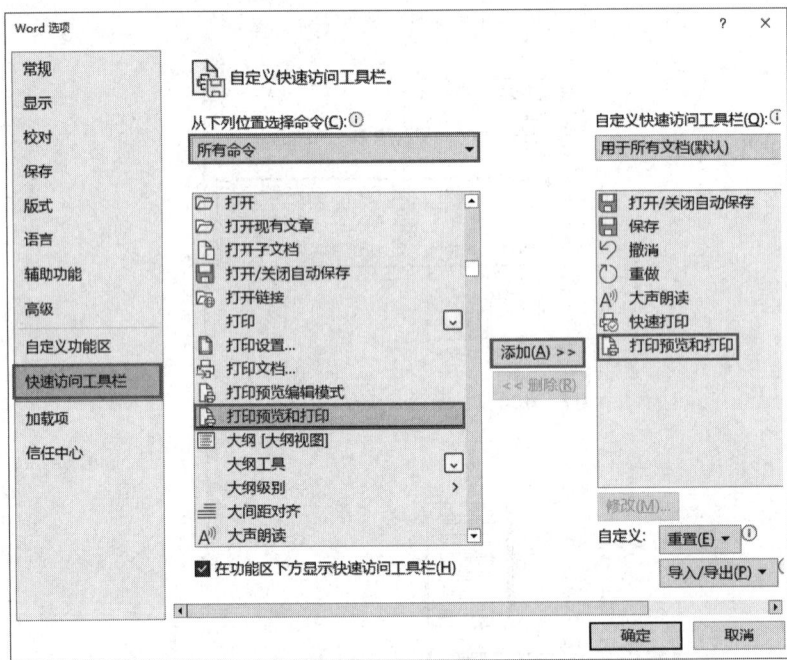

图 3-42　添加"打印预览编辑模式"

对当前文档"求职简历.doc"进行打印预览，操作步骤如下：

(1) 在 Word 窗口左上角选择快捷工具栏"打印预览和打印"按钮，切换到"文件"菜单，进入"打印"对话框，在右下角"缩放"线条上单击符号"+"号，在预览页的某一位置单击鼠标，预览页在当前位置放大，可以清晰查看文档内容，若单击"-"，文档又恢复为缩小状态。如图 3-43 所示。

图 3-43　打开"打印预览和打印"选项

（2）如果要显示多页，可单击"视图"菜单的"缩放"工具组的"显示比例"按钮，在弹出的"缩放"对话框中，选择"多页"，单击"确定"，窗口中"求职简历"文件以多页方式显示，如图 3-44 所示。

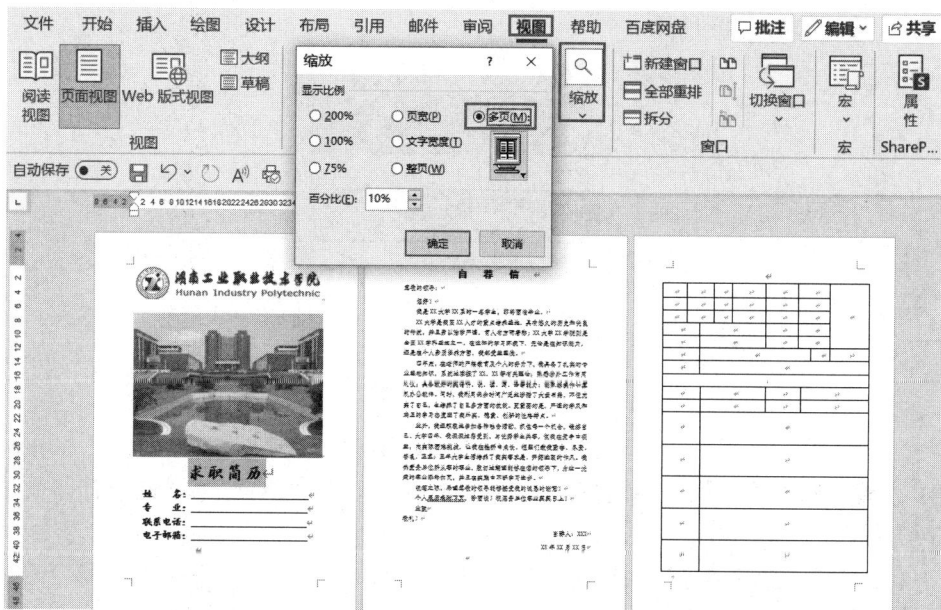

图 3-44　"多页"显示方式

（3）如果要显示单页，只需单击"单页"选项，就可回到单页预览方式。

（4）单击"关闭打印预览"按钮，即可回到正常文本的编辑状态。

2. 打印文档

文档的打印是进行文档处理工作的最终目的。在完成文档的编辑排版后，使用"打印预览"功能查看文档的版式和内容并满意后，如果打印机已经设置好，就可以进行文档的打印了。打印前最好先保存文档以免意外丢失。

(1) 在菜单栏中选择"文件"→"打印"命令，在右侧显示"打印"菜单，如图 3-45 所示。

图 3-45　"打印"菜单

(2) 在"打印机"下拉列表中选择系统已安装好的打印机。

(3) 在"设置"组中设置打印参数。单击"打印所有页"后的下拉按钮，在弹出的下拉菜单中可以选择打印范围，如"打印所有页""打印所选内容""打印当前页面""打印自定义范围"等，如图 3-46 所示。

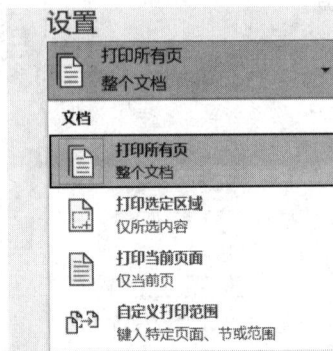

图 3-46　设置打印页面范围

(4) 设置打印方式，如"单面打印""双面打印"以及"纵向""横向"打印页面等，如图 3-47 所示。

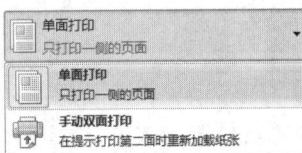

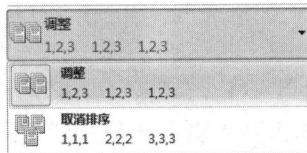

(a) 选择"单面打印"　　　(b) 选择打印"调整"方式　　　(c) 选择打印方向

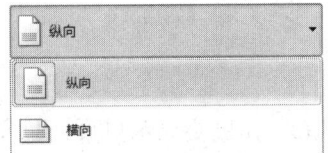

信纸 21.59 厘米 x 27.94 厘米	上次的自定义设置 上：3 厘米　下：2.5 厘米 左：2 厘米　右：2 厘米	每版打印 1 页
小号信纸 21.59 厘米 x 27.94 厘米		每版打印 2 页
Tabloid 27.94 厘米 x 43.18 厘米	普通 上：2.54 厘米　下：2.54 厘米 左：3.18 厘米　右：3.18 厘米	每版打印 4 页
Ledger 43.18 厘米 x 27.94 厘米		每版打印 6 页
法律专用纸 21.59 厘米 x 35.56 厘米	窄 上：1.27 厘米　下：1.27 厘米 左：1.27 厘米　右：1.27 厘米	每版打印 8 页
Statement 13.97 厘米 x 21.59 厘米		每版打印 16 页
Executive 18.41 厘米 x 26.67 厘米	适中 上：2.54 厘米　下：2.54 厘米 左：1.91 厘米　右：1.91 厘米	缩放至纸张大小
A3 29.7 厘米 x 42 厘米		每版打印 1 页 缩放到 14 厘米 x 20.3 厘米
A4 21 厘米 x 29.7 厘米	自定义边距(A)...	
A4 小号 21 厘米 x 29.7 厘米	正常边距 左：3.18 厘米　右：3.18 厘米	
其他页面大小(A)...		
A4 21 厘米 x 29.7 厘米		

(d) 选择 A4 打印纸　　　　(e) 选择页面边距　　　　(f) 选择"每版打印 1 页"

图 3-47　设置打印方式

(5) 如果一次要打印多份，可以在"打印份数"输入框中设定打印份数。

(6) 检查打印纸张是否放好，一切准备就绪后，单击"确定"按钮，开始打印文档。

📋 任务拓展

1. 文学社的小张应学院外语协会的要求拟定一个英语通知，如图 3-48 所示。

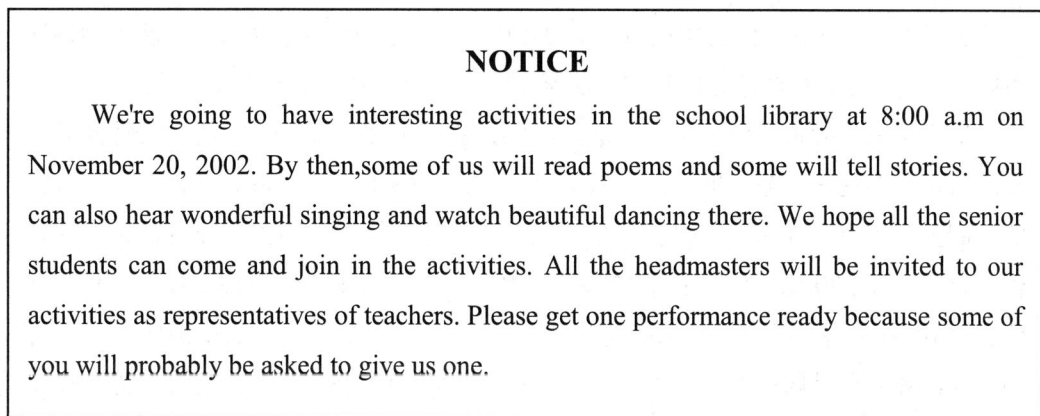

NOTICE

We're going to have interesting activities in the school library at 8:00 a.m on November 20, 2002. By then,some of us will read poems and some will tell stories. You can also hear wonderful singing and watch beautiful dancing there. We hope all the senior students can come and join in the activities. All the headmasters will be invited to our activities as representatives of teachers. Please get one performance ready because some of you will probably be asked to give us one.

图 3-48　英语通知

录入如图所示的英文通知内容，并按以下要求设置格式。

(1) 通知文件名为"英文通知.doc"。

(2) 标题字体设置为隶书，四号，加粗，居中。

(3) 正文字体设置为宋书，小四，首行缩进 2 字符。

2. 张老师查阅并整理了一篇关于岳阳楼的文章，他想再补充一段，如图 3-49 所示。

岳 阳 楼

　　<u>岳阳楼矗立于洞庭湖东岸，岳阳市西门城墙上，西临烟波浩淼的洞庭湖、北望滚滚东去的万里长江，水光楼影，相映成趣，扼长江，临洞庭。素有"洞庭天下水，岳阳天下楼"的盛誉，是我国著名的旅游胜地之一。</u>

　　岳阳楼始为三国时吴国都督鲁肃训练水师构筑的阅兵台。唐开元四年(716)，中书令张说谪守岳州，在阅兵台旧址，建一楼阁，因位于湖南大岳山之阳，故名"岳阳楼"。后几经兴废，据文献记载自唐宋以来重修达 30 余次。现存建筑为清同治六年(1867)再建。岳阳楼因北宋范仲淹作《岳阳楼记》而名扬天下。1988 年中华人民共和国国务院公布为全国重点文物保护单位。

　　岳阳楼为三檐三层盔顶纯木结构。主楼平面呈长方形，宽 17.24 米，深 14.54 米，面积 240 平方米，通高 19.72 米。四面环以明廊，中间以 4 根楠木柱从地到顶承荷全楼大部分重力，再用 12 根柱作为内周，支撑二楼。外围绕以 20 根檐柱，彼此牵制，结为整体。飞檐与屋顶用伞形架传载荷重，屋檐下的斗形式似北方建筑中的"如意斗"层垒相对，荷重承力，托楼顶，是罕见的建筑结构。

　　全楼榫卯交接，未用一钉，工艺精巧，结构严整，造型庄重。三层飞檐与楼顶，均盖黄色琉璃筒板瓦。整个楼的建筑，无论在美学、力学或建筑学以及工艺等方面都充分显示了中国古代建筑的民族风格。岳阳楼内，一楼四周悬挂着历代名人雅士的诗词对联，二楼正中悬挂着清乾隆年间书法家张照书写的《岳阳楼记》大型雕屏。

　　岳阳楼位岳阳市西门城头。它威然矗立，脚踏烟波浩淼的洞庭湖，面对青螺滴翠的君山、头枕滚滚东去的长江、背靠繁华秀丽的闹市。与武昌的黄鹤楼，南昌的腾王阁齐名。有"江南三大名楼"之一的美称。三名楼中岳阳楼又独占鳌头。岳阳楼始建于公元 220 元前后，距今 1700 多年历史，三国时期为鲁肃阅军楼；南北朝时称巴陵城楼；初唐时称南楼；中唐李白赋诗后，始称岳阳楼，至公元 1045 年，庆历四年春，滕子京重修岳阳楼，请友范仲淹作了《岳阳楼记》，从此，岳阳楼更加闻名遐迩。

图 3-49　《岳阳楼》文章

录入如图所示带波浪线的段落的文字，并按要求设置格式。要求如下：

(1) 打开"岳阳楼.doc"文档。

(2) 在标题下输入如图所示带波浪线的文字。

(3) 将输入的文字设置成波浪下划线。

(4) 保存文件。

3. "岳阳楼.doc" 文档版式设计效果如图 3-50 所示。

岳阳楼

岳阳楼矗立于洞庭湖东岸，岳阳市西门城墙上，西临烟波浩淼的洞庭湖、北望滚滚东去的万里长江，水光楼影，相映成趣，扼长江，临洞庭。素有"洞庭天下水，岳阳天下楼"的盛誉，是我国著名的旅游胜地之一。

岳阳楼始为三国时吴国都督鲁肃训练水师构筑的阅兵台。唐开元四年(716)，中书令张说谪守岳州，在阅兵台旧址，建一楼阁，因位于湖南大岳山之阳，故名"岳阳楼"。后几经兴废，据文献记载自唐宋以来重修达 30 余次。现存建筑为清同治六年(1867)再建。岳阳楼 因北宋范仲淹作《岳阳楼记》而名扬天下。1988 年中华人民共和国国务院公布为全国重点文物保护单位。

岳阳楼为三檐三层盔顶纯木结构。主楼平面呈长方形，宽 17.24 米深 14.54 米，面积 240 平方米，通高 19.72 米。四面环以明廊，中间以 4 根楠木柱从地到顶承荷全楼大部分重力，再用 12 根柱作为内周，支撑二楼。外围绕以 20 根檐柱，彼此牵制，结为整体。飞檐与屋顶用伞形架传载荷重，屋檐下的斗形式似北方建筑中的"如意斗"层垒相对，荷重承力，托楼顶，是罕见的建

筑结构。

全楼榫卯交接，未用一钉，工艺精巧，结构严整，造型庄重。三层飞檐与楼顶，均盖黄色琉璃筒板瓦。整个楼的建筑，无论在美学、力学或建筑学以及工艺等方面都充分显示了中国古代建筑的民族风格。岳阳楼内，一楼四周悬挂着历代名人雅士的诗词对联，二楼正中悬挂着清乾隆年间书法家张照书写的《岳阳楼记》大型雕屏。

岳阳楼位岳阳市西门城头。它威然矗立，脚踏烟波浩淼的洞庭湖，面对青螺滴翠的君山，头枕滚滚东去的长江、背靠繁华秀丽的闹市。与武昌的黄鹤楼，南昌的滕王阁齐名。有"江南三大名楼"之一的美称。三名楼中岳阳楼又独占鳌头。岳阳楼始建于公元 220 元前后，距今 1700 多年历史，三国时期为鲁肃阅军楼；南北朝时称巴陵城楼；初唐时称南楼；中唐李白赋诗后，始称岳阳楼，至公元 1045 年，庆历四年春，滕子京重修岳阳楼，请友范仲淹作了《岳阳楼记》，从此，岳阳楼更加闻名退迩。

图 3-50　版式效果

具体要求如下：

(1) 设置文档页面格式。设置页眉和页脚，在页眉左侧录入文本"中华名楼"，右侧插入"第 1 页"。将第 2、3、4 段设置为三栏格式，并添加分隔线。

(2) 设置文档编排格式。将标题设置为艺术字，式样为艺术字库中的第 5 行第 4 列，字体为隶书，环绕方式为浮于文字上方；为第 1 段字添加金色底纹，字体设置为楷体，小四，深蓝色；将最后一段字体设置为华文新魏，小四；第 2、3、4 段的字号设置为小五；第 1

段和最后一段设置固定行距 15 磅。

（3）插入图片。在效果图所示位置插入图片，图片为素材 TU2.jpg，设置图片高度为 3.30 cm，宽度为 4.45 cm，环绕方式为紧密型。

（4）文档的整理、修改和保护。将正文第 2、3、4 段中的"岳阳楼"字体替换为"华文行楷"，颜色为红色，字号为五号。

4. 设计一张课程表，如图 3-51 所示。

课　程　表

节	星　期				
	一	二	三	四	五
1～2 节	程序设计基础	英语	思想政治	英语	数学
3～4 节	数学	程序设计基础	程序设计基础	数学	英语
午　休					
5～6 节	思想政治		图形图像制作	思想政治	图形图像制作
7～8 节	信息技术基础		信息技术基础	信息技术基础	思想政治

图 3-51　课程表效果图

要求如下：

（1）标题字体设置为黑体，三号，字符间距"加宽"18 磅，居中。

（2）表中标题行字体设置为宋体，五号，加粗；"星期一"到"星期五"居中。

（3）输入课程名称，字体设置为宋体，五号，居中。

（4）"午休"单元格填充底纹"灰色 –25%"。

5. 按以下要求设计一份个性化的求职简历。

（1）用适当的图片、文字等对象，制作与自己的专业或学校相关的封面。

（2）根据自己的实际情况输入一份"自荐信"，并对"自荐信"的内容进行字符格式化及段落格式化。

（3）用表格直观地列出学习经历以及个人信息(班级、姓名、学号、性别、个人兴趣爱好)等，并插入一张个人证件照。

任务二　宣传海报的排版

任务提出

　　学校将在大学生活动中心举办"大学第一课"主题教育活动，该活动由共青团某市委和市卫生健康委共同主办，活动面向高校大一新生，特邀市共青团"向日葵"青年讲师团的专业讲师俞嘉诚担任演讲嘉宾。

制作宣传海报

(a) 宣传海报第 1 页样图

(b) 宣传海报第 2 页样图

图 3-52　宣传海报样文

根据上述活动的描述，利用 Microsoft Word 制作一份宣传海报，参考样式如图 3-52 所示，要求如下：

(1) 调整文档版面，要求页面高度为 35 厘米，页面宽度为 27 厘米，页边距(上、下)为 5 厘米，页边距(左、右)为 3 厘米，并将"考生"文件夹下的图片"Word-海报背景图片.jpg"设置为海报背景。

(2) 根据"Word-海报参考样式.docx"文件，调整海报内容文字的字号、字体和颜色。

(3) 根据页面布局需要，调整海报内容中"报告题目""报告人""报告日期""报告时间""报告地点"等信息的段落间距。

(4) 在"报告人："位置后面输入报告人的姓名。

(5) 在"主办：共青团市委市卫生健康委"位置后另起一页，并设置第 2 页的页面纸张大小为 A4，将纸张方向设置为"横向"，页边距设置为"普通"页边距定义。

(6) 在新页面的"日程安排"段落下面，复制本次活动的日程安排表(请参考"Word-活动日程安排.xlsx"文件)，要求表格内容引用 Excel 文件中的内容，若 Excel 文件中的内容发生变化，Word 文档中的日程安排信息也要随之发生变化。

(7) 在新页面的"报名流程"段落下面，利用 SmartArt，制作本次活动的报名流程(学工处报名、确认座席、领取资料、领取门票)。

(8) 设置"报告人介绍"段落下面的文字排版布局为参考示例文件中所示的样式。

(9) 插入卡通人物联机图片，并将该图片调整到适当位置，不要遮挡文字内容。

(10) 保存本次活动的宣传海报设计为海报.docx。

任务实施

(1) 打开海报.docx，单击"布局"选项卡下"页面设置"组中的对话框启动器按钮。打开"页面设置"对话框，单击"纸张"选项卡，分别将"高度"和"宽度"设置为"35 厘米"和"27 厘米"，如图 3-53 所示。

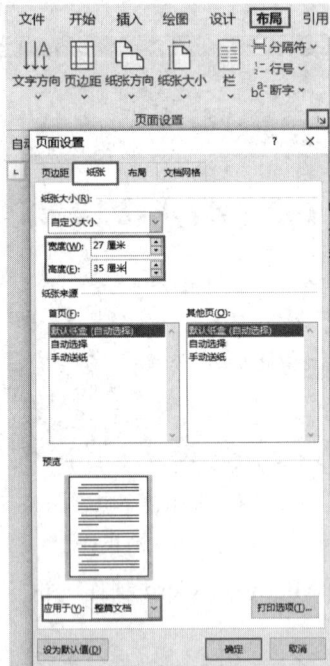

图 3-53　设置纸张

(2) 设置好后单击"确定"按钮。按照上面同样的方式打开"页面设置"对话框，切换至"页边距"选项卡，根据题目要求，在"页边距"选项卡中将"上"和"下"微调框中都设置为"5 厘米"，将"左"和"右"微调框都设置为"3 厘米"。然后单击"确定"按钮，如图 3-54 所示。

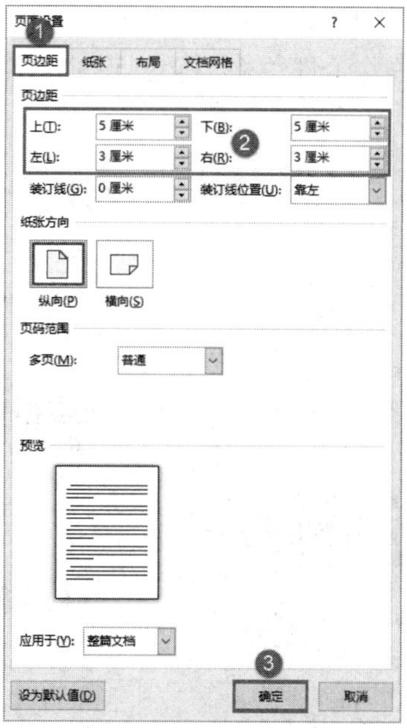

图 3-54 设置页边距

（3）单击"布局"选项卡下"页面背景"组中的"页面颜色"下拉按钮，在弹出的下拉列表中选择"填充效果"命令，弹出"填充效果"对话框，切换至"图片"选项卡，单击"选择图片"按钮，打开"选择图片"对话框，从目标文件中选择"Word-海报背景图片.jpg"，设置完毕后单击"确定"按钮，如图 3-55 所示。

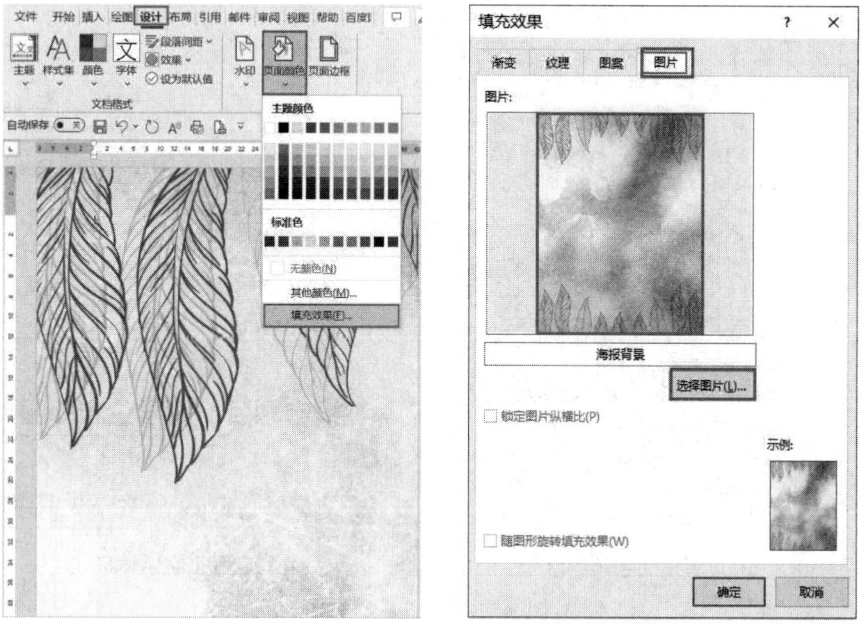

(a) 选择"填充效果"   (b) 在"图片"中选择目标文件

图 3-55 设置页面背景

（4）选中标题"'大学第一课'主题教育"，单击"开始"选项卡下"字体"组中的"字体"下拉列表，选择"微软雅黑"中文字体，在"字号"下拉列表中选择"48"号，在"字体颜色"下拉列表中选择"蓝色，个性色1，深色50%"，单击"段落"组中的"居中"按钮使其居中，如图3-56所示。

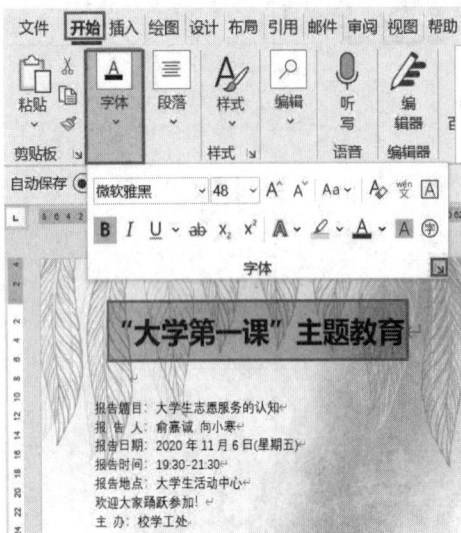

(a) 设置标题字体、字号   (b) 设置标题字体格式

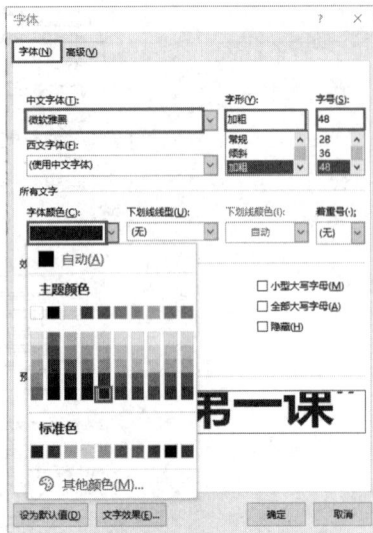

图3-56   设置标题格式

（5）按同样方式设置正文部分的字体，将正文部分的字体设置为"微软雅黑"，字号为"28"号，字体颜色为"蓝色，个性色1，深色50%"，如图3-57所示。

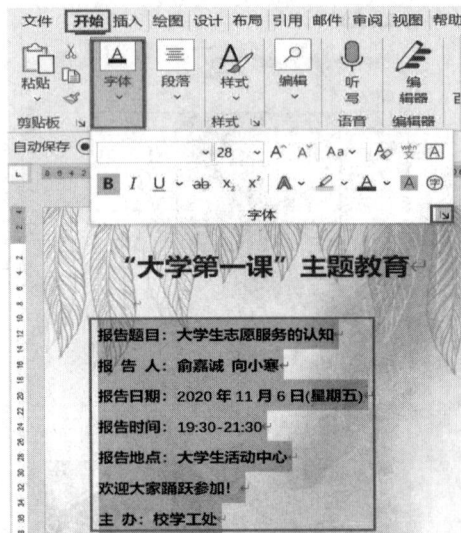

(a) 设置正文字体、字号   (b) 设置正文字体格式

图3-57   设置正文格式

（6）选中"欢迎大家踊跃参加！"，设置字号为"36"号，选择文本效果和版式的"映像"为"紧密映像-接触"，如图3-58所示。

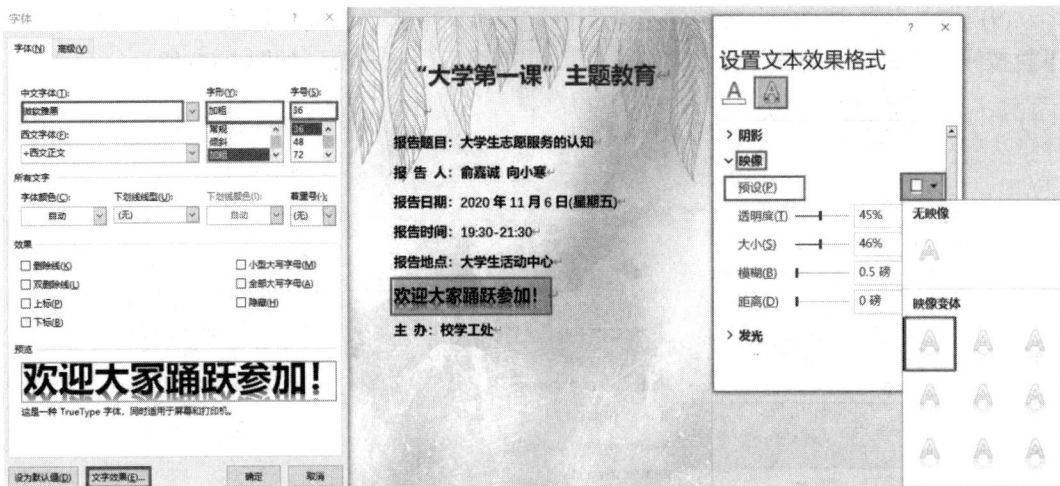

图 3-58 设置欢迎词格式

(7) 选中"报告题目""报告人""报告日期""报告时间""报告地点"等正文所在的段落信息，单击"开始"选项卡下"段落"组中的对话框启动器按钮，弹出"段落"对话框，在"缩进和间距"选项卡下的"间距"选项中，单击"行距"下拉列表，选择"1.5 倍行距"，在"段前"和"段后"微调框中都选择"1 行"；在"缩进"组中，选择"特殊格式"下拉列表框中的"首行缩进"选项，并在右侧对应的"磅值"下拉列表框中选择"3 字符"选项，单击"确定"按钮，如图 3-59 所示。

(8) 选中"欢迎大家踊跃参加"字样，单击"开始"选项卡下"段落"组中单击 ≡ "居中"按钮，使其居中显示。按照同样的方式选择"主办：校学工处"一行，单击 ≡ "右对齐"按钮，使最后一行居右显示。

图 3-59 设置正文格式

（9）将鼠标置于"主办：校学工处"位置后面，单击"布局"选项卡下的"分隔符"下拉按钮，选择"分节符"中的"下一页"命令即可另起一页，如图3-60所示。

图3-60　插入下一页

（10）将光标置于第2页，单击"布局"选项卡下"页面设置"组中的对话框启动器按钮，弹出"页面设置"对话框。切换至"纸张"选项卡，选择"纸张大小"选项中的"A4"选项，如图3-61所示。

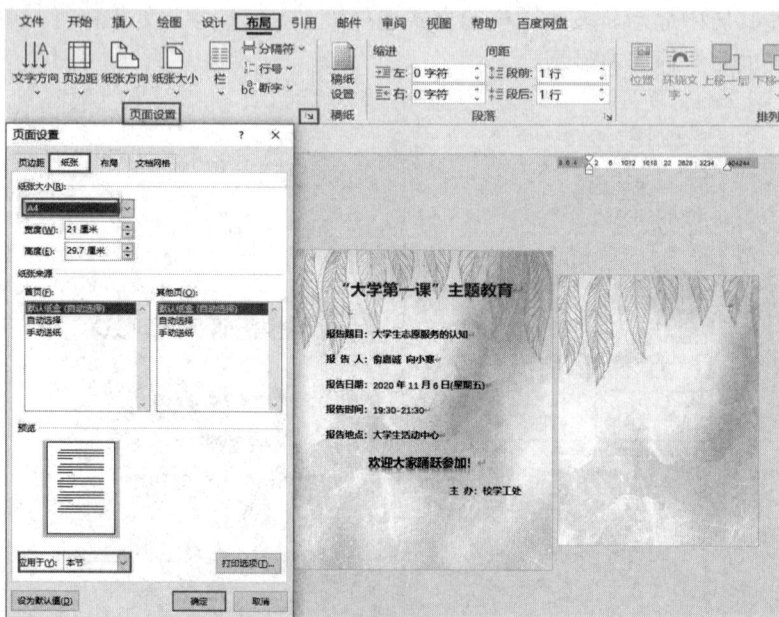

图3-61　设置第二页页面纸张

（11）切换至"页边距"选项卡，选择"纸张方向"选项下的"横向"选项，如图3-62所示。

图 3-62　设置第二页纸张方向

(12) 单击"页面设置"组中的"页边距"下拉按钮，在弹出的下拉列表中选择"常规"选项，如图 3-63 所示。

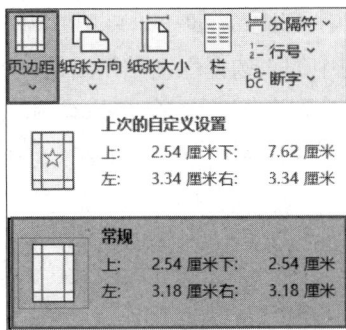

图 3-63　设置第二页页边距

(13) 选择第 2 页"'大学第一课'主题教育活动细则"标题，在字体设置组中设置"微软雅黑"，26 号，B 加粗，字的颜色 A "蓝色，个性色 1，深色 50%"，在段落设置组中单击"居中"。按相同方法设置第 2 行"日程安排："字体为"微软雅黑"，14 号，加粗，颜色蓝色，如图 3-64 所示。

图 3-64　设置标题格式

(14) 打开"Word-活动日程安排.xlsx",选中表格中的所有内容,按 Ctrl+C 键,复制所选内容,如图 3-65 所示。

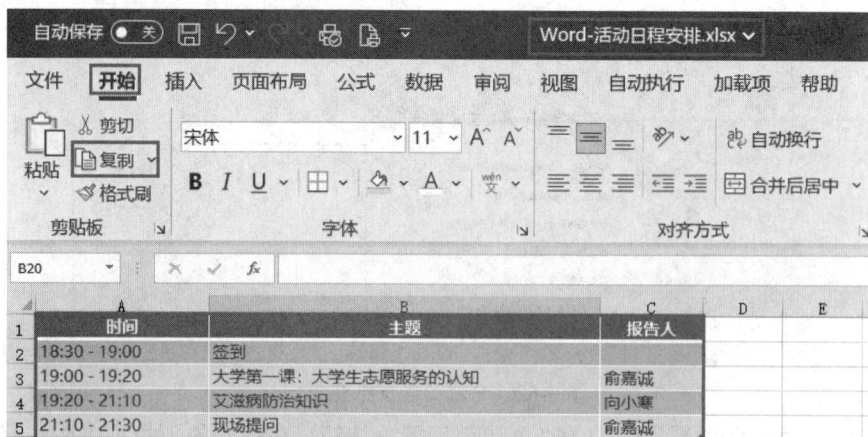

图 3-65 复制日程安排表

(15) 切换到海报.docx 文件中,将光标置于"日程安排:"后,按 Enter 键另起一行,单击"开始"选项卡下"粘贴"组中的"选择性粘贴"按钮,弹出"选择性粘贴"对话框。选择"粘贴链接",在"形式"下拉列表框中选择"Microsoft Excel 工作表对象"。单击"确定"后,若更改"Word-活动日程安排.xlsx"文字单元格的内容,则 Word 文档中的信息也同步更新,如图 3-66 所示。

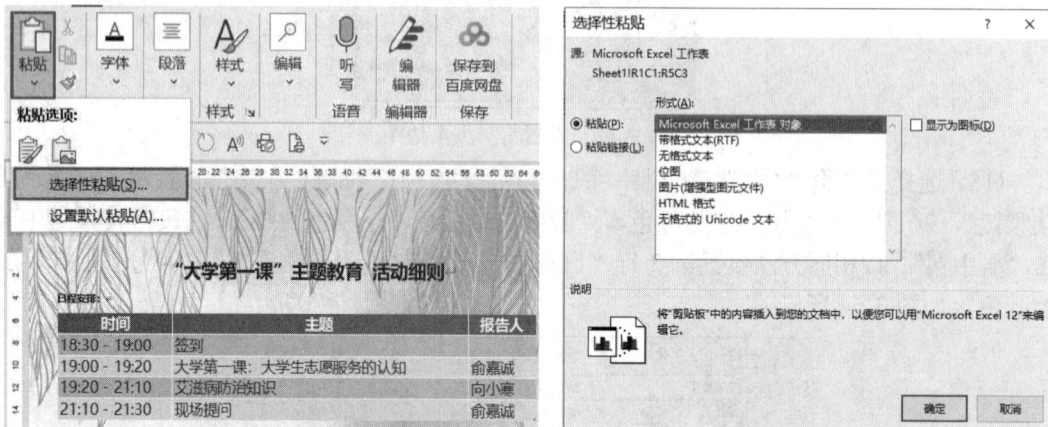

(a) 选择"选择性粘贴"

(b) "选择性粘贴"对话框

图 3-66 粘贴链接安排表

(16) 选择"日程安排"文字,在"开始"选择卡下的"剪贴板"组中单击 格式刷格式刷按钮,将鼠标定位在"报名流程:"后,再单击鼠标左键,可将本行格式自动应用"日程安排"的格式。

(17) 将光标置于"报名流程:"字样后,按 Enter 键另起一行。单击"插入"选项卡下"插图"组中的"SmartArt"按钮,弹出"选择 SmartArt 图像"对话框,选择"流程"中的"基本流程"命令,如图 3-67 所示。

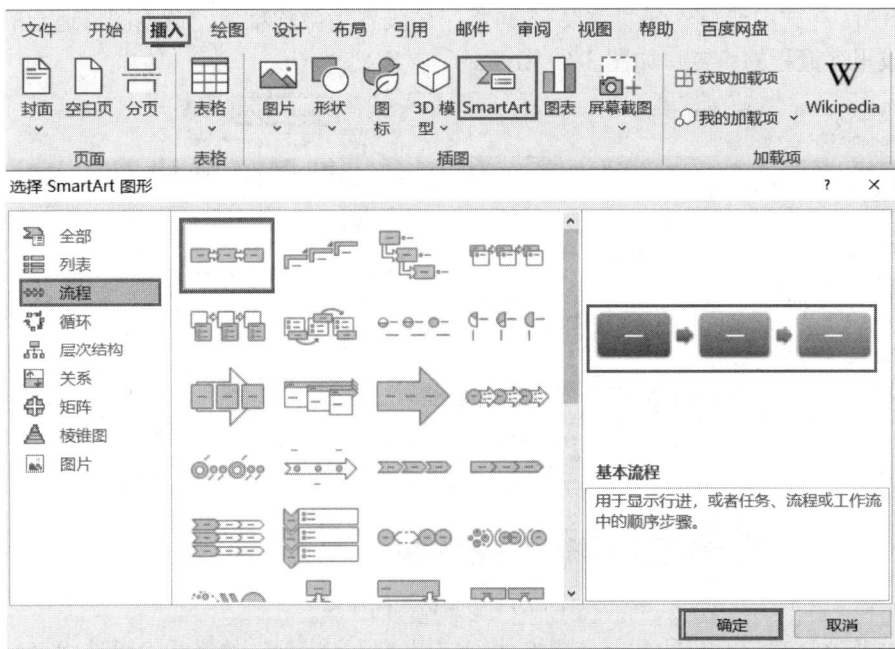

图3-67 插入流程图

(18) 单击"确定"按钮后，选中圆角矩形，然后单击"SmartArt"中"设计"选项卡下"创建图形"组中的"添加形状"下拉按钮，在弹出的下拉列表中选择"在后面添加形状"，设置完毕后，即可得到与参考样式相匹配的图形，在文本中输入相应的流程名称，如图3-68所示。

图3-68 添加流程图形状

(19) 选中SmartArt图形，单击"SmartArt设计"菜单下"SmartArt样式"工具组中的"更改颜色"下拉按钮，在弹出的下拉列表中，选择"彩色"中的第1个"彩色-个性色"，在 SmartArt 样式中选择"强烈效果",再将字体设置为微软雅黑,调整图形适合的高度,即可完成报名流程的设置,如图 3-69 所示。

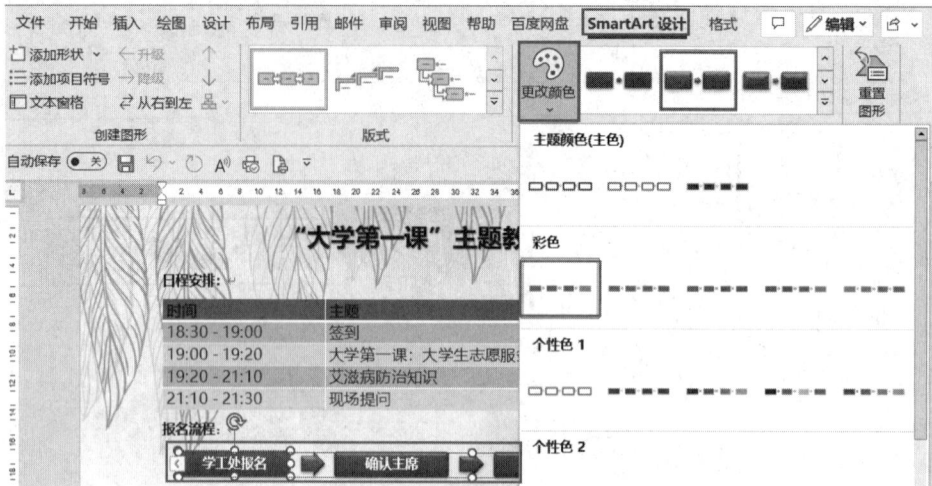

图 3-69　设置流程图样式

(20) 将文档最后几行的文字使用格式刷应用"报名流程"的格式,再选中"俞嘉诚",单击"插入"选项卡下"文本"组中"首字下沉"按钮,在弹出的下拉列表中选择"首字下沉选项",弹出"首字下沉"对话框,在"位置"组中选择"下沉",单击"选项"组中的"字体"下拉列表框,选择"+中文正文"选项,"下沉行数"微调框设置为"3"。按相同的方法设置"向小寒"首字下沉,对文档格式再作最后的调整,如图 3-70 所示。

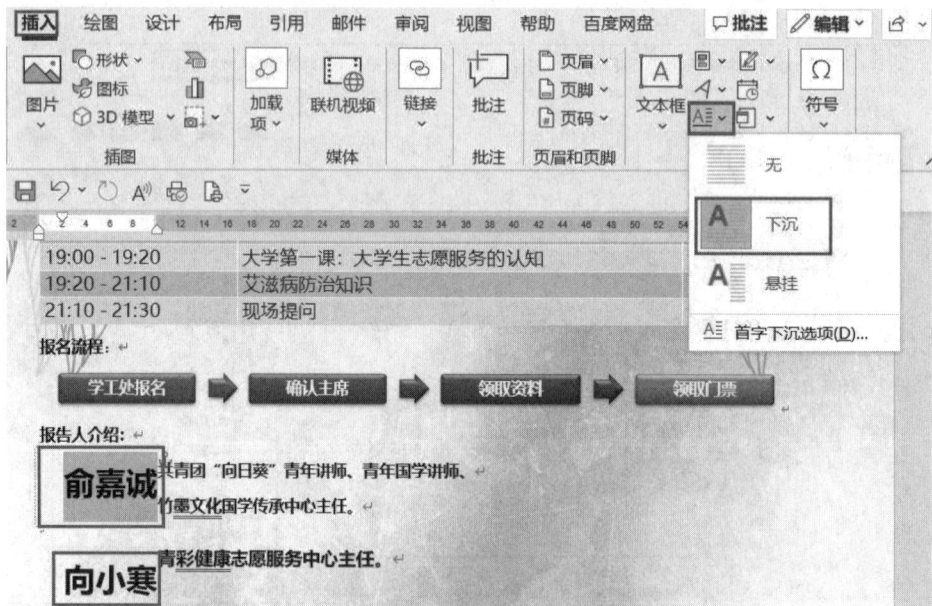

图 3-70　设置首字下沉

(21) 单击"插入"选项卡下的"插图"组中的"图片"下拉按钮,选择"此设备",选择"演讲者.jpg"图片,单击"插入",调整图片的大小并拖动图片到恰当位置,设置图片浮于文字上方，如图 3-71 所示。

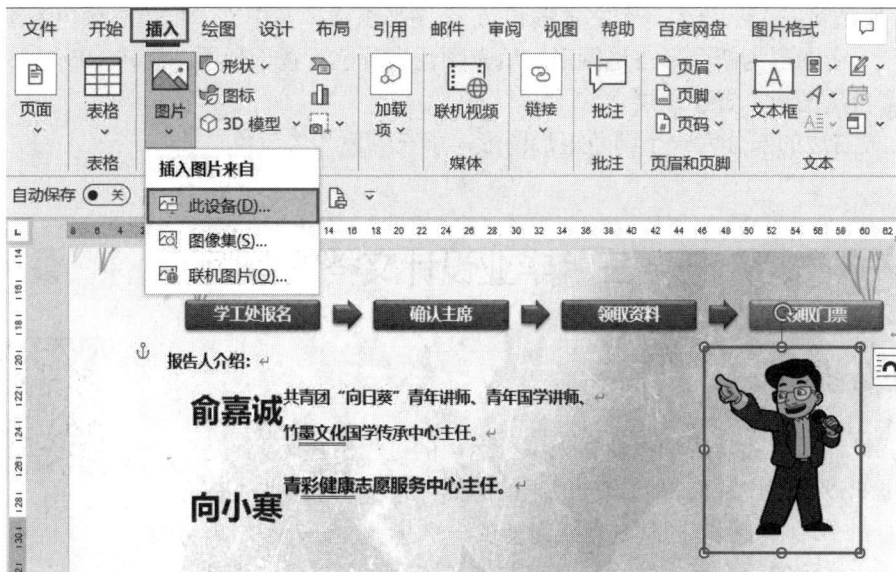

图 3-71　插入联机图片

(22) 单击"保存"按钮保存本次的宣传海报设计为"海报.docx"文件。

任务拓展

为了形象地说明某地当天天气情况，要求用一幅画的方式进行展示，效果如图 3-72 所示。整个说明由两部分组成，每一部具体要求如下。

图 3-72　天气预报效果图

第一部分标题：

标题为"横卷形"图形，其中文字字体为华文行楷，字号为二号，居中；填充样式为填充效果，纹理(第 3 排第 1 种)；

第二部分正文：

正文为一绘图画布，其中包含四部分：

(1) 最左边的部分为一个圆角矩形图形，填充样式为填充效果，纹理(第 2 排第 2 种)。

(2) 左边第二个部分由一个文本框和两个图形组成，其中文本框填充样式为填充效果，图案(第 2 排第 1 种)，置于底层；一个图形为云形标注自选图形，填充为灰色 −25%，置于顶层；另一个图形为太阳形，填充颜色为红色，置于第二层。

(3) 左边第三个部分由一个文本框和 6 个图形组成，其中文本框填充颜色为黑色，置于底层；一个图形为新月形自选图形，填充颜色为黄色，置于顶层，旋转 105°；5 个图形为五角星自选图形，置于顶层。

(4) 最右边的部分为一个圆角矩形图形，填充颜色为淡蓝色。

任务三　毕业设计文档的排版

任务提出

毕业设计是对大学所学专业知识综合运用的过程，毕业设计是毕业生对毕业设计工作和取得的设计成果的总结，是每一位毕业生都必须完成的一个环节。小李同学是数媒专业的一名毕业生，为了展现自己在校所学知识的综合运用能力，小李首先仔细阅读了"毕业设计说明书格式"，其要求如图 3-73 所示。

毕业设计文档排版

1. 页面设置
纸型为 A4，页边距上 2.5 厘米、下 2.0 厘米、左 2.5 厘米、右 2.0 厘米，行距为 1.5 倍。

2. 封面
内容包括：院(系)名称、专业班级、课题名称、指导老师和完成时间。

3. 目录
目录(标题、居中、四号、黑体)

正文章节分三级标题：
一、毕业设计思路(标题 1 黑体四号居左、段前 1 行、段后 1 行)
1. 节名(标题 2 首行缩进 2 字符，黑体小四号、段前段后 0 行)
(1) 小节名(标题 3 首行缩进 2 字符，宋体小四号，段前段后 0 行)
…………
正文(小四号宋体、采用 1.5 倍行距，首行缩进 2 字符)

图 3-73　毕业设计说明书格式要求

知识准备

毕业设计文档格式较复杂，文中包含图片和结构图、流程图等自选图形，需要设置相应的格式，生成目录，设置页眉和页脚。小李同学最后按格式要求完成的毕业设计文档如

图 3-74 所示。

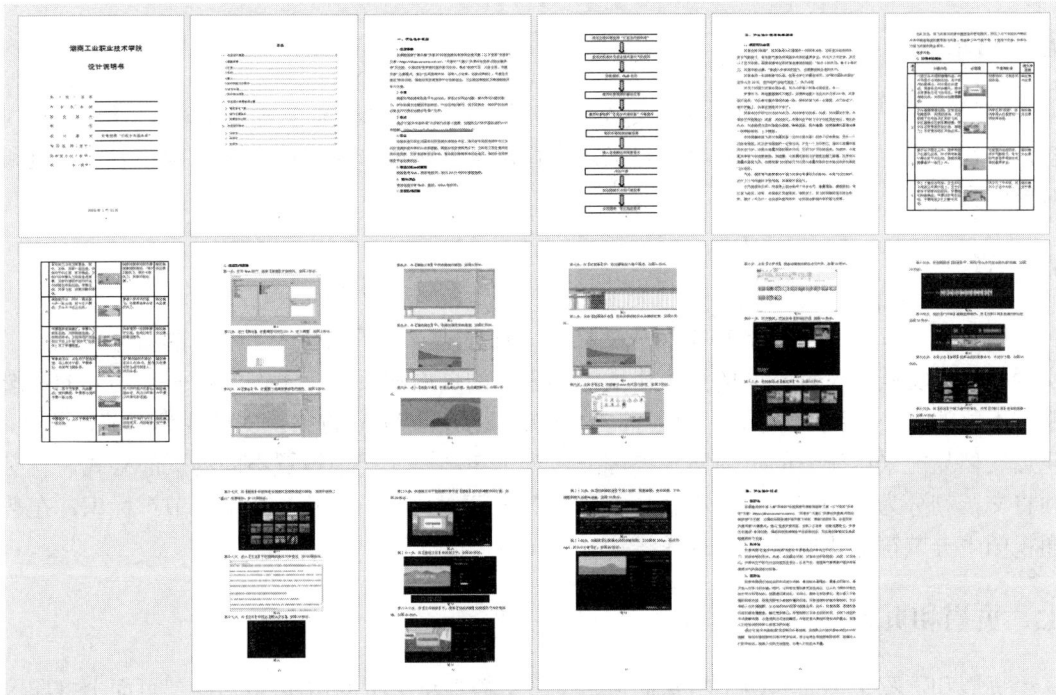

图 3-74　毕业设计文档样文

要完成毕业设计文档排版，需要用到以下知识。

一、文档属性

文档属性包含了一个文件的详细信息，如描述性的标题、主题、作者、类别、关键词、文件长度、创建日期、最后修改日期、统计信息等。

二、样式

样式就是一组已经命名的字符格式或段落格式。样式的方便之处在于可以把它应用于一个段落或段落中选定的字符中，按照样式定义的格式，能批量地完成段落或字符格式的设置。样式分为字符样式和段落样式，或分为内置样式和自定义样式。

三、插入表格

在"插入"菜单面板的"表格"命令面板中，包含"插入表格""绘制表格""文本转换成表格""Excel 电子表格""快速表格"等选项。

四、插入文本框

在"插入"菜单面板的"文本"命令面板中单击"文本框"，在其下拉面板中可选择"内置"文本框的样式，包括"Office.com 中的其他文本框""绘制横排文本框""绘制竖排文本框""将所选内容保存到文本框库"等选项。

五、目录

目录通常是长文档不可缺少的部分，有了目录，用户就能很容易了解文档的结构内容，并快速定位需要查询的内容。目录通常由两部分组成：左侧的目录标题和右侧标题所对应的页码。

六、节

所谓"节"，就是 Word 用来划分文档的一种方式。之所以引入"节"的概念，是为了实现在同一文档中设置不同的页面格式，如不同的页眉和页脚、不同的页码、不同的页边距、不同的页面边框、不同的分栏等。建立新文档时，Word 将整篇文档视为一节，此时，整篇文档只能采用统一的页面格式。因此，为了在同一文档中设置不同的页面格式，就必须将文档划分为若干节。节可小至一个段落，也可大至整篇文档。节用分节符标识，在普通视图中分节符是两条横向平行虚线。

七、页眉和页脚

页眉和页脚是页面的两个特殊区域，位于文档中每个页面边距(页边距：页面上打印区域之外的空白空间)的顶部和底部区域。通常诸如文档标题、页码、公司徽标及作者名等信息需打印在文档的页眉和页脚上。

八、页码

页码用来表示每页在文档中的顺序。Word 可以快速地在文档中插入页码，并且页码会随文档内容的增删而自动更新。

九、Word 域

域是一种特殊的代码，用于指示 Word 在文档中插入某些特定的内容或自动完成某些复杂的功能。例如，使用域可以将日期和时间等插入到文档中，并使 Word 自动更新日期和时间。域的最大优点是可以根据文档的改动或其他有关因素的变化而自动更新。例如，生成目录后，目录中的页码会随着页面的增删而产生变化，这时可通过更新域来自动修改页码。因而使用域不仅可以方便地完成许多工作，更重要的是能够保证得到正确的结果。

📋 任务实施

打开"毕业设计说明书文稿.doc"，将文件另存为"毕业设计说明书.doc"。

一、设置页面

(1) 在菜单栏中选择"布局"，在"页面设置"命令面板单击其右下角◢图标，如图 3-75

所示。

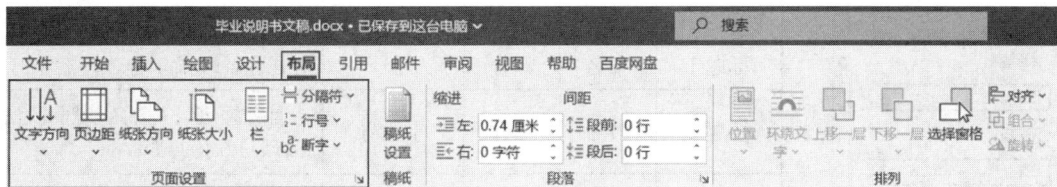

图 3-75　页面布局命令面板

(2) 在"页边距"选项卡中，按要求设置页边距上 2.5 厘米，下 2.0 厘米，左 2.5 厘米，右 2.0 厘米，如图 3-76 所示，应用于"整篇文档"。

(3) 在"纸张"选项卡中，按要求设置纸张大小为 A4，如图 3-77 所示。

图 3-76　设置页边距

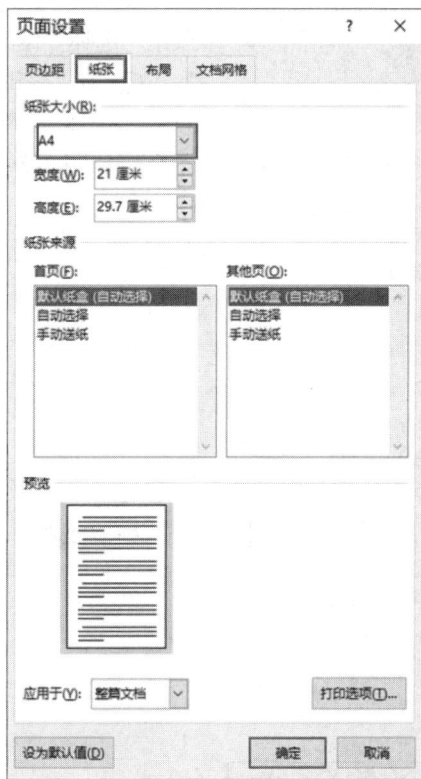

图 3-77　设置纸张大小

二、定义章节、正文样式

长文档内容多、格式多，如果边写毕业设计文档边排版，既费时又费力。一般情况都是先直接在文档中输入文字、插入图片和表格等，然后再应用 Word 中的"样式"。样式是应用于文档中的文本、表格和列表的一组格式，它能迅速改变文档的外观。

1. 修改内置样式

通常 Word 默认的内置样式如图 3-78 所示，有标题 1、标题 2、标题 3 和正文。编排文章时大多需要重新设置内置样式，毕业设计文档对应上述四种样式如表 3-1 所示。

图 3-78　Word 默认样式

表 3-1　修改 Word 内置样式要求

样式名称	命名	字体	字体大小	段落格式
标题 1	章名	黑体	四号	居左、段前 1 行、段后 1 行
标题 2	节名	黑体	小四号	首行缩进 2 字符、段前段后 0 行、1.5 倍行距
标题 3	小节名	宋体	小四号加粗	首行缩进 2 字符、段前段后 0 行、1.5 倍行距
正文		宋体	小四号	首行缩进 2 字符、1.5 倍行距

修改正文和标题样式操作如下：

(1) 在"样式和格式"列表框中，单击"正文"样式右边的下拉按钮，选择"修改"命令。

(2) 在"修改样式"对话框的"格式"区域中，选择字体为"小四号、宋体"，单击"格式"按钮，在弹出的菜单中选择"段落"命令，如图 3-79 所示。

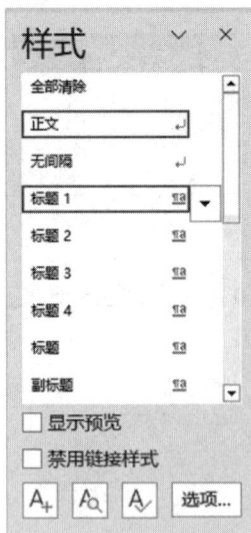

图 3-79　修改正文样式

(3) 在打开的"段落"对话框中设置段落格式为首行缩进 2 字符，1.5 倍行距，单击"确定"按钮，完成"正文"样式的设置，操作步骤如图 3-80 所示。

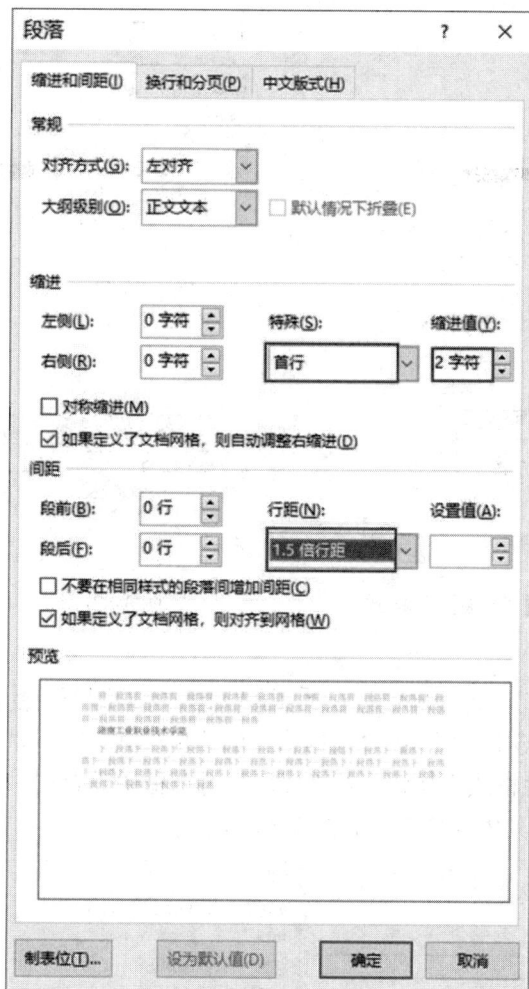

图 3-80　设置正文段落

(4) 按 Ctrl+A 键选择毕业设计文档全部内容，单击样式列表框中"正文"样式，将毕业设计文档先全部设置为"正文"样式。

(5) 按 Home 键将光标定位在文首，然后按"正文"样式修改步骤，设置"标题 1"的字体为"四号、黑体"，段落格式为"居左、段前 1 行、段后 1 行"，单击"确定"，如图 3-81 所示。

(6) 选择文档中"一、毕业设计思路"一行，单击样式属性面板的"标题 1"，将其应用标题 1 的样式，按此方法将"二、毕业设计成果形成过程""三、毕业设计特点"两个标题行也应用标题 1 的样式。

(7) 按正文样式的修改步骤设置"标题 2"样式为：黑体，小四号，左对齐，首行缩进 2 字符，1.5 倍行距，段前 0 行，段后 0 行，如图 3-82 所示。

(8) 选择文档中的"1.课题背景"一行，单击样式属性面板的"标题 2"，将其应用标题 2 的样式。按此方法将文档中其它二级标题行也应用标题 2 的样式。

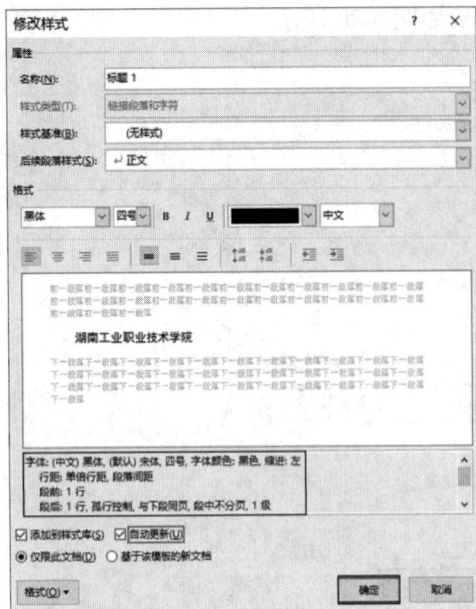

图 3-81 设置"标题 1"样式　　　　图 3-82 设置"标题 2"样式

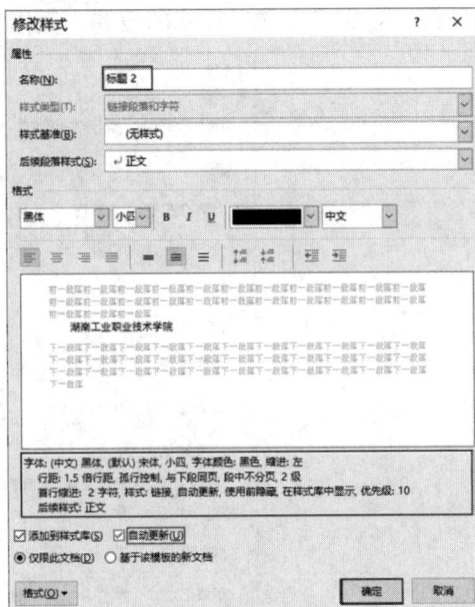

2. 新建样式

(1) 新建"图"样式。将光标定位在"图 1"上一行即图所在的位置，在"样式"列表框中单击左下角的"新建样式"，在"根据格式创建新样式"对话框中，在"属性名称"框中输入"图"，再单击"格式"按钮，在"段落"对话框中设置居中，单倍行距，无首行缩进，段前和段后 0 行。具体操作步骤如图 3-83 所示。

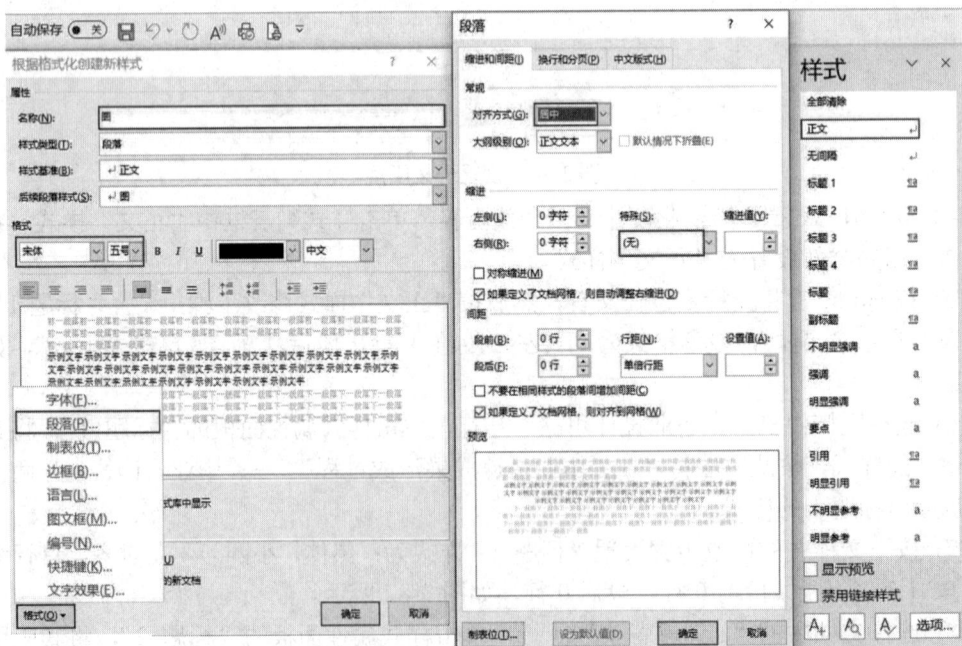

图 3-83 新建"图"的样式

按"标题 1"的应用方式将"图"样式应用于文档中所有的图片。

🎤 **注意**

在创建"图"样式前，如果文档中所有图都发生了错位，可能是由于"正文"的样式中设置的行距为"固定值"，当应用了新创建的"图"样式后，图的行距为单倍行距，图才会嵌入到文档而不会错位。

在文档中图片的大小必须按要求设置，一般宽度不能超过 15 厘米(即页面宽度)，对于一些设计过程中抓屏的图片高度不超过 5～8 厘米。

(2) 新建"图号"样式。先将光标定位在图号所在行，如"图 1"，然后在"样式"列表框中单击左下角的"新建样式"，在"根据格式创建新样式"对话框中，在"属性名称"框中输入"图号"，单击"格式"按钮，设置五号宋体，段落居中，单倍行距，无首行缩进，段前 0 行，段后 0.5 行，将"图号"样式应用于文档中所有的图号。

(3) 新建"表"样式。按新建"图"样式的方法创建"表"的样式，要求"表"格式为"小四号宋体、首行无缩进，单倍行距"，将"制作分镜脚本"下面的表格应用"表"样式。

✐ **说明**

(1) "新建样式"对话框的"属性"，如图 3-84 所示。

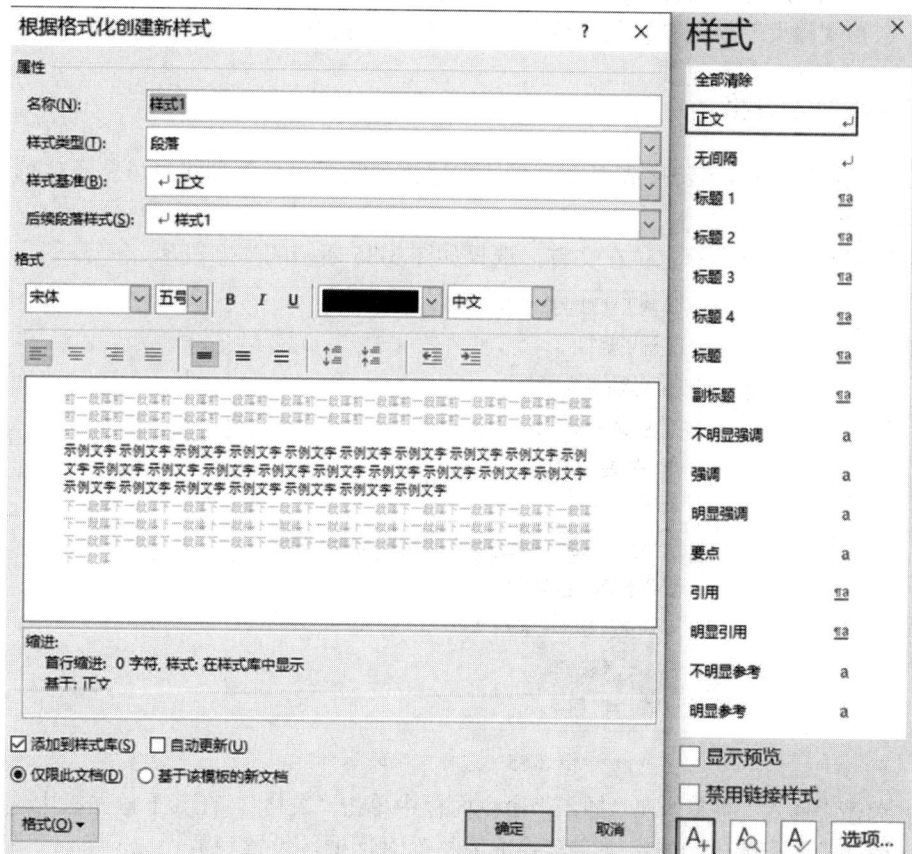

图 3-84　"新建样式"对话框

列表区域中各项含义如下。

名称：指新建样式的名字。

样式类型：分为字符样式和段落样式。

字符样式包含了一组字符格式，如字体、字号、加粗、倾斜、下划线和字体颜色等。段落样式除了包含字符格式外还包含段落格式，如对齐方式、大纲级别、段间距、行间距等。

字符样式只作用于选定的文本，若要突出显示段落中的部分文本，则可定义和使用字符样式；段落样式可以作用于一个或几个选定的段落，若只有一个段落需要应用段落样式，可以把插入点置于该段落的任意位置应用样式。

字符样式用一个加粗、带下划线的字母ā标识，而段落样式用段落标记符号↵标识，可在"样式"对话框或"样式和格式"任务窗格的"请选择要应用的格式"列表框中查看。

样式基准：指新建样式的基准。默认的显示样式为当前插入点所在的字符样式或段落样式，一旦指定基准样式，新建样式会承受基准样式的变化而变化。例如，以"标题 1"为基准样式新建样式"标题 A"，当将"标题 1"的字号改为"小一"时，"标题 A"的字号也承受之变为"小一"。若不想指定基准样式，可在"样式基于"的下拉列表框中选择"正文"即可。当"样式类型"选为"字符样式"时，此项不可选。

(2) 若要删除某个样式，在"样式和格式"任务窗格的"请选择要应用的格式"框中，单击该样式右边的下拉按钮，选择"删除"命令即可。

(3) 利用"样式"对话框，也可以新建、删除、修改样式。

三、文本转换为表格

将封面指定文字内容转换成表格，可使文字排列整齐，且下划线也可整齐排列，具体操作步骤如下：

(1) 按 Home 键将光标定位在文首，选择如图 3-85 所示的文字段落。

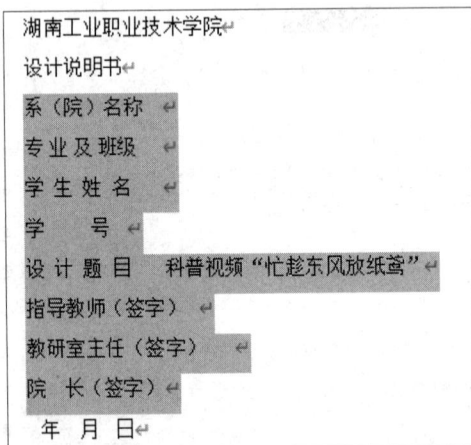

图 3-85　选择文字段落

(2) 单击"插入"菜单，在"插入"命令面板中单击"表格"，在其下拉面板中选择"文本转换成表格"，在弹出的"将文字转换成表格"对话框，设置列数为 2，单击"确定"，将封面中选择的文字段落转换成表格，如图 3-86 所示。

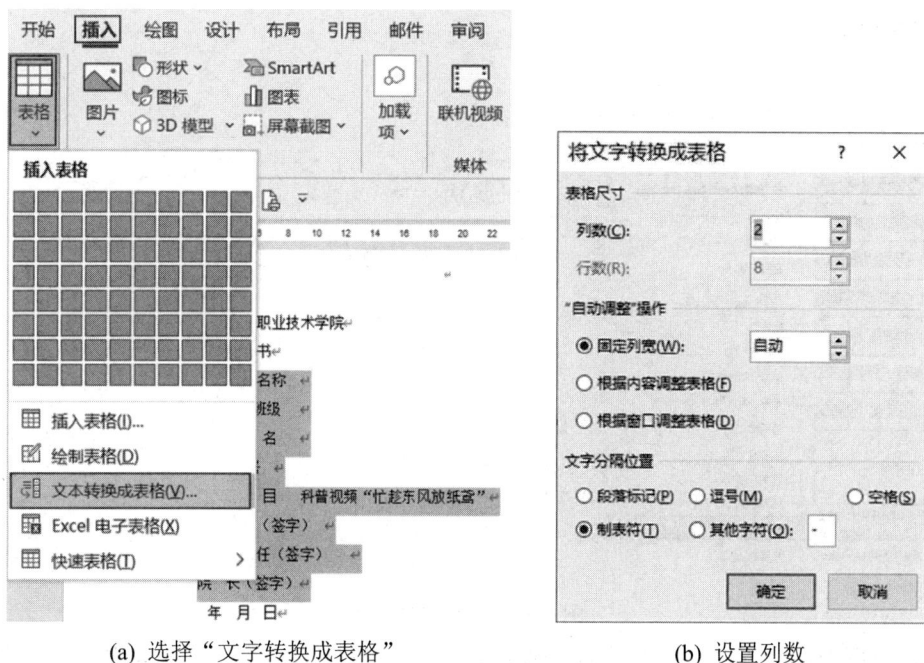

(a) 选择"文字转换成表格"　　　　　　　(b) 设置列数

图 3-86　文本转换成表格

(3) 选择表格左侧第 1 列所有文字，单击"开始"菜单，在"段落"命令面板单击"分散对齐"图标，将第 1 列所有文字分散对齐，如图 3-87 所示。

图 3-87　表格第 1 列文字分散对齐

(4) 为了将表格行距拉大，应指定行间距，在表格上单击鼠标右键，在弹出的菜单选择"表格属性"，在弹出的"表格属性"对话框选择"行"选项卡，在"指定高度"输入框输入"1.5 厘米"，"行高值是"选择"固定值"，在"单元格"选项卡选择"居中"选项，如图 3-88 所示。

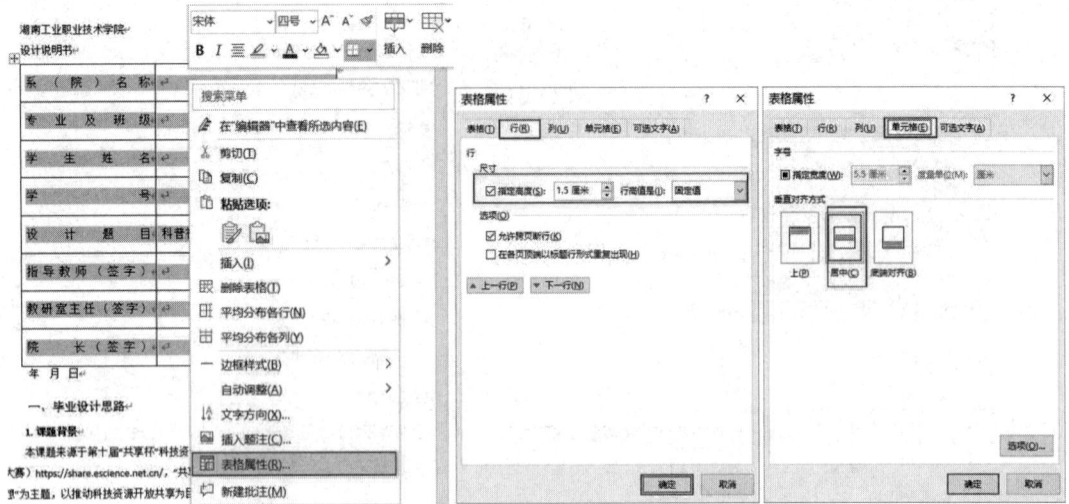

图 3-88 设置表格行距

（5）隐藏表格线，在"段落"命令面板单击"边框"图标，在其下拉菜单中选择"边框和底纹"，在弹出的"边框和底纹"对话框中，设置"边框"为"无"，应用于"表格"，如图 3-89 所示。

图 3-89 隐藏表格线

（6）添加右侧第 2 列表格下划线，框选表格第 2 列，在"边框"下拉菜单中选择"边框和底纹"，在弹出的"边框和底纹"对话框的"预览"窗口，单击两根下划线在表格指定单元格下方添加下划线，如图 3-90 所示。

图 3-90　添加表格下划线

(7) 设置封面标题及日期的行间距，选择封面第一行文字，在"段落"对话框中设置对齐方式"居中"，首行"无"缩进，段前间距 8 行，段后间距 2 行，单击"确定"按钮，按此步骤分别设置第二行文字居中对齐，首行无缩进，段前间距 0 行，段后间距 5 行，底部日期行文字居中对齐，首行无缩进，段前间距 8 行，段后间距 0 行，如图 3-91 所示。

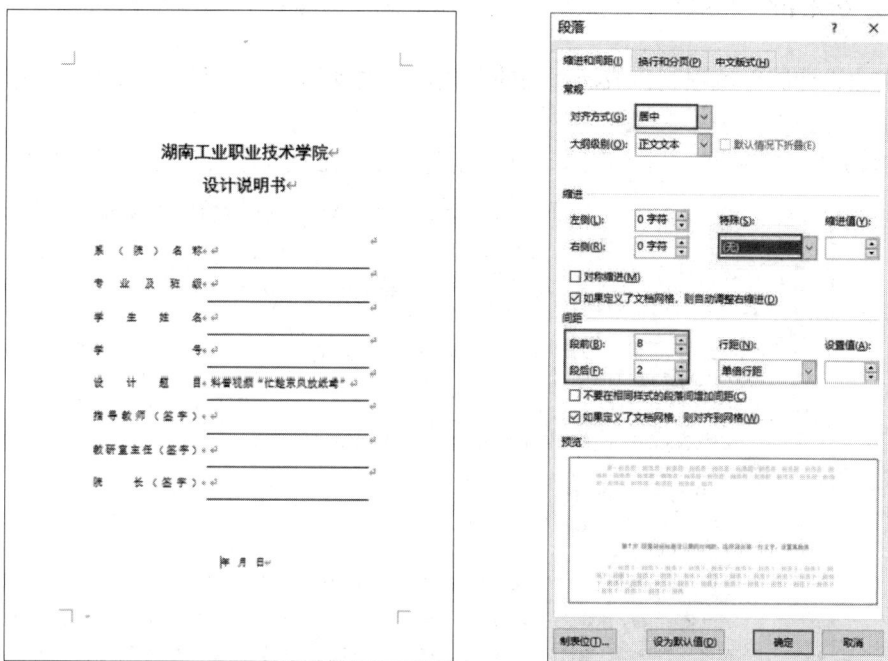

(a) 封面样图　　　　　　　　　　　　(b) "段落"对话框

图 3-91　设置封面文字间的行间距

(8) 选择封面最后一行，单击"插入"菜单，在"文本"命令面板选择"日期和时间"，在弹出的"日期和时间"对话框选择可用格式为"2023 年 1 月 27 日"，不要勾选"自动更新"，否则每次打开文档日期会更新为当前时间，如图 3-92 所示。

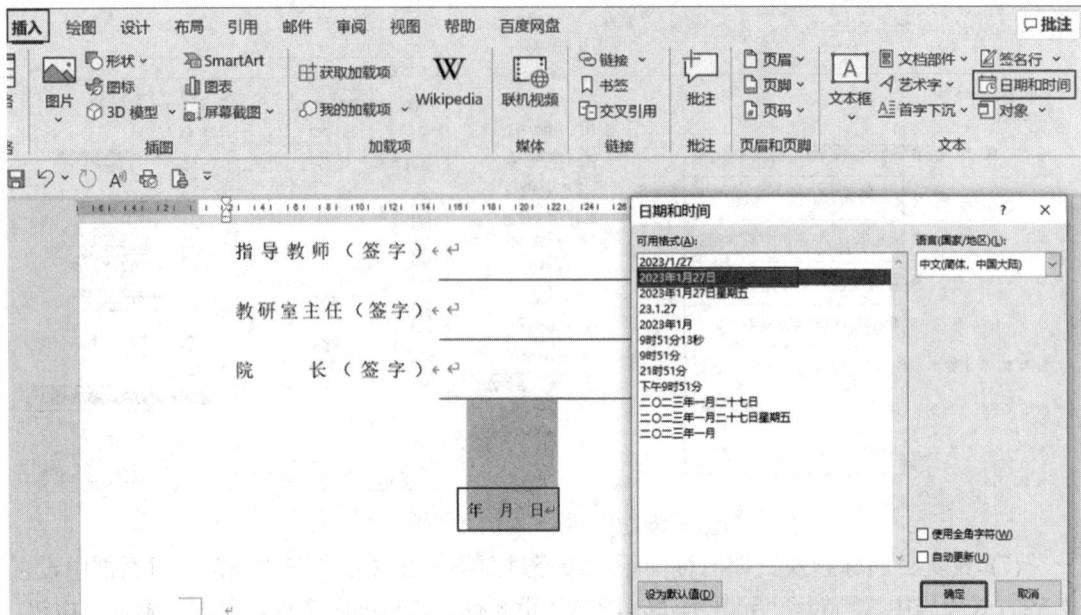

图 3-92　插入日期

四、插入文本框

将毕业设计制作流程制作成流程图的形式，需要使用文本框和形状工具制作流程图，具体操作步骤如下：

(1) 将光标定位在"7. 项目制作流程"段落末尾，在此处插入分页符，如图 3-93 所示。

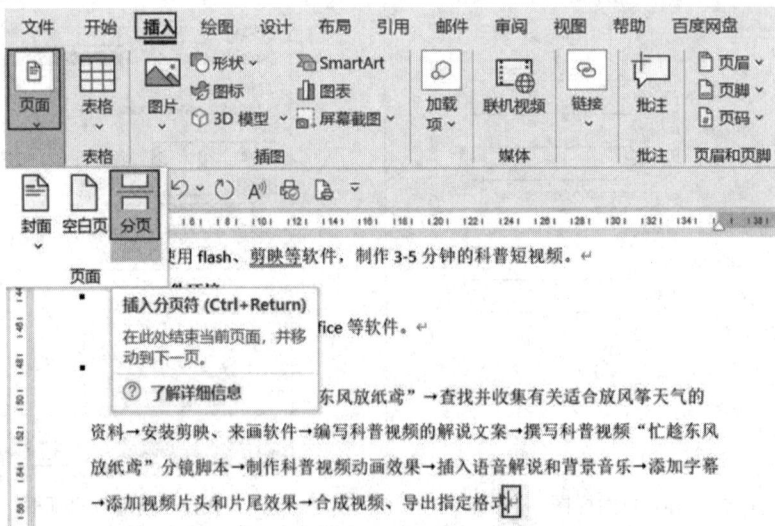

图 3-93　插入分页符

(2) 在"文本框"下拉菜单中选择"绘制横排文本框",在"项目制作流程"下一页绘制一个文本框,将项目制作流程第 1 步的文字复制到文本框中,适当调整文本框的大小,如图 3-94 所示。

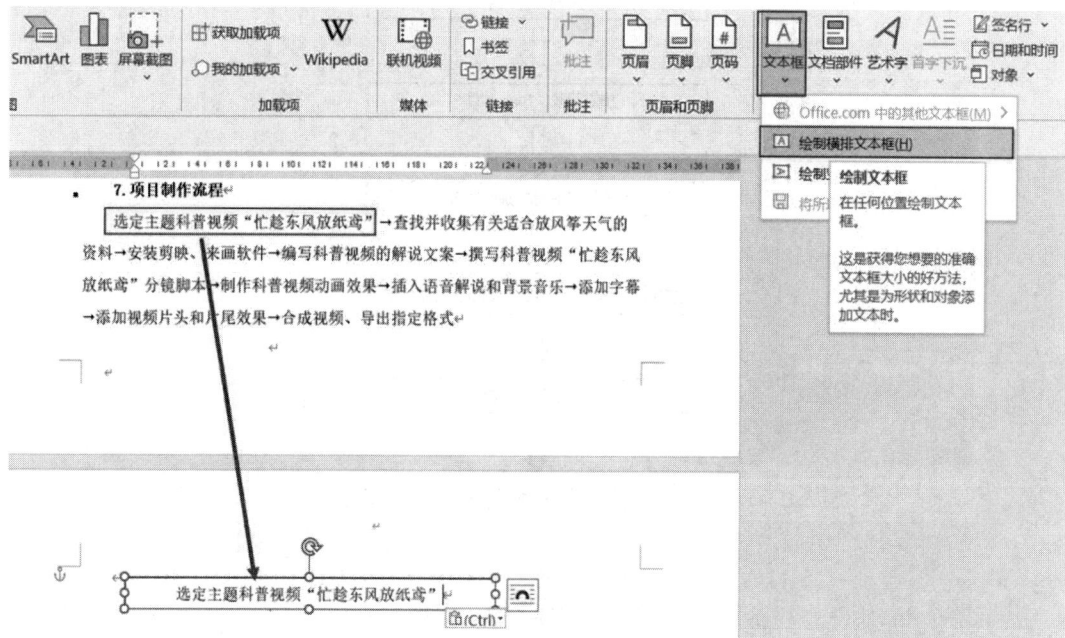

图 3-94 绘制文本框

(3) 在文本框下插入箭头,单击"插入"菜单,在"形状"下拉菜单中选择"⇩",在文本框下方绘制一个箭头,如图 3-95 所示。

图 3-95 绘制箭头

(4) 将项目流程每个步骤插入文本框,复制箭头,如图 3-96 所示。

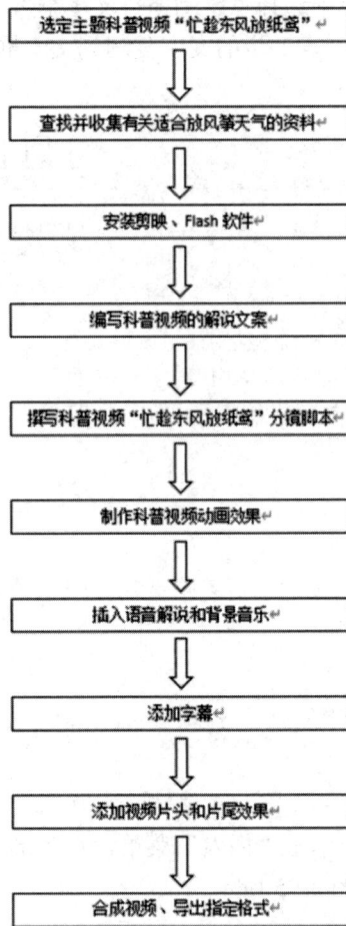

图 3-96　绘制项目流程图

（5）统一文本框大小，先选择第一个文本框，单击"形状格式"菜单，在"大小"下拉菜单中设置文本框的高度和宽度，按相同的步骤设置其他文本框大小，如图 3-97 所示。

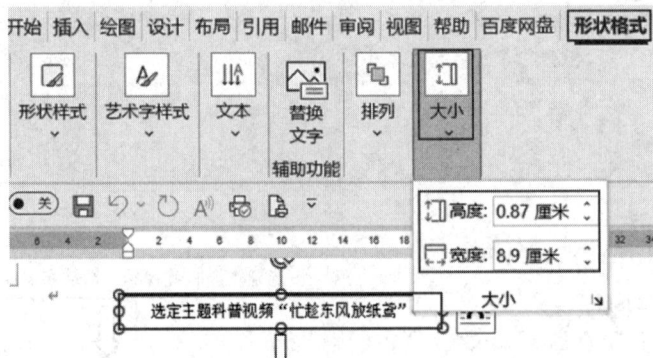

图 3-97　设置文本框大小

（6）调整文本框和箭头的位置，将所有文本框和箭头居中放置并纵向分布排列。单击"选择"下拉菜单的"选择对象"，框选所有文本框和箭头，如图 3-98 所示。

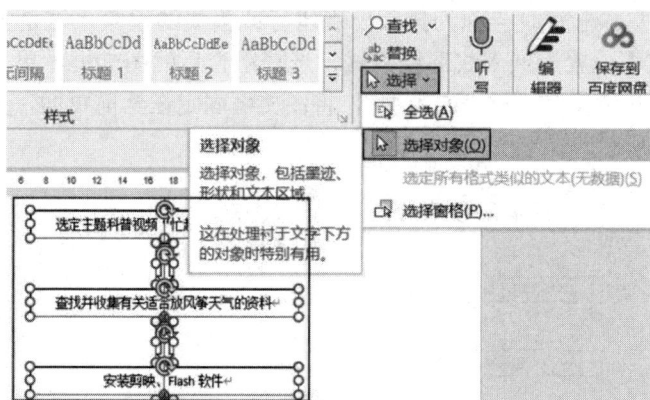

图 3-98　选择所有文本框和箭头

（7）单击"形状格式"菜单，在"对齐"下拉菜单下选择"水平居中"和"纵向分布"，将所有文本框和箭头居中对齐并纵向均匀排列，如图 3-99 所示。

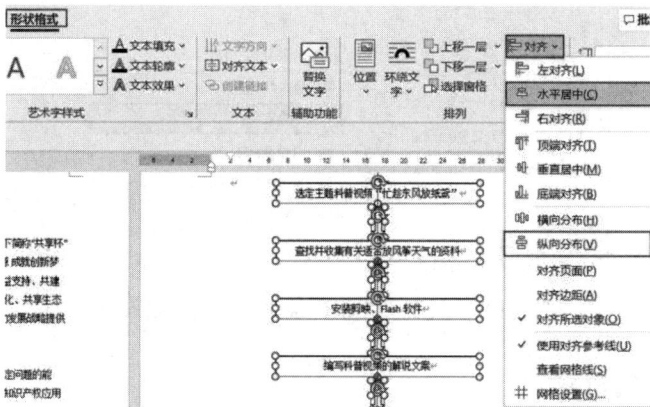

图 3-99　设置文本框和箭头水平居中且纵向分布

（8）在排版过程中，文本框和箭头会出现错乱的情况，可将其全部组合成为整体，单击"组合"命令将所有文本框和箭头全部组合在一起，如图 3-100 所示。

图 3-100　组合文本框和箭头

　　(9) 组合后的文本框有时会因为排版出现错行或丢失的现象，这是因为图文框是浮动的状态，应将图文框设置为嵌入式环绕方式，选择组合后的图文框，单击鼠标右键，在弹出的菜单中选择"环绕文字"→"嵌入型"，将图文框固定在当前页面，并将其居中在页面中央，如图 3-101 所示。

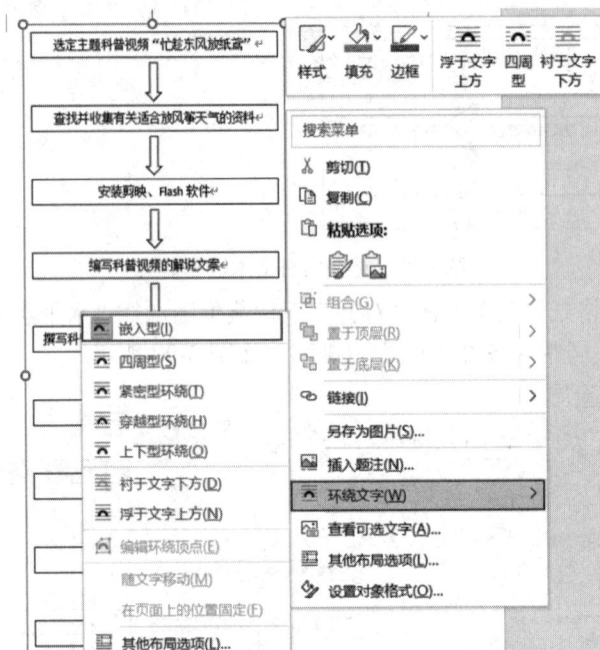

图 3-101　设置图文框环绕文字方式为嵌入型

五、自动生成文档目录

1. 生成目录

　　目录是长文档必不可少的组成部分，由文章的标题和页码组成。利用二级标题样式生成文档目录，要求目录中含有"标题 1""标题 2"。其中"目录"文本的格式为"居中、三号、黑体，字符间距加宽 18"。

　　(1) 将插入点置于封面的日期行之后，插入分页符，在下一页输入文本"目录"并按回车键；

　　(2) 在菜单栏中选择"引用"→"目录"命令，在弹出的下拉列表框中选择"自定义目录"，在弹出的"目录"对话框中设置"格式"为"正式"，"显示级别"为 2 级，生成的目录如图 3-102 所示。

　　(3) 将文本"目录"的格式设置为"居中、三号、黑体"。

　　✍ 说明

　　在自动生成目录后，如果文档内容被修改，例如内容被增删或对章节进行了调整，页码或标题就有可能发生变化，要使目录中的相关内容也随着变化，只要在目录区中单击鼠标右键，在弹出的快捷菜单中选择"更新域"命令，或按功能键 F9 打开"更新目录"对话框。如果只是文章中的正文变化了，则选择"只更新页码"项，如果标题也有所改变，则选择"更新整个目录"项，单击"确定"按钮，就可以自动更新目录了。

目录中包含有相应的标题(标题 1 和标题 2)及页码，只要将鼠标移到目录处，按住 Ctrl 键的同时单击某个标题，就可以定位到文档中的相应位置。

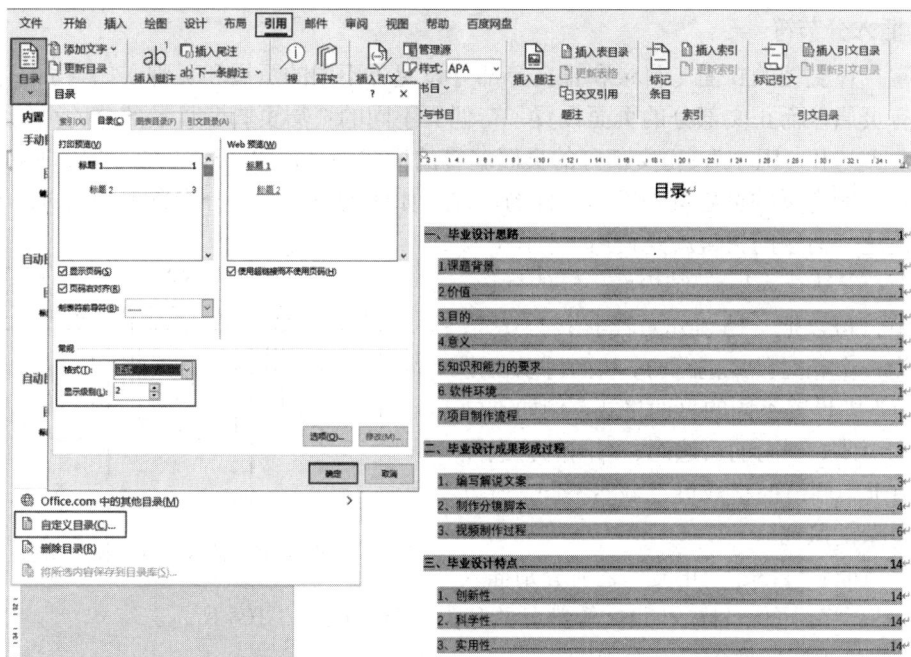

图 3-102　生成目录

❧　注意

只有在"格式"框中选择"来自模板"，"修改"按钮才会被激活。单击"修改"按钮，打开"样式"对话框，如图 3-103 所示。

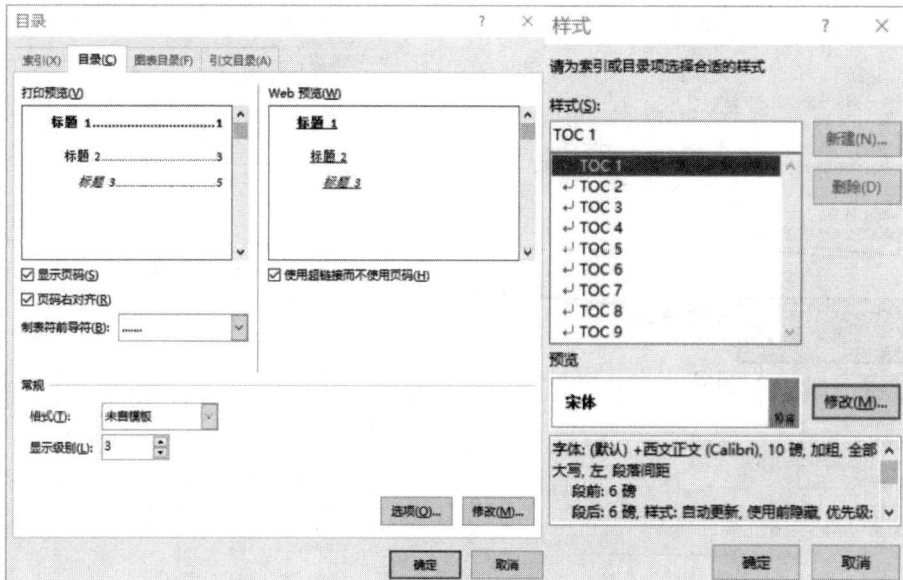

图 3-103　打开"样式"对话框

连续单击"确定"按钮，依次退出"修改样式""样式"及"目录"对话框后，打开"Microsoft Office Word"对话框，提示"是否替换所选目录？"，单击"确定"按钮，可以看到目录得到了相应的改变。

2. 插入分节符

通常一篇文档的封面、目录和正文等部分设置了不同的页眉和页脚，如封面、目录等页面没有页眉，而正文部分的页面设置了奇偶页不同的页眉页脚；目录部分的页码编号的格式为"Ⅰ，Ⅱ，Ⅲ…"，正文部分的页码编号的格式为"1，2，3，…"。如果直接设置页眉页脚，则所有页的页眉页脚都是一样的。那么如何为不同的部分设置不同的页眉和页脚呢？解决这一问题的关键就是使用"分节符"。

分节符是为表示"节"结束而插入的标记。利用分节符可以把文档划分为若干个"节"，每个节为一个相对独立的部分，从而可以在不同的"节"中设置不同的页面格式，例如不同的页眉和页脚、不同的页边距、不同的背景图片等。由于不同节的格式可以截然不同，所以编排出复杂的版面。

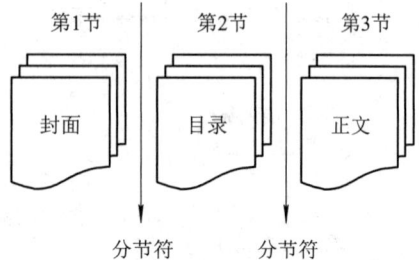

图 3-104 插入"分节符"图示

在"封面""目录""正文"之前分别插入"分节符"，将封面、目录、正文等部分共分为 3 节，如图 3-104 所示。

(1) 先将视图切换到"页面视图"；

(2) 将插入点放在"目录"文字的前面，在菜单栏中单击"布局"，单击"分隔符"弹出下拉列表框，在"分节符"列表项中单击"下一页"，分节符随即出现在了插入点之前，同时在 Word 状态栏中节号由原来的"1 节"变为了"2 节"，如图 3-105 所示；

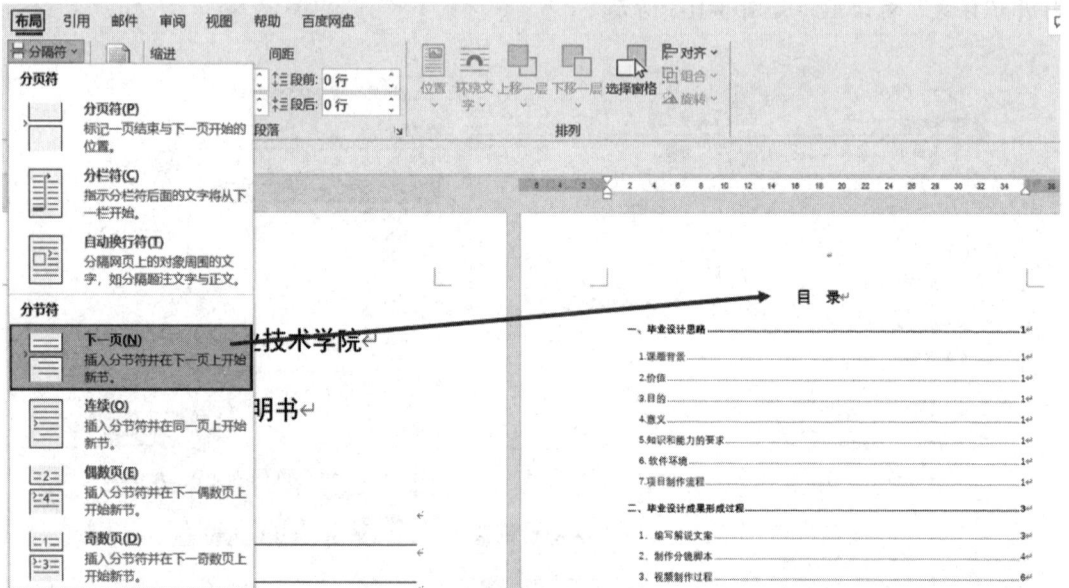

图 3-105 插入分节符

(3) 在正文之前插入一个"分节符(下一页)";

(4) 接下来根据需要对正文中其它 2 个"标题 1"样式的段落进行分页的页面格式设置。

六、设置页眉页脚

1. 设置页眉

要求从正文开始设置页眉，页眉文字内容为"毕业设计说明书"，宋体五号居中，首行无缩进，如图 3-106 所示。

图 3-106 前三页页眉的设置效果

(1) 单击"视图"菜单，在"视图"命令面板选择"页面视图"，将视图切换到"页面视图";

(2) 将插入点置于正文所在的"节"中;

(3) 在第 3 页页眉顶端双击鼠标左键，进入页眉页脚编辑状态，在"页眉和页脚"菜单的"导航"面板取消"链接到前一节"选项，输入文字"毕业设计说明书"，设置页眉文字宋体五号居中，首行无缩进，可预览到封面和目录页无页眉，从第 3 页正文开始显示页眉，如图 3-107 所示;

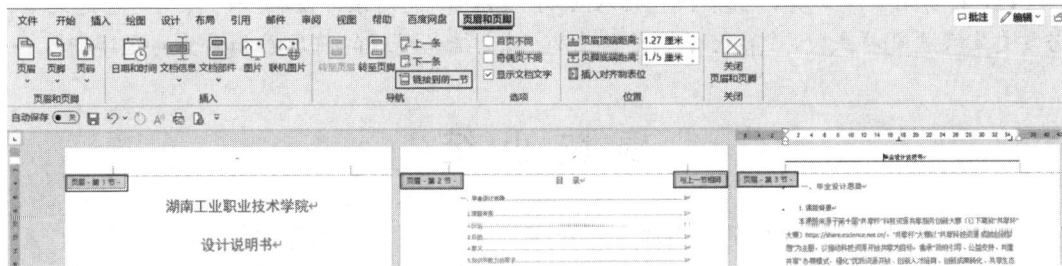

图 3-107 插入并设置页眉格式

(4) 单击"开始"菜单，在"段落"命令面板单击边框按钮，给页眉添加下划线。

(5) 单击"转至页脚"，将当前编辑状态转换到页脚，取消"链接到前一节"选项，单击"页码"→"页面底端"→"普通数字 2"，设置封面和目录页脚无页码，从第 3 页正文开始插入页码"1"，如图 3-108 所示。

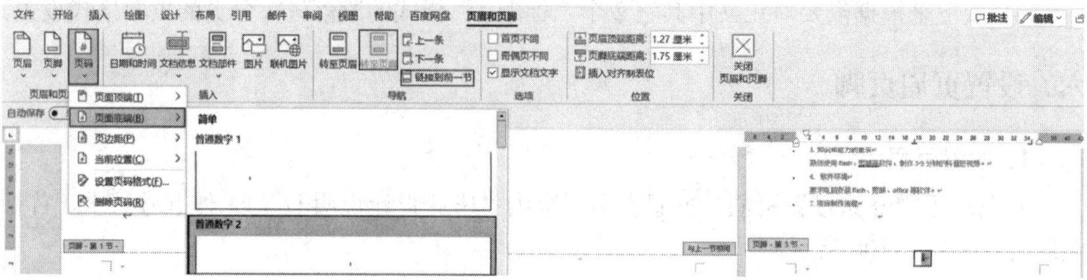

图 3-108　插入并设置页脚格式

（6）因为封面和目录页是不需要设置页眉的，所以将光标定位在封面的页眉，单击"开始"菜单的"段落"工具组"下框线"工具，在下拉菜单中选择"无框线"选项，此时封面和目录页眉的线条消失，如图 3-109 所示。

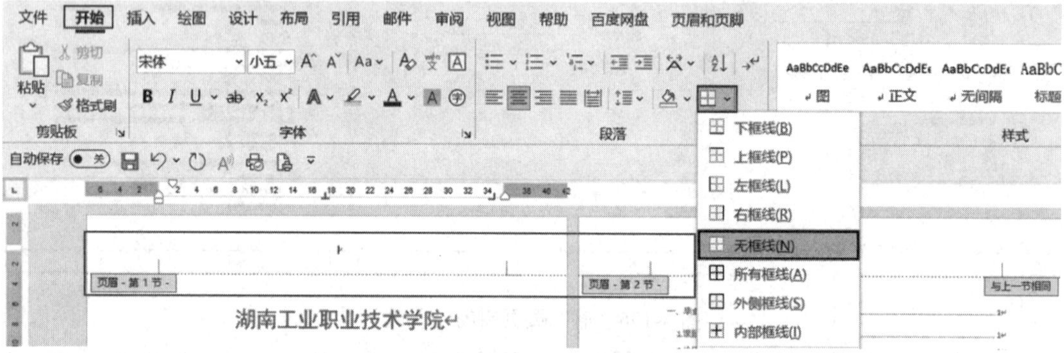

图 3-109　隐藏首页页眉的线条

✍ 说明

插入页码可以采用以下两种方法：

（1）在菜单栏中选择"插入"→"页码"命令。使用该方法插入的页码位于一个图文框中，若要自定义页码样式(如"第 X 页"等样式)，则应在图文框中的页码前后添加需要的文字。若要删除页码，应先选中页码所在的图文框，再按 Delete 键。

（2）在页眉页脚工具栏上单击"插入页码"按钮。使用该方法插入的页码是普通文本，若要自定义页码样式(如"第 X 页"等样式)，则直接在页码的前后添加需要的文字即可。

模 块 小 结

本模块通过 3 个典型任务，由浅入深介绍了 Word 在文档处理中的应用。

任务一制作求职简历，主要介绍了 Word 文档的排版，包括字符格式、段落格式和页面格式的设置，图片的处理，对文档进行分节以及表格制作等。

对文档进行排版时应遵循以下原则：

（1）对字符及段落进行排版时，要根据内容多少适当调整字体、字号及行间距、段间距，使内容在页面中分布合理，既不要留太多空白，也不要太过拥挤。

(2) 在文档中适当地使用表格，可使文档更加清晰、整洁、有条理。

(3) 适当地用图片点缀文档，会使文档增色不少，但必须把握好图片与文字的主次关系。

(4) 当文档中的文字需要快速、精确对齐时，在水平方向可使用制表位，在垂直方向可以利用段落间距实现对文本的准确定位。

通过本任务的学习，读者还可尝试对日常工作中的实习报告、学习总结、申请书、工作计划、公告文件及调查报告等文档进行排版和打印。

任务二"宣传海报"的排版，综合介绍了 Word 中的各种排版技术，如文本框、绘图画布、艺术字、图片等。

文本框是 Word 中放置文本的容器，使用文本框可以将文本放置在页面的任意位置，文本框可以设置为任意大小，还可以为文本框内的文字设置格式。对于只突出文字效果的文本框，可以取消文本框的边框线，并将填充色设置为透明；对于突出排版效果的文本框，也可以设置各种边框格式、选择填充色、添加阴影等。因此，文本框在 Word 的排版中运用非常广泛。

绘图画布用于将各种图形对象不经组合地放在一起，组成一个整体。绘图画布中的所有对象将随画布的变化而变化。

文本框和绘图画布应用不同的场合。文本框主要用于放置文字层对象，如文字、"嵌入式"的图片或艺术字；绘图画布则主要用于放置图形层的对象，如文本框、自选图形，如果是图片或艺术字就必须设置为"非嵌入式"。

在文档中插入图片、图形的方法主要有复制/粘贴、"插入"/"图片"，插入剪贴画或采用"绘图"工具绘制个各种图形。可以设置适当的图片"环绕方式"，使图文混排更加美观，艺术字、图片的环绕方式包括嵌入型、四周型、紧密型、浮于文字上方、衬于文字下方等。

分栏是文档排版中常用的一种板式，在各种报纸和杂志中被广泛运用。它使页面在水平方向分为几个栏，文字是逐栏排列的，填满一栏后才转到下一栏，文档内容分列于不同的栏中，这种分栏方法使页面排版灵活，阅读方便。

要对报纸杂志进行艺术排版，可以通过以下方法实现：

(1) 首先通过"页面设置"来设置页面的页边距、纸张大小、纵横方向等，并设置适当的页眉和页脚。

(2) 当需要对文档的每个版面进行不同的布局设计时，应该根据各个版面的内容，用表格或文本框进行规划。由于文本框相互独立、互不影响，便于单独处理，而且设置文本框的艺术框线效果比表格更加方便，所以用文本框进行规划更加灵活方便。

(3) 文档正文的整体设计，要突出艺术性，做到美观协调。为此，应尽可能使用插入艺术字、图片的方法实现图文混排；某些文本框或绘图画布的边框可适当采用带图案的线条，在适当地方插入少量的艺术横线进行版面分割，可以使版面整体更加丰富多彩、生动活泼。

(4) 为使文档页面排版更加灵活，同时也为了阅读方便，对于较长的文档通常运用分栏方法，把文档内容分列于不同的栏中。需要注意的是，在表格或文本框中的一个方格内的文字是不能分栏的。

(5) 如果要制作带艺术线的"分栏"效果，可以将两个文本框进行链接，并将它们进行适当摆放，再对文本框或绘图画布设置适当的艺术框线，这样可以使版面设计更加多姿多彩。

(6) 文档设计完毕后，应该把最后的结果打印出来。根据需要，可以单页打印，也可以把两个 A4 版面拼在一起，打印在一张 A3 纸上，还可以正反打印；可以打印全部内容，也可以只打印部分内容，还可以只打印当前一页。

总之，对于宣传海报报的整体设计，最终要达到如下的效果：版面均衡协调、图文并茂、生动活泼，颜色搭配合理、淡雅而不失美观；版面设计不拘一格，充分发挥想象力，体现个性化独特创意。

通过本任务的学习，在以后的工作、学习、生活中，就能设置与制作学校、院系、班级的宣传小报，或完成公司内部刊物、宣传海报的设计与制作。

任务三毕业设计文档的排版，详细介绍了长文档的排版方法与操作技巧。主要分为以下几个方面：

(1) 样式。样式有助于文档之间格式的复制，可以将一个文档或模板的样式复制到另一个文档或模板中，能批量完成段落或字符格式的设置，节省设定各种文档的时间，便于文档的修改。

(2) 目录。利用 word 可以为文档自动添加目录，使目录的制作变得简便，并且易于维护和更新。

(3) 节。通过使用分"节"，可以为不同的节设置不同的页面格式，如不同的页眉和页脚、不同的页码、不同的页边距、不同的页面边框、不同的分栏，从而可以编排出复杂的版面。

课后练习题

1. 在 Word 环境下编辑文件时不可插入(　　)。

A. 可执行文件　　　　　　　B. AUTOCAD 图形

C. 幻灯片　　　　　　　　　D. Excel 工作表

2. Word 文档的分栏效果可以在(　　)视图中正常显示。

A. 阅读　　　　B. 草稿　　　　C. Web 版式　　　D. 大纲

3. 在 Word 中，下列关于设置保护密码的说法正确的是(　　)。

A. 在设置保护密码后，每次打开该文档时都要输入密码

B. 在设置保护密码后，别人就不能复制改文档了

C. 设置保护密码后，不需要保存文件，密码在下次打开时就能用

D. 设置保护密码后，文档就不能修改了

4. Word 的水平标尺上的文本缩进工具中，没有下列(　　)项。

A. 水平缩进　　B. 悬挂缩进　　C. 右缩进　　　　D. 首行缩进

5. 标尺的显示或隐藏可以通过单击(　　)选项卡"显示"组中的"标尺"复选框来实现

A. "视图"　　　B. "布局"　　　C. "设计"　　　D. "审阅"

6. 下列关于 Word 2016 的说法错误的是(　　)。

A. 只能将文档保存成 Word 格式

B. 可以实现图文混排

C. 能实现"所见即所得"的排版效果

D. 能打开多种格式的文档

7. 下列(　　)不是 Word 2016 新功能。

A. 文档比较　　　　　　　　B. 触摸/鼠标模式

C. 加载组　　　　　　　　　D. 墨迹公式

8. 下列方式不能关闭 Word 2016 应用程序的是(　　)。

A. 按 Shift+F4 组合键

B. 右击标题栏空白处,在弹出的快捷菜单中选择"关闭"命令

C. 单击应用程序标题栏右侧的"关闭"按钮

D. 按 Alt+F4 组合键

9. 在插入脚注、尾注时,最好使用的视图方式为(　　)。

A. 页面视图　　　B. 阅读视图　　　C. 大纲视图　　　D. Web 版式视图

10. 在 Word 2016 中,下列关于分栏排版说法错误的是(　　)。

A. 各栏是平均等分的　　　　　　B. 可适用于所选文档

C. 可以多分栏　　　　　　　　　D. 可用于全部文档

11. 在 Word 中,利用(　　)操作不能调整表格的行高或列宽。

A. 滚动条　　　　　　　　　B. "表格属性"命令

C. 标尺　　　　　　　　　　D. 鼠标

12. 在 Word 2016 中,关于表格操作叙述正确的是(　　)。

A. 可以将一个单元格拆分成多个单元格

B. 可以将表格中任意多个单元格合并成一个单元格

C. 通过"虚拟表格"可以插入任意行列的表格

D. 当鼠标指针在表格线上变为双箭头形状时,双击鼠标可以改变表格行高或列宽

13. 在 Word 2016 中下列(　　)对象时,功能区不会出现与所选对象设置相关的上下文选项卡。

A. 文字　　　　　B. 艺术字　　　　C. 文本框　　　　D. 图片

14. 在 Word 文档窗口中进行了两次剪切操作后,剪切板中的内容(　　)。

A. 可以有两次剪切的内容　　　　B. 只有最后一次剪切的内容

C. 只有第一次剪切的内容　　　　D. 是空白的

15. Word 2016 文档实现快速格式化的重要工具(　　)。

A. 格式刷　　　　　　　　　B. 工具按钮

C. 选项卡命令　　　　　　　D. 对话框

16. 如果不希望读者修改或复制自己的文档,可以将文档保存类型选择为(　　)格式。

A. PDF　　　　　B. DOC　　　　　C. DOCX　　　　D. DOTX

17. 在"查找与替换"功能中,不可以(　　)搜索选项。

A. 区分中/英文　　　　　　　　B. 使用通配符

　　C. 区分全/半角　　　　　　　　　　D. 区分大小写

18. 在 Word 2016 中，文档的背景可以非常方便地设置为各种颜色或者填充效果，下列说法正确的是(　　)。

　　A. 水印是页面背景的一种　　　　　　B. 背景只能在屏幕上显示而不能打印

　　C. 背景只能设置为单一颜色　　　　　D. 背景不能设置成图片

19. Word 以"磅"为单位的字体中，根据页面大小，文字的磅值最大可以达到(　　)磅。

　　A. 1638　　　　　B. 512　　　　　C. 1024　　　　　D. 256

20. 在文档编辑状态下，"复制""剪切"按钮呈灰色，处于不能使用状态，原因是(　　)。

　　A. 没有选中要复制或剪切的内容　　　B. 软件安装不完整

　　C. 当前文档不支持这种操作　　　　　D. 没有刷新窗口

21. 在 Word 2016 文档的"页面设置"对话框，不能让进行操作的是(　　)。

　　A. 设置页面颜色　　　　　　　　　　B. 设置纸张大小

　　C. 设置页边距　　　　　　　　　　　D. 设置文字方向

22. 在 Word 2016 文档中，关于剪切和复制，下列叙述不正确的是(　　)。

　　A. 剪切是把选定的文本复制到剪切板上，仍保持原来选定的文本

　　B. 剪切是把选定的文本复制到剪切板上，同时删除被选定的文本

　　C. 复制是把选定的文本复制到剪切板上，仍保持原来选定的文本

　　D. 剪切操作是借助剪切板暂存区域来实现的

23. 关于 Word 的制表功能，下列叙述不正确的是(　　)。

　　A. 只能对同一行中的单元格进行合并

　　B. 可以方便地清除任何单元格、行、列、边框

　　C. 可以绘制任意高度和宽度的单个单元格

　　D. 可以对任何相邻的单元格进行合并，无论是垂直还是水平相邻

24. 下列关于 Word 文档窗口的说法正确的是(　　)。

　　A. 可以同时打开多个文档窗口，但其中只有一个活动窗口

　　B. 可以同时打开多个文档窗口，打开的窗口都是活动窗口

　　C. 只能打开一个文档窗口

　　D. 可以同时打开多个文档窗口，单在屏幕上只能见到一个文档窗口

25. 下列关于"保存"与"另存为"命令的叙述正确的是(　　)。

　　A. 保存新文档时，"保存"与"另存为"的作用是相同的

　　B. Word 保存的任何文档，都不能用"写字板"打开

　　C. 保存旧文档时，"保存"与"另存为"的作用是相同的

　　D. "保存"命令只能保存新文档，"另存为"命令只能保存旧文档

26. 在文档中同时选中不连续的多块文本，需要按住(　　)键。

　　A. Ctrl　　　　　B. Alt　　　　　C. shift　　　　　D. Fn

27. 下列(　　)不是 Word 提供的视图方式。

　　A. 浏览视图　　　　　　　　　　　　B. 草稿

　　C. Web 版式视图　　　　　　　　　　D. 大纲视图

28. 如果一篇文档中所有的"大纲"二字都被录入人员误输为"大刚"，最快捷的改正

方法是(　　)。

　　A. 用"编辑"组中的"替换"功能

　　B. 用"撤销"和"恢复"按钮

　　C. 用"定位"按钮

　　D. 用自动更正功能

29. 下列有关 Word 2016 中项目符号的说法错误的是(　　)。

　　A. 项目符号只能是阿拉伯数字

　　B. 项目符号可以改变

　　C. 项目符号可增强文档的可读性

　　D. $、@都可定义为项目符号

30. 要在 Word 2016 的同一个多页文档中设置多个不同的页眉页脚，必须使用(　　)功能才可以实现。

　　A. 分节　　　　　　B. 分栏　　　　　　C. 分页　　　　　　D. 自动转换

模块四　　　Excel 应用

本模块以学生成绩及花名册的数据处理为例，介绍 Excel 的数据采集、数据处理和数据输出，其中包括数据录入、单元格设置、公式与函数使用、多工作表操作、数据排序、数据筛选、成绩统计、图表制作以及邮件合并等内容。

任务一　建立学生花名册

任务提出

辅导员需要为所管理的学生建立电子花名册，以方便管理学生基本信息，同时为了方便统计和分析学生"计算机应用基础""英语""数学"三门课程的成绩，需要建立对应科目的电子成绩表。

建立学生电子
花名册

知识准备

学生电子花名册的制作可以用 Excel 电子表格制作软件来完成，需要用到以下相关知识。

一、启动 Excel 的常用方法

启动 Excel 的常用方法有以下几种：

(1) 单击"开始"按钮，选择"程序"命令，再选择 Microsoft Excel 选项。

(2) 单击"开始"按钮，选择"运行"对话框，输入执行 Microsoft Excel 文件的完整路径和文件名，单击"确定"按钮。

(3) 单击"开始"按钮，选择"程序"命令，再选择"资源管理器"选项，双击 Excel 文件的执行文件 Excel.xlsx。

(4) 单击 Office 快捷工具栏中的 Excel 图标。

二、Excel 的窗口组成

Excel 窗口主要由标题栏、菜单栏、工具栏、工作表标签、行号、列号、编辑栏、名称框、工作表、状态栏等组成，如图 4-1 所示。

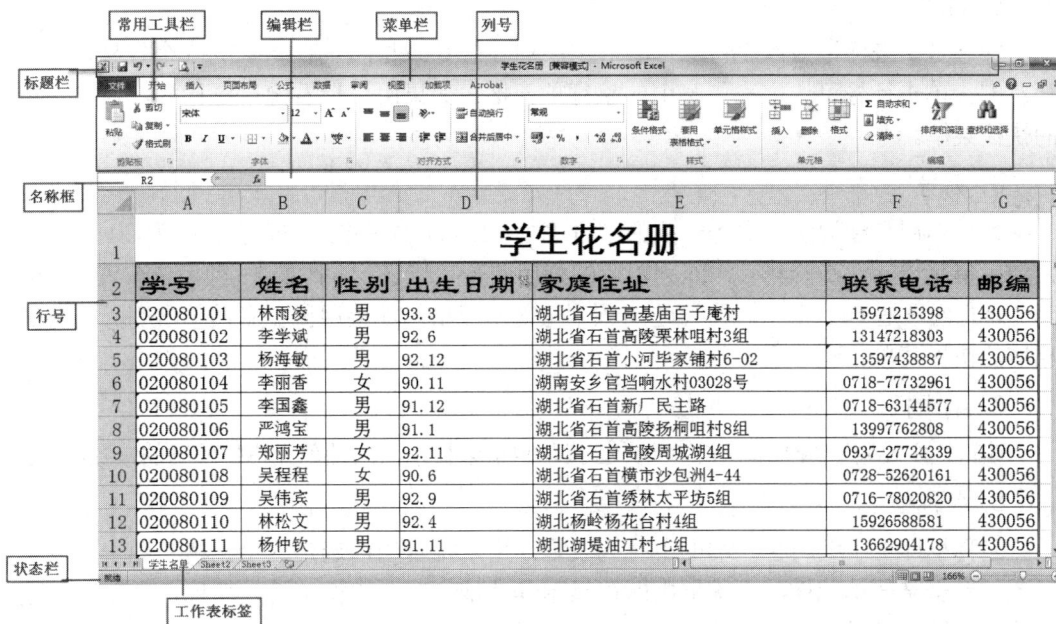

图 4-1　Excel 的窗口的构成

1. 标题栏

标题栏位于当前 Excel 应用程序窗口的最顶端，用于显示当前程序是 Excel，并显示当前工作簿文件的名字。

2. 菜单栏

菜单栏位于标题栏下方，由 9 组菜单组成，每组菜单又可向下拉出许多菜单命令。在每组下拉菜单中包括了一组相关操作或命令，可以根据需要选取菜单中的项，完成相关操作。当光标在菜单标题上移动时，菜单标题就会突出显示，单击鼠标左键，可拉出该菜单标题下的菜单命令。将光标移动到所需的菜单命令上，单击鼠标左键，即可执行这个菜单命令。

3. 工具栏

工具栏由一些图标组成，每一个按钮都代表了一个命令。将鼠标指针移动到工具栏中的某一按钮上时，按钮就会突出显示，稍停片刻，按钮旁边就会出现一个浅黄色小文字框，说明该按钮的名称或作用。单击图标按钮就可以执行相应的命令，从而完成某项工作。使用工具栏会使操作更加简便。一般情况下，只打开"常用"和"格式"工具栏，其他工具栏被暂时关闭了。可以依次单击"视图"→"工具栏"命令，在工具栏的子菜单中将任意一个工具栏显示或隐藏起来。

4. 工作表标签

工作表标签是位于工作簿窗口底端的标签，用于显示工作表的名称。单击工作表标签将激活相应工作表；如果要显示与工作表操作相关的快捷菜单，请用鼠标右键单击标签；如果要滚动显示工作表标签，请使用标签栏左端的滚动按钮。

5. 行号

行号是用来标记工作表每一行的数字序列。在 Excel 中，有 1～65536 个行号，位于各行左侧。单击行号可选定工作表中的整行单元格；如果用鼠标右键单击行号，将显示相应的快捷菜单。

6. 列号

列号是用来标记工作表每一列的字母序列。Excel 中每张工作表有 256 列，1～26 列分别使用单字母 A～Z 来表示。26 列以后的列用两个字母表示，比如 27 列用 AA 表示，而第 256 列的列号是 IV。单击列号可选定该列全部单元格。如果用鼠标右键单击列号，将显示相应的快捷菜单。

7. 编辑栏

编辑栏主要用于编辑单元格内容或公式，也可以显示出活动单元格中使用的常数或公式。

8. 名称框

名称框即位于编辑栏左端的下拉列表框，用于指示当前选定的单元格、图表项或绘图对象。单击某一单元格，名称框中即可显示其地址。在名称框中键入名称，再按回车键可快速选定单元格或单元格区域。

9. 工作表

工作表是指工作表整体及其中的全部元素，包括单元格、网格线、行号、列号、滚动条和工作表标签。

10. 状态栏

状态栏在屏幕窗口的最底端，状态栏中显示有关执行过程中的选定命令或操作的信息。当选定命令时，状态栏左边便会出现该命令的简单描述。状态栏左边也可以指示过程中的操作，如打开或保存文件、复制单元格等。状态栏右边则显示 Caps Lock、Scroll Lock 和 Num Lock 等键是否打开。

任务实施

建立如图 4-2 所示的工作簿"学生名单.xlsx"，并建立"学生花名册"，操作步骤如下。

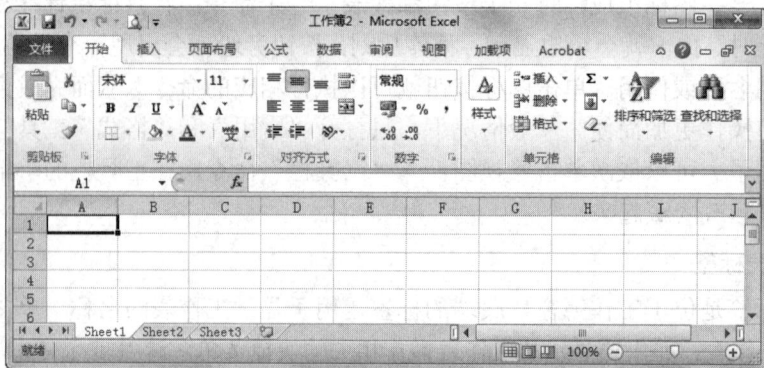

图 4-2　Excel 工作簿

一、工作簿的建立

(1) 启动 Excel。

(2) 单击"常用"工具栏上的"保存"按钮,在"另存为"对话框中将文件名由"Book1.xlsx"改成"学生名单.xlsx"。单击对话框中的"保存"按钮,将文本保存在个人文件夹里。

✍ 说明

一个 Excel 工作簿就是一个磁盘文件,在 Excel 中处理的各种数据最终都是以工作簿文件的形式存储在磁盘上。

每个工作簿通常都是由多个工作表组成的,启动 Excel 时,自动创建的工作簿"Book1"中包含"Sheet1""Sheet2""Sheet3"三张工作表。用户可以根据实际需要插入或删除工作表。Excel 工作簿如图 4-2 所示。

二、数据录入

(1) 在当前工作表的"Sheet1"中,选中单元格 A1,输入标题,按 Enter 键。

(2) 在单元格 A2 中,输入"学号",按光标键"→",使 B2 单元格成为活动单元格,输入"姓名",按同样的操作输入其他表头内容。

🗣 注意

要使某个单元格成为活动单元格,可以通过光标键上、下、左、右进行选择,或按 TAB键,也可以直接由鼠标单击选定。

(3) 输入"学号"列的数据。

在 A3 单元格中,输入第一个学生的学号"020080101",回车后发现单元格的内容变成了"20080101",说明在自动格式中是以数字格式显示的,所以最前面的"0"被忽略了。正确的做法是,在数字前加入英文输入法状态下的"'",系统就会将该数字以文本方式处理,如图 4-3 所示。

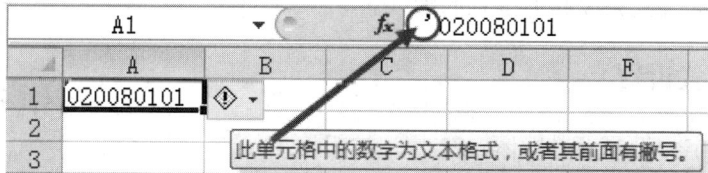

图 4-3　输入非数字类文本的数字的方法

输入其他学生的学号,将鼠标指针指向 A3 单元格的"填充柄"(位于单元格右下角的小黑块),此时鼠标指针变成黑色十字,按住鼠标向下拖动填充柄,拖动过程中填充柄的右下角出现填充的数据,拖至目标单元格时释放鼠标,操作效果如图 4-4 所示。

图4-4　用填充柄填充数据

注意

① 在实际的工作中，如学号、电话号码、身份证号码、银行账号等数字信息并不需要参与数字运算，但又需要将数字完整地显示出来，对于这类数字，要以"文本"的形式对待。除了刚才提到的在数字前面加"'"方法外，还可以先选择要改变数字格式的单元格，在菜单栏中选择"格式"→"单元格"命令，打开"单元格格式"对话框，选择"数字"选项卡，在"分类"栏中选择"文本"选项，将单元格的格式设置为"文本"类型。

② 使用 Excel 提供的"自动填充"功能，可以极大地减少数据输入的工作量。通过拖动填充柄，就可以激活"自动填充"功能。利用自动填充功能可以进行文本、数字、日期等序列的填充和数据的复制，也可以进行公式的复制等。

(4) 输入"姓名"列的数据。

(5) 输入"性别"列的数据。

在"C3"单元格中输入"男"，然后向下拖动填充柄，该列的值都变成"男"，但不是所有信息都为"男"，选中其中要修改的单元格，按下 Ctrl 键的同时，用鼠标单击要修改的所有单元格，在被选中的最后一个单元格中输入"女"，同时按下 Ctrl 和 Enter 键，可以看到被选中的所有单元格中的信息都变成了"女"。

说明

如果想在多个单元格中输入相同的内容，只要选择所有需要包含此信息的单元格，在输入数值、文本或公式后，同时按下 Ctrl 和 Enter 键，则同样的信息就会输入到所有被选择的单元格中。

(6) 用同样的方式完成其他信息的输入。

三、单元格格式设置

(1) 将标题字体设置为"黑体，22 号，加粗"。

电子表格的美化

选择 A1 单元格，在菜单栏中选择"格式"→"单元格"命令(或直接在 A1 单元格单击右键→选择"设置单元格格式"命令)，打开"单元格格式"对话框，选择"字体"选项卡，在"字体"列表框中选择"黑体"，在"字形"列表框中选择"加粗"，在"字号"列表框中选择"22"，如图 4-5 所示，单击"确定"按钮。

(2) 将标题区 A1:F1 合并且居中。

选中单元格区域 A1:F1，打开"单元格格式"对话框，选择"对齐"选项卡，选择文本对齐方式中的"水平对齐方式"和"垂直对齐方式"均为"居中"，在文本控制中选择"合并单元格"选项，单击"确定"按钮即可，如图 4-6 所示。

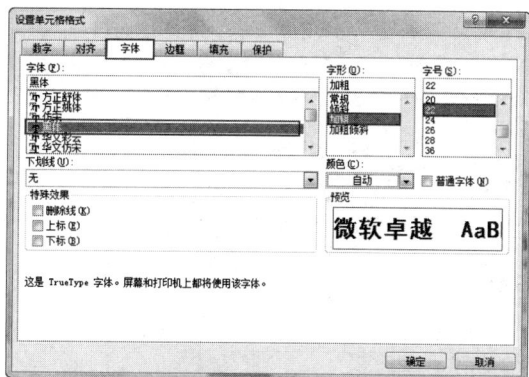

图 4-5　"字体"选项卡

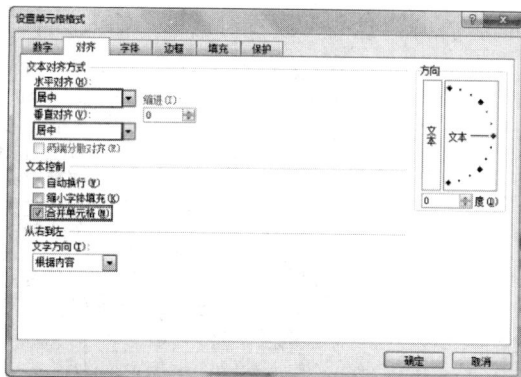

图 4-6　"对齐"选项卡

(3) 将表格的外边框设置为双细线，内边框设置为单细线。

选择单元格区域 A2:F32，打开"单元格格式"对话框，选择"边框"选项卡，如图 4-7 所示。在"线条"区域的"样式"中选择双细线；在"预置"栏中单击"外边框"按钮，即为表格添加了外边框；在"线条"区域的"样式"中改变线形，选择单细线，在"预置"栏中单击"内部"按钮，即可对表格添加内边框。

(4) 为表格列号题区域添加红色底纹，图案为"对角线，剖面线"，并设置标题水平和垂直方向对齐方式均为居中。选中标题单元格区域 A2:F2，打开"设置单元格格式"对话框，选择"填充"选项卡，如图 4-8 所示。在"图案颜色"中选择"红色"；打开"图案样式"下拉列表，选择"对角线 剖面线"的图案。在"对齐"选项卡中分别设置"水平对齐"和"垂直对齐"为居中，单击"确定"按钮。

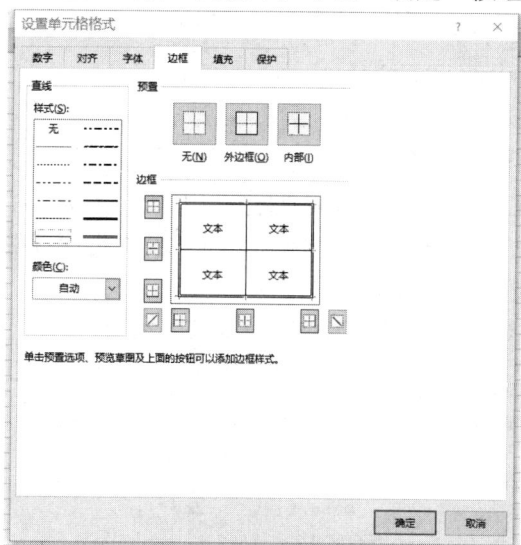

图 4-7　"边框"选项卡

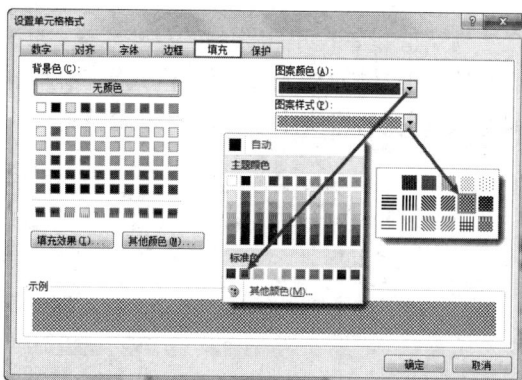

图 4-8　"图案"选项卡

(5) 将表格标题行的行高设置为 30.00(40 像素)，将第一行表头行的行高设置为"最适合的行高"，将"出生日期"列的列宽设置为"最适合的列宽"。

标题行设置：单击行号"1"选中标题行"学生花名册"，选择菜单栏的"开始"菜单，在"开始"工具栏面板中，选择"格式"，在弹出的"单元格大小"下拉菜单中选择　"行高"，打开"行高"设置对话框，输入数字 30，单击"确定"按钮，如图 4-9 所示。

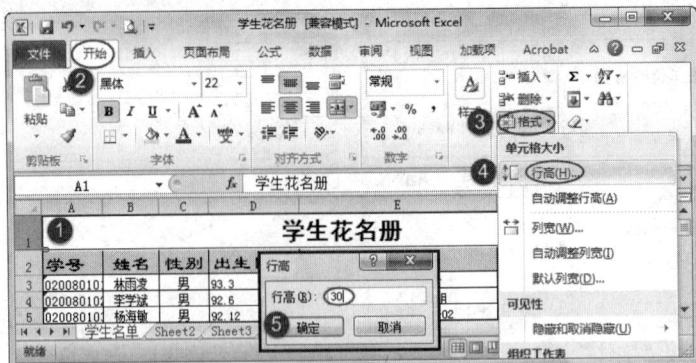

图 4-9　设置"学生花名册"标题行行高

表头行设置：选择第 2 行(表头行)，单击行号"2"选择表头行，单击菜单栏的"开始"菜单，在"开始"工具栏面板中，选择"格式"，在弹出的"单元格大小"下拉菜单中选择"自动调整行高"，行高将按实际字号的大小调整高度，如图 4-10 所示。

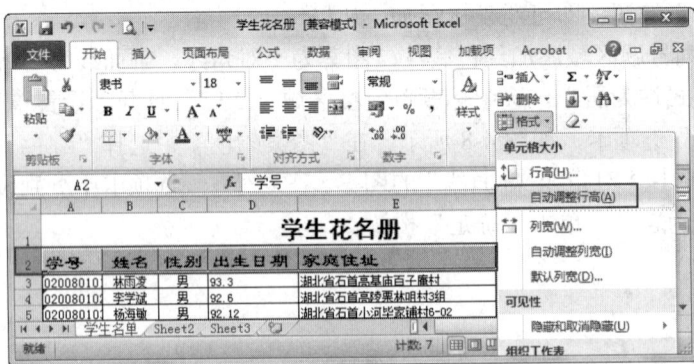

图 4-10　自动调整表头行的行高

列宽的设置：单击列号"D"选择"出生日期"列，单击菜单栏的"开始"菜单，在"开始"工具栏面板中选择"格式"，在弹出的"单元格大小"下拉菜单中选择"自动调整列宽"，列宽将按实际字号的大小调整高度，如图 4-11 所示。

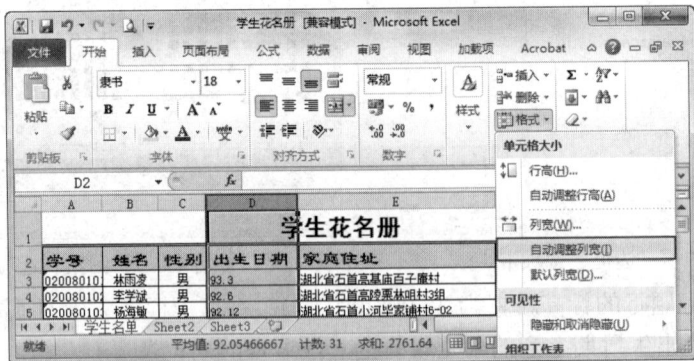

图 4-11　自动调整"出生日期"列的列宽

根据前面的操作步骤，分别建立表格"英语成绩.xlsx""计算机应用基础成绩.xlsx""数学成绩.xlsx",如图 4-12 所示。

图 4-12　《英语》《数学》和《计算机应用基础》三门课程的成绩表

🐾 **注意**

对于表格中单元格的行高和列宽也可以通过鼠标直接操作,将鼠标移到行号的下边框,鼠标指针形状变成双向箭头,即可以按住鼠标拖动,鼠标所在的位置出现一条水平虚线,并且显示行高值,拖动到指定的行高后松开鼠标,即可设置好指定的行高。同样的道理可以设置列宽值。

📑 任务拓展

打开"习题 1.xlsx",按要求操作:

(1) 表头标题设置为楷体加粗 20 号字,对应表格居中对齐。

(2) 将出生日期列设置为日期类型"××××年××月××日";将工资、奖金、保险金及实发金额列设置为货币类型,使用人民币符号,保留小数点后 2 位;将保险率数值设置为百分比样式。

(3) 将各列调整到适合的宽度,并给表格加上粗实线外边框和细实线内边框。

(4) 使用条件格式将实发金额低于 2000 的用白色字体红色底纹显示,高于 3000 的设置为黄色底纹显示。

任务二　学生成绩表基本操作

📑 任务提出

对学生三门课程的成绩表进行计算、统计及汇总操作。

建立课程成绩表

知识准备

工作表的操作包括工作表的重命名，工作表之间的复制、移动、插入、删除等；工作表单元格之间数据的复制、粘贴、引用等；运用"公式"执行计算功能。

Excel 中公式可以在单元格中直接输入，也可以在编辑栏中输入，但都必须以"="开头，若无"="，则 Excel 将其作为正文处理，所以"="是公式中绝对不能缺少的一个运算符。

Excel 提供 4 种类型的运算符：

一、算术运算符

算术运算符用于完成基本的数学运算，常用的算术运算符如下：

+ (加号)：加法运算，例如，$3+3$。

– (减号)：减法运算，例如，$3-1$，-1。

* (星号)：乘法运算，例如，$3*3$。

/ (正斜线)：除法运算，例如，$3/3$。

% (百分号)：百分比，例如，20%。

^ (插入符号)：乘幂运算，例如，3^2。

二、比较运算符

可以使用比较运算符比较两个值。当使用比较运算符比较两个值时，结果是一个逻辑值，即 TRUE 或 FALSE。

常用的比较运算符如下：

= (等号)：等于，例如，A1 = B1。

> (大于号)：大于，例如，A1>B1。

< (小于号)：小于，例如，A1<B1。

>= (大于等于号)：大于或等于，例如，A1>=B1。

<= (小于等于号)：小于或等于，例如，A1<=B1。

<> (不等号)：不相等，例如，A1<>B1。

三、文本连接运算符

可以使用和号(&)加入或连接一个或更多文本字符串，以产生一串文本。

四、文本运算符

&(和号)是将两个文本值连接或串接起来以产生一个连续的文本值，例如"North"&"wind"表示"Northwind"。

可以使用引用运算符将单元格区域合并起来以进行运算，常用的引用运算符如下：

：(冒号)区域运算符：对包括在两个引用之间的所有单元格进行引用，例如，(B5:B15)表示引用 B 列的第 5 单元格至第 15 单元格。

，(逗号)联合运算符：将多个引用合并为一个引用，例如(SUM(B5:B15,D5:D15))，表示分别计算 B 列的第 5 单元格至第 15 单元格的总和及 D 列的第 5 单元格至第 15 单元格的总和。

空格交叉运算符：对两个引用共有的单元格进行引用，例如，(B7:D7 C6:C8)表示引用 B7 至 D7 及 C6 至 C8 共有的单元格 C7。

任务实施

一、工作表更名

将"计算机应用基础成绩.xlsx""英语成绩.xlsx""数学成绩.xlsx"三个工作表的名称 "Sheet1"分别更名为"计算机应用基础""英语""数学"。

打开"计算机应用基础成绩.xlsx"文件，双击"Sheet1"标签，当工作表标签出现反白 (黑底白字)时，输入新的工作表名"计算机应用基础"，按回车键确认即可。如图 4-13 所示。按照同样的方法给另外两个表格进行重命名。

图 4-13　工作表重命名

二、工作表合并到新工作簿

将计算机应用基础、英语、数学三个工作表合并到一个新的工作簿"成绩表.xlsx"，并调整工作表的顺序。

(1) 新建一个工作簿，命名为"成绩表.xlsx"。分别打开"计算机应用基础成绩.xlsx" "英语成绩.xlsx""数学成绩.xlsx"三个工作簿文件，选择"计算机应用基础成绩.xlsx"中的 "计算机应用基础"工作表，用鼠标右键单击"计算机应用基础"标签，在弹出的快捷菜单中选择"移动或复制工作表"命令，打开如图 4-14 所示的"移动或复制工作表"对话框。

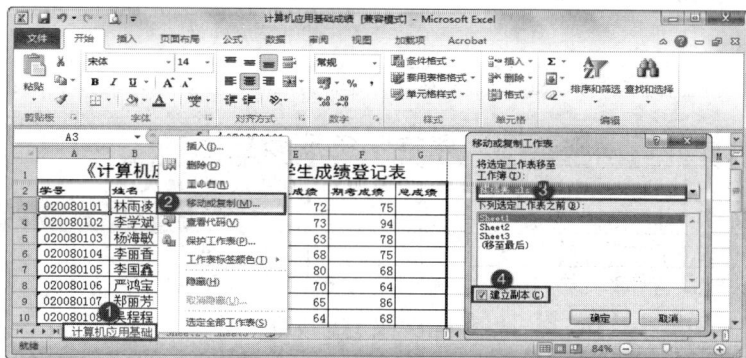

图 4-14　复制工作表

(2) 选择"成绩表.xlsx"，在"下列选定表之前"列表框中，选择一个适合的位置存放该表，最后选中"建立副本"复选框，就可以将计算机应用基础工作表复制到"成绩表.xlsx"中，依照同样的方法将其他两个工作表复制到"成绩表.xlsx"中，最终效果如图4-15所示。

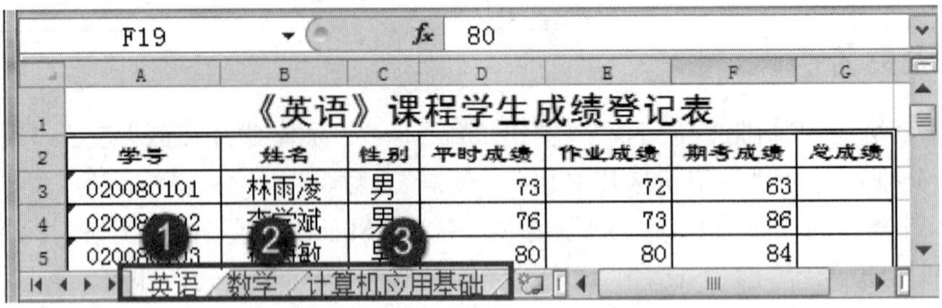

图 4-15　复制工作表之后的效果图

☞ 注意

如果在"移动或复制工作表"对话框中未选择"建立副本"复选框，那么执行的结果就是移动工作表，而不是复制工作表了。

(3) 将"成绩表.xlsx"中三个表格的排列顺序调整为"计算机应用基础""数学""英语"。

单击"英语"工作表标签，按住鼠标左键，指针向右拖动，拖放到目标位置后释放鼠标即可，依照同样的方法进行拖动，让表格有序的排列。

三、单元格计算

计算每门课程每个学生的总成绩：

总成绩 = 平时成绩*20% + 作业成绩*30% + 期考成绩*50%

(1) 以"计算机应用基础工作表总成绩"为例。打开"成绩表"工作簿，选择目标单元格 G3，在该单元格输入"="，表明后面输入的内容是公式，按照提供的计算公式，首先要引用平时成绩数据，用鼠标单击该学生对应的平时成绩 D3 单元格，该单元格周围出现闪烁的虚线框，接着输入"*20%+"，再单击 E3 单元格，引用作业成绩，接着输入"*30%+"，最后引用 F3 的值，输入一个"*50%"，回车确认即可得到结果。

最后在 G3 单元格中的公式应该为："=D3*20%+E3*30%+F3*50%"。显示结果如图 4-16 所示。

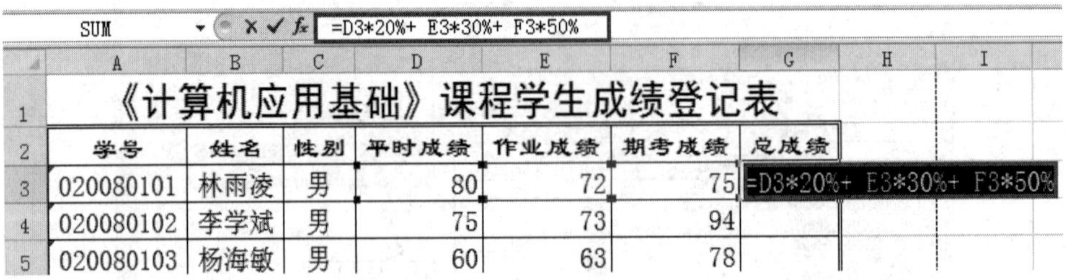

图 4-16　计算总成绩

(2) 其他单元格的计算，可以直接通过拖动 G3 单元格的填充柄，向下拖动填充柄，相当于做了公式的复制和粘贴。然后每个单元格对数值的引用也随着单元格的变化而自动变化，这个就是填充柄的优点。值得一提的是该公式包含的是单元格的引用而不是具体的数值，如果公式中引用的全是具体的数值，那么在填充时数值是不会随单元格变化而变化的。

(3) 计算"英语"工作表的"总成绩"。在"计算机应用基础"工作表中，用鼠标右键单击"总成绩"下行的"75.1"，在弹出的下拉菜单中选择"复制"，然后切换到"英语"工作表，框选"总成绩"下的所有空单元格(不要框选"总成绩"表头)，再次单击鼠标右键，在弹出的下拉菜单中选择"粘贴选项：fx"("fx"表示"公式")，此时"总成绩"的空单元格将填写所有数据，如图 4-17 所示。

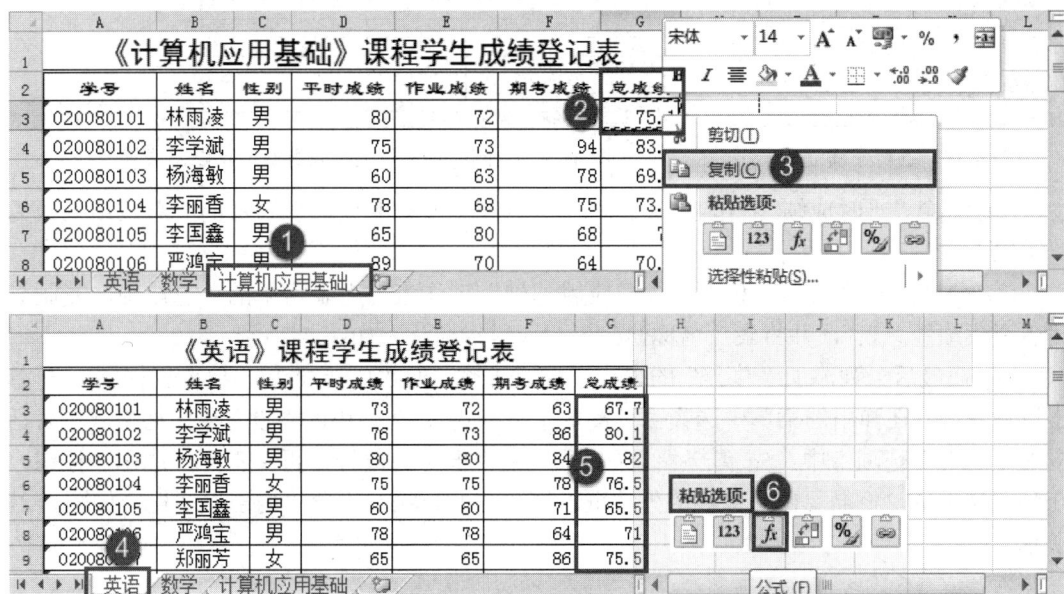

图 4-17　以选择性粘贴"公式"的方式计算"英语"总成绩

(4) 计算"数学"总成绩，计算方法同"英语"总成绩，采用选择性粘贴"公式"的方式，此处不赘述。

四、单元格数据的复制和粘贴

在"成绩表.xlsx"中插入新工作表，命名为"各科成绩汇总表"，将每门课程的总成绩汇总，汇总后的结果如图 4-18 所示。

(1) 在"英语"工作表的标签，单击鼠标右键，在弹出的菜单中选择"移动或复制"选项，将该工作表复制到本工作簿最后一个工作表，将其标签改为"各科成绩汇总表"，并将工作表标题改为"各科成绩汇总表"，框选"总成绩"所有数据单元格，注意不要框选"总成绩"表头字，单击鼠标右键，在弹出的菜单选择"粘贴选项：值(V)"，此时"总成绩"的数据虽然不会变，但其已与"平时成绩"、"作业成绩"、"期考成绩"无任何关系，如图4-19 所示。

各科成绩汇总表

学号	姓名	性别	英语	数学	计算机	总分
020080101	林雨凌	男	67.7	74	75.1	
020080102	李学斌	男	80.1	85	83.9	
020080103	杨海敏	男	82	79	69.9	
020080104	李国香	女	76.5	72	73.5	
020080105	李国鑫	男	65.5	70.3	71	
020080106	严鸿宝	男	71	74.3	70.8	
020080107	郑丽芳	女	75.5	77.9	77.5	
020080108	吴程程	女	78.5	81.5	72	
020080109	吴伟宾	男	73.5	75.9	70.5	
020080110	林松文	男	83.5	84.1	77.3	
020080111	杨仲钦	男	70.5	62.1	70.3	
020080112	王勇	男	66.5	71	70.2	
020080113	何东	男	80	71	74	
020080114	廖国庆	男	73.5	72.2	71.2	
020080115	王俊	女	79.1	71	72.8	
020080116	刘为莉	女	76	70.5	75.4	
020080117	李青	女	76.6	74.6	76.6	
020080118	程欣	女	74.1	73.2	73.6	
020080119	杨柳	女	74	66.2	64	
020080120	田开慧	女	74.9	76.1	76.4	
020080121	黄肖	女	62.5	71.3	65	
020080122	谢倩	女	78.5	83.7	84	
020080123	刘芳	女	67.6	76	72.6	
020080124	姚银汇	女	89.9	90.2	92.1	
020080125	张成超	女	77.7	74.4	79.2	
020080126	个芳	女	85.1	70.6	70.6	
020080127	关琴	男	73.6	81.7	79.1	
020080128	慎耀祠	男	66.1	72.3	71.1	
020080129	木双梅	女	87.4	87	87.4	
020080130	胡吕玉	女	74.6	73.8	74.6	

图 4-18　各科成绩汇总表

各科成绩汇总表

学号	姓名	性别	平时成绩	作业成绩	期考成绩	总成绩
020080101	林雨凌	男	73	72	63	67.7
020080102	李学斌	男	76	73	86	80.1
020080103	杨海敏	男	80	80	84	82
020080104	李丽香	女	75	75	78	76.5
020080105	李国鑫	男	60	60	71	65.5
020080106	严鸿宝	男	78	78	64	71
020080107	郑丽芳	女	65	65	86	75.5
020080108	吴程程	女	89	89	65	78.5
020080109	吴伟宾	男	75	75	72	73.5
020080110	林松文	男	94	94	73	83.5
020080111	杨仲钦	男	78	78	63	70.5
020080112	王勇	男	65	65	68	66.5
020080113	何东	男	89	89	71	80
020080114	廖国庆	男	75	75	72	73.5
020080115	王俊	女	72	94	73	79.1
020080116	刘为莉	女	73	78	76	76
020080117	李青	女	63	80	78	76.6
020080118	程欣	女	68	75	76	74.1
020080119	杨柳	女	80	60	80	74
020080120	田开慧	女	70	78	74	74.9
020080121	黄肖	女	65	65	60	62.5
020080122	谢倩	女	64	89	78	78.5
020080123	刘芳	女	75	75	65	67.6
020080124	姚银汇	女	86	94	89	89.9
020080125	张成超	女	84	78	75	77.7

图 4-19　复制"英语"工作表并重新粘贴总成绩数据

（2）删除"平时成绩""作业成绩""期考成绩"所在的列，把表头的"总成绩"改为"英语"。

（3）分别选择"数学"和"计算机应用基础"工作表，把表格中的"总成绩"复制到"各科成绩汇总表"，并将表头名称修改为相应科目名称，如图 4-20 所示。

（4）在最后一列添加"总分"的表头，再框选整个的数据及表头(不要框选标题)，再单击鼠标右键，在弹出的菜单中选择"设置单元格格式"，在弹出的"设置单元格格式"对话框的"边框"选项卡中，先单击"线条样式"列表框中的双线，再单击"外边框"按钮，在预览显示中，将显示出带双线的外边框，按相同的方法，设置"内部"线框，如图 4-21 所示。

图 4-20　粘贴"数学"和"计算机"的成绩

图 4-21　设置表格边框线

（5）框选"各科成绩汇总表"标题所在的列 A1：G1，选择"开始"工具栏面板的"合并后居中"按钮，如图 4-22 所示。

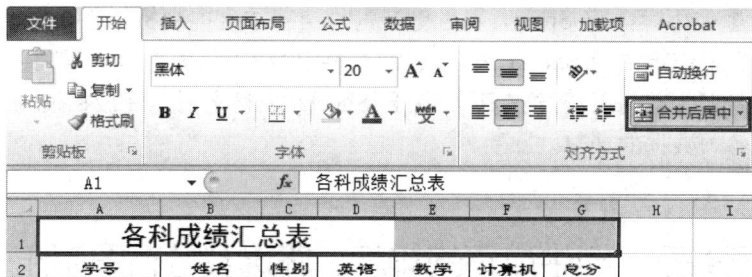

图 4-22　设置表格标题居中

说明

若直接"粘贴",则会出现如图 4-23 所示错误的结果"#VALUE!",其原因是复制的单元格中包含公式,那么粘贴到目标表格后公式的运算找不到匹配的数值。

图 4-23　粘贴带公式单元格出错

注意

在 Excel 中输入公式或函数后,经常会出现 Excel 的错误信息,这是由于执行了错误的操作所致,Excel 会根据不同的错误类型给出不同的错误提示,便于用户检查和排除错误,表 4-1 列举了 Excel 中常见的错误信息、出错原因及处理方法。

表 4-1　常见错误、原因及解决方法

错误信息	出错原因	处理方法
###	单元格宽度不够	增加列宽
#DIV/0!	公式中含有分母为 0 的除法	避免出现分母为零的除法
#N/A	在公式或函数中引用了一个暂时没有数据的单元格	给该单元格输入数值
#NAME	公式中包含了不能识别的文本或引用了一个不存在的名字	添加或修改相应的名称
#REF	公式或函数中引用了无效的单元格	更该公式或函数的引用
#VALUE	使用错误的参数或运算对象类型	修改参数

任务拓展

工作表更名、数据复制及移动、单元格计算操作。

　　打开"习题 2.xlsx"，将 Sheet1 表格更名为"第三季度电视机销售表"，将拓展任务一中的"习题一"工作簿中的 Sheet1 表格采用复制或移动工作表方式，复制到"习题 2"工作簿中，并命名为"部门工资发放表"，置于 Sheet2 表格之后。完成拓展项目中的"成绩统计表"中的各项数据的计算。

任务三　学生成绩的排序、筛选及分布图制作

任务提出

　　辅导员在完成学生基本信息及三科成绩汇总后，需要对学生成绩进行排名，并能通过筛选方式找出符合条件的数据，且能用图表形式显示班级学生成绩的情况。

知识准备

　　函数是一种预定义的内置公式，它使用一些称为参数的特定数值按照特定的顺序或结构进行计算，然后返回结果。使用函数可以缩短和简化工作表中的公式，特别适用于执行复杂计算。Excel 不仅提供了强大的计算功能，还提供了强大的数据分析处理功能，使用 Excel 的排序和筛选功能，可以很方便地完成数据的分析和处理。

任务实施

　　要完成本任务，具体操作将分解为以下几个步骤实施：

一、计算总分

　　Excel 中提供三种单元格求和的方法。

　　方法 1：单击常用工具栏上有"自动求和"的按钮，Excel 将自动地对活动单元格上方或左侧的数据进行求和运算，如图 4-24 所示。

图 4-24　"自动求和"总分

　　方法 2：选择"各科成绩汇总表"的 G3 单元格，单击"自动求和"按钮后面的下拉三角形按钮，选择"求和"，将会自动弹开 SUM 函数进行求和操作，按回车确定后即可得到结果，如图 4-25 所示。

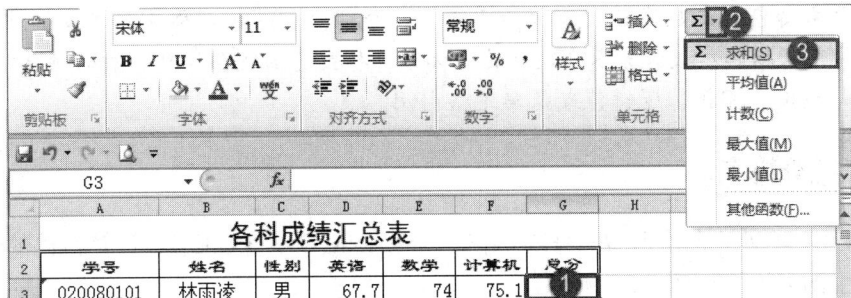

图 4-25　"求和"总分

　　方法 3：选择 G3 单元格，单击"插入"菜单→"插入函数"，打开"插入函数"对话框，如图 4-26 所示。在"选择函数"列表中选择 SUM 函数，当前窗口打开的就是常用函数类别中的函数，也可以点击"或选择类别"的下三角，选择一种函数类别，列表框中将会显示该类别的所有函数，选中某个函数后，可以点击"有关该函数的帮助"按钮，打开 Excel 的函数帮助信息。选择 SUM 函数，接着打开 SUM 函数对话框，如图 4-27 所示。

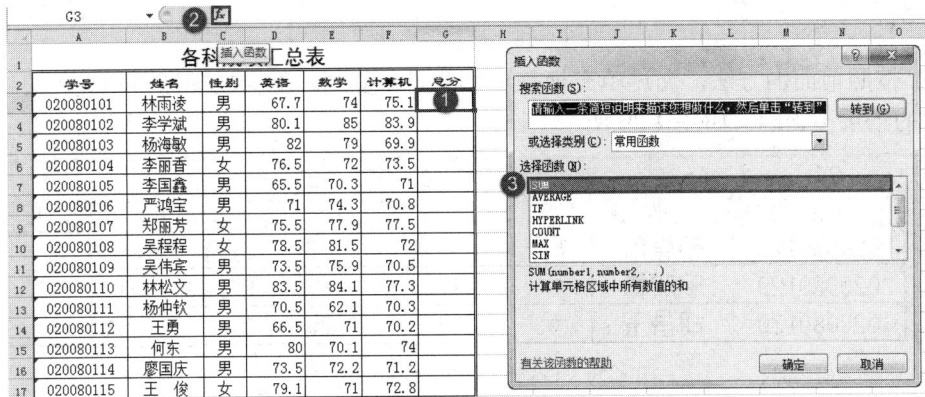

图 4-26　插入函数

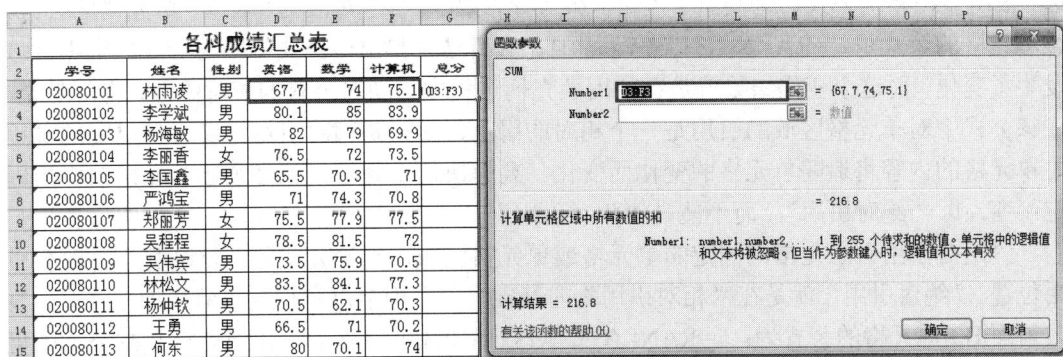

图 4-27　SUM 函数参数

在对话框中选择参与求和的数据区域，单击"确定"按钮。对于其他学生成绩的计算，可以通过填充柄快速完成公式的复制得到计算结果。

🗫 **注意**

所有函数都包含函数名称、参数和圆括号三个部分。函数名称表明该函数的功能及用途；圆括号用来括起参数，是不可缺少的一部分；参数是函数在计算时所必须使用的数据，参数可以是数值、字符、逻辑值或是单元格引用。

二、计算总分排名

(1) 在 H2 输入"名次"，在"H3"输入"=RANK(G3,G3:G32)"，计算得出的结果就是第一个学生的名次，如图 4-28 所示。

图 4-28　计算"名次"

(2) 按照前面的方法，通过填充柄来进行公式的复制，但会发现通过填充柄复制公式后计算的结果不正确，如图 4-29 所示。

图 4-29　自动填充的名次结果不正确

从该表中结果可以看出，29 号学生和 30 号学生均为第 1 名，而他们的分数却相差甚远，很明显在复制公式的时候出了差错。那么看看 29 号学生对应的"名次"单元格的公式，该单元格的公式是"=RANK(G31,G31:G60)"，分析结果得出该公式中参与统计的数据区域发生了变化，而这个变化结果就是在使用填充柄过程中自动对公式的相对修改，也就是说，在该公式中对单元格区域的引用是一个相对的引用，如果是相对引用，那么在复制的过程中单元格的内容将追随单元格的变化而变化。要解决这个问题，就必须让单元格的引用固定不变，即"绝对引用"，而不能是"相对引用"。

"绝对引用"总是指向固定的单元格或单元格区域，无论公式怎么复制都不会改变引用位置。"绝对引用"就是在"相对引用"的基础上，在列字母和行数字前面加上"$"，修改前面 H3 单元格的公式为："=RANK(G3, G3: G32)"，然后再用填充柄复制公式即可得到正确的结果，如图 4-30 所示。

各科成绩汇总表

学号	姓名	性别	英语	数学	计算机	总分	名次
020080101	林雨凌	男	67.7	74	75.1	216.8	22
020080102	李学斌	男	80.1	85	83.9	249	3
020080103	杨海敏	男	82	79	69.9	230.9	9
020080104	李丽香	女	76.5	72	73.5	222	17
020080105	李国鑫	男	65.5	70.3	71	206.8	27
020080106	严鸿宝	男	71	74.3	70.8	216.1	24
020080107	郑丽芳	女	75.5	77.9	77.5	230.9	9
020080108	吴程程	女	78.5	81.5	72	232	7
020080109	吴伟宾	男	73.5	75.9	70.5	219.9	20
020080110	林松文	男	83.5	84.1	77.3	244.9	5
020080111	杨仲钦	男	70.5	62.1	70.3	202.9	29
020080112	王勇	男	66.5	71	70.2	207.7	26
020080113	何东	男	80	70.1	74	224.1	14
020080114	廖国庆	男	73.5	72.2	71.2	216.9	21
020080115	王俊	女	79.1	71	72.8	222.9	16
020080116	刘为莉	女	76	70.5	75.4	221.9	18
020080117	李青	女	76.6	74.6	76.6	227.8	11
020080118	程欣	女	74.1	73.2	73.6	220.9	19
020080119	杨柳	女	74	66.2	64	204.2	28
020080120	田开慧	女	74.9	76.1	76.4	227.4	12
020080121	黄肖	女	62.5	71.3	65	198.8	30
020080122	谢倩	女	78.5	83.7	81	246.2	1
020080123	刘芳	女	67.6	76	72.6	216.2	23
020080124	姚银汇	女	89.9	90.2	92.4	272.5	1
020080125	张成超	女	77.7	74.4	79.2	231.3	8
020080126	李芳	女	85.1	70.6	70.6	226.3	13
020080127	关琴	男	73.6	81.7	79.1	234.4	6
020080128	顿耀帮	男	66.1	72.3	71.1	209.5	25
020080129	宋双梅	女	87.4	87	87.4	261.8	2
020080130	胡昌玉	女	74.6	73.8	74.6	223	15

图 4-30 计算"各科成绩汇总表"的名次

🖋 **注意**

单元格引用是指公式中指明的一个单元格或一组单元格。分为相对引用、绝对引用和混合引用。相对引用既不固定行也不固定列，复制公式时行和列均能跟随单元格进行变化；绝对引用就是固定行和列，在行和列之前需加上符号"$"；混合引用就是固定行或固定列，即相对引用和绝对引用混合。

三、成绩排序

学生成绩表排序

在"成绩"工作表中单击"期考成绩"列任一单元格，单击常用工具栏上的"升序"按钮即可。将"计算机应用基础"工作表以"平时成绩"为主要关键字降序排列，以"作业成绩"为第二关键字降序排列，以"期考成绩"为第三关键字升序排列。

(1) 在"计算机应用基础"工作表中，单击数据区域中任意单元格。

(2) 单击"数据"菜单，在其工具栏面板选择"排序"按钮，在弹出的"排序"对话框中，单击"添加条件"，分别设置"次要关键字"为"作业成绩"和"期考成绩"，再设置"平时成绩"次序为"降序"，"作业成绩"为"降序"，"期考成绩"为"升序"，单击"确定"，如图 4-31 所示。

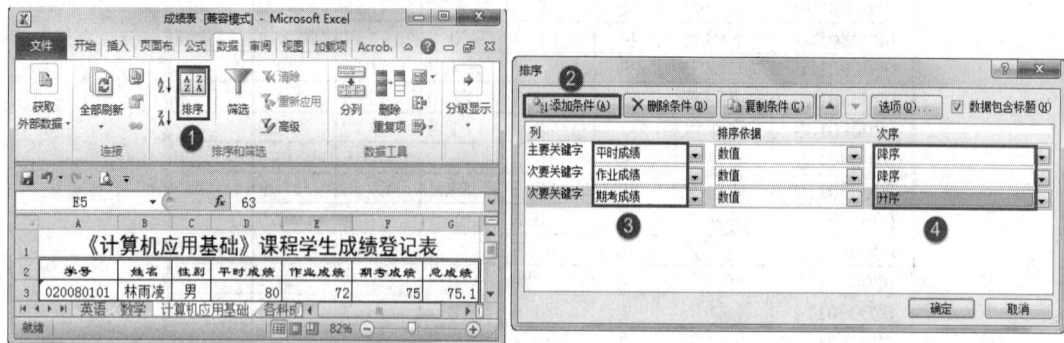

图 4-31　"排序"对话框

(3) 排序结果如图 4-32 所示。

图 4-32　排序结果

🖎 **注意**

对于多个关键字进行排序时，先按主要关键字排序；对于主要关键字相同的记录，再按次要关键字排序；对于主要关键字和次要关键字均相同的记录，最后按第三关键字进行排序。对按多于 3 列的数据排序，首先按照最次要的数据字段排序。假设在前面排序中增加姓名字段，则应先对姓名排序一次，再按主关键字、次关键字、第三关键字的顺序进行第二次排序。

四、自动筛选

利用自动筛选功能筛选出性别为"女"，英语成绩在 80 分以上，数学成绩在 85 分以上，计算机应用基础成绩在 90 分以上的所有记录。数据筛选是使数据清单中只显示满足指定条件的数据记录，而将不满足条件的数据记录在视图中隐藏起来。Excel 同时提供了"自动筛选"和"高级筛选"两种方法来筛选数据，前者适用于简单条件，后者适用于复杂条件。

学生成绩表筛选

(1) 将光标定位在数据区域内任意单元格，选择"数据"菜单→"筛选"，此时标题列自动出现下拉列表。

(2) 单击"性别"列旁的下拉列表箭头，在下拉列表中选择"女"，如图 4-33 所示。

图 4-33　筛选性别为"女"的记录

(3) 单击"英语"列旁的下拉列表箭头，在下拉列表中选择"数字筛选"→"大于"，打开"自定义自动筛选方式"对话框，如图 4-34 所示。

(4) 在对话框中设置英语大于 80，单击"确定"按钮，如图 4-34 所示。

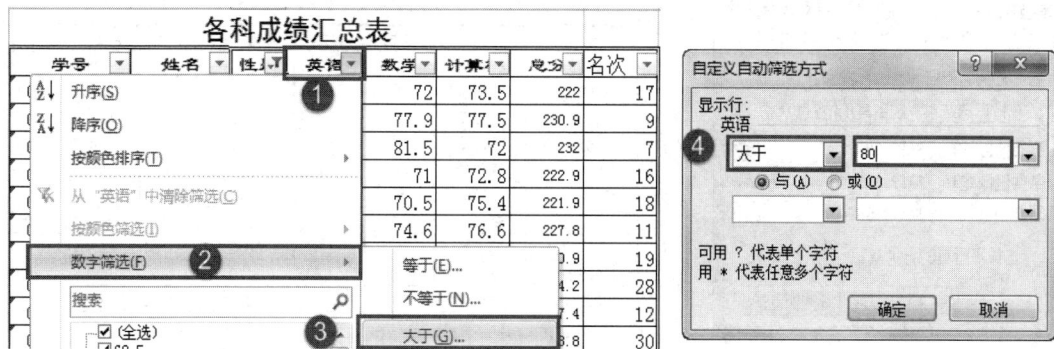

图 4-34　英语成绩筛选条件设置

(5) 依照同样方法完成其他字段的筛选，数学成绩在 85 分以上，计算机应用基础成绩在 90 分以上的所有记录，最终筛选结果如图 4-35 所示。

各科成绩汇总表

学号	姓名	性别	英语	数学	计算机	总分	名次
020080124	姚银汇	女	89.9	90.2	92.4	272.5	1

图 4-35　筛选结果

🍃 **注意**

在一个数据清单中进行多次筛选，下一次筛选的对象是上一次筛选的结果，最后的筛选结果受所有筛选条件的影响；如果要取消对某一列的筛选，只要单击该列表旁的下拉列表箭头，选择"全部"即可；如果要取消对所有列的筛选，只要选择"数据"菜单→"筛选"→"全部显示"命令即可；如果要撤销数据清单中的自动筛选箭头，并取消所有的自动筛选设置，只要重新在菜单栏中单击"数据"菜单工具面板的"筛选"按钮即可。

五、高级筛选

在"各科成绩表"工作表中筛选出总分小于 220 分的男生，或总分低于 210 分的女生的所有记录。

(1) 在数据清单右侧指定一个条件区域 J2:K4，如图 4-36 所示。

图 4-36　设置条件区域

(2) 选择"数据"菜单→"筛选"→"高级"，打开"高级筛选"对话框，如图 4-37 所示。

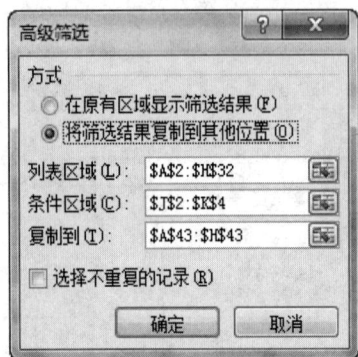

(a) "高级筛选"对话框　　　　　　　　　(b) 筛选结果

图 4-37　高级筛选

🍃 **注意**

进行高级筛选之前，首先必须指定一个条件区域。条件区域与数据清单之间至少应留一个空白行或一个空白列。

条件区域至少应该有两行，第一行用来放置字段名，而且该字段名必须与数据清单中的字段名完全一致，下面的行则放置筛选条件，在筛选条件中"与"关系的条件必须出现在同一行，"或"关系的条件不能出现在同一行。

在高级筛选中，一般要定义三个单元格区域：一是要查询的列表区域；二是查询的条件区域；三是存放查询结果的区域(如果选择"在原有区域显示筛选结果"选项，则该区域可省略)，定义这个区域时只需指定存放结果的左上角单元格即可，不要指定固定区域，因为事先是无法确定筛选结果的。

六、数据统计

在"成绩表.xlsx"工作簿中插入"成绩统计"工作表，在该工作表中完成如图 4-38 所示的成绩统计。

	A	B	C	D
1			成绩统计表	
2	课程	英语	数学	计算机应用基础
3	班级平均分	75.4	75.4	74.7
4	班级最高分	89.9	90.2	92.4
5	班级最低分	62.5	62.1	64
6	应考人数	30	30	30
7	缺考人数	0	0	0
8	实考人数	30	30	30
9	90-100（人）	0	1	1
10	80-89（人）	7	6	3
11	70-79（人）	17	21	23
12	60-69（人）	6	2	3
13	59以下（人）	0	0	0
14	及格率	100%	100%	100%
15	优秀率	10%	10%	7%

各科成绩汇总表　成绩统计

图 4-38　"成绩统计"工作表

1. 计算每门课程班级平均分

在 B2 单元格输入公式"=AVERAGE(各科成绩汇总表!D3:D32)"，公式中"各科成绩汇总表!"表示引用的工作表名称(关于此函数的用法请参阅 Excel 的函数帮助)。用自动填充的方法计算出"计算机应用基础"和"数学"平均分，并设置数值数据保留 1 位小数，如图 4-39 所示。

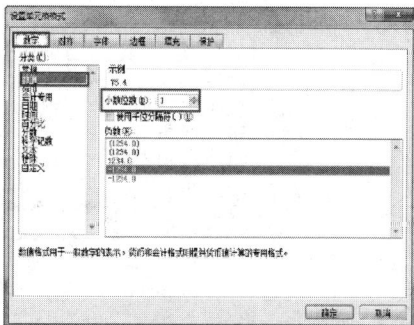

B2		fx	=AVERAGE(各科成绩汇总表!D3:D32)

	A	B	C	D	E	F
1	课程	英语	数学	计算机应用基础		
2	班级平均分	75.4	75.4	74.7		

(a) 在 B2 单元格输入公式　　　　　　(b) 设置数值数据保留小数位

图 4-39　计算各科成绩的平均分

2. 计算班级最高分及最低分

利用 MAX() 和 MIN() 函数进行，同样的在数据引用上也是来自另外一个工作表，如图 4-40 所示。

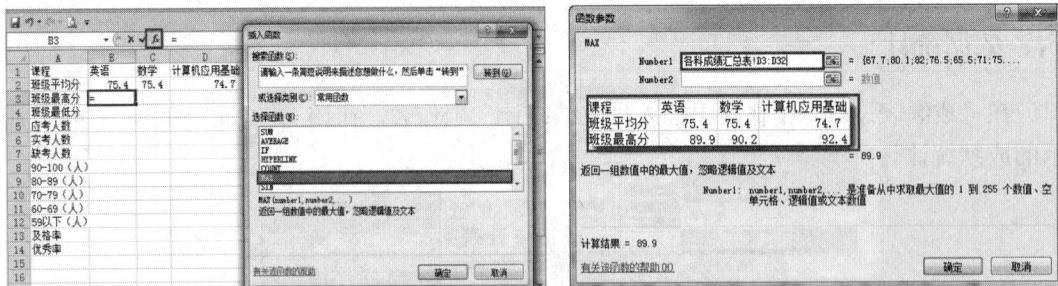

|(a) 在 B3 单元格插入函数 MAX|(b) 设置 MAX 函数参数|

图 4-40　计算各科成绩的最高分

3. 统计班级应考人数

单击 B5 单元格，再单击 fx，在弹出的"插入函数"对话框中选择 COUNT() 函数，再在"函数参数"对话框中的 Number1 中选择"各科成绩汇总表"的"英语"工作表的 D3 至 D32 列，即可算出英语的应考人数为 30 人，如图 4-41 所示。

	A	B	C	D	E	F
				=COUNT(各科成绩汇总表!D3:D32)		
1	课程	英语	数学	计算机应用基础		
2	班级平均分	75.4	75.4	74.7		
3	班级最高分	89.9	90.2	92.4		
4	班级最低分	62.5	62.1	64		
5	应考人数	30	30	30		

图 4-41　统计应考人数

4. 统计缺考人数

学生的缺考科目按常规都会记作"0"分，所以只要统计出该科成绩为"0"分的人数，就能算出缺考人数，如图 4-42 所示。

	A	B	C	D	E	F
				=COUNTIF(各科成绩汇总表!D3:D32,0)		
1	课程	英语	数学	计算机应用基础		
2	班级平均分	75.4	75.4	74.7		
3	班级最高分	89.9	90.2	92.4		
4	班级最低分	62.5	62.1	64		
5	应考人数	30	30	30		
6	缺考人数	0	0	0		

图 4-42　统计缺考人数

5. 统计实考人数

实考人数=应考人数−缺考人数。如图 4-43 所示。

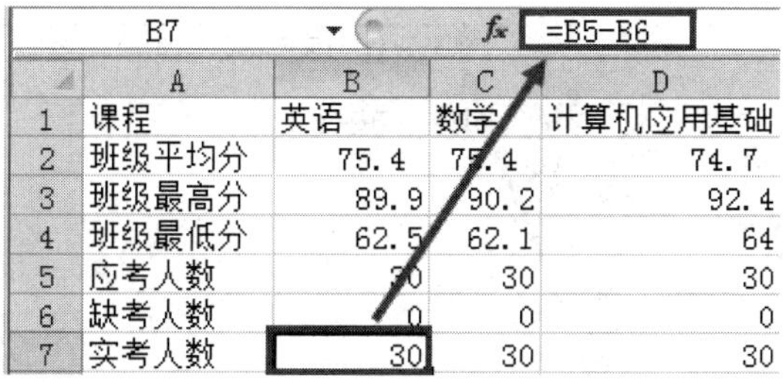

图 4-43　统计实考人数

6. 统计每门课程的各分数段的学生人数

利用 COUNTIF()函数进行带条件的统计，统计英语成绩在 90-100 之间的人数只要将统计条件设定为"＞=90"，B8 单元格公式为："=COUNTIF(各科成绩汇总表!D3:D32,">=90")"，而统计英语成绩在 80-89 之间人数则可以先统计所有大于等于 80 分的学生人数减去所有大于等于 90 分的人数即可，B9 单元格公式为："=COUNTIF(各科成绩汇总表!D3:D32,">=80")-B8"，依照同样的原理可以计算出另外分数段的人数分布，B10 单元格公式为"=COUNTIF(各科成绩汇总表!D3:D32,">=70")-B9-B8"，B11 单元格公式为："=COUNTIF(各科成绩汇总表!D3:D32,">=60")-B10-B9-B8"，B12 单元格公式为："=COUNTIF(各科成绩汇总表!D3:D32,"<60")"，如图 4-44 所示。

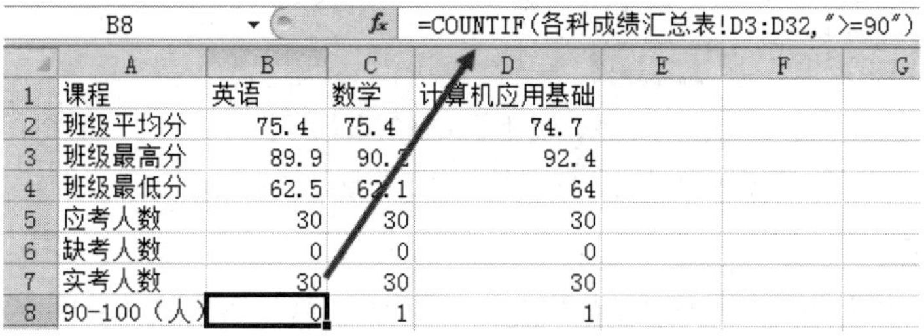

(a) 统计大于 90 分的人数

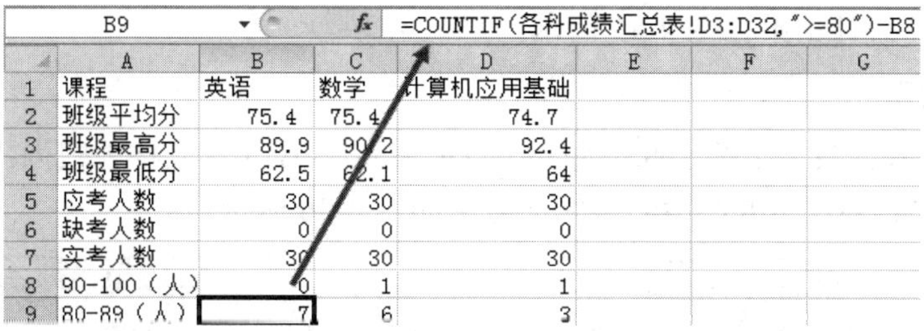

(b) 统计 80-89 分的人数

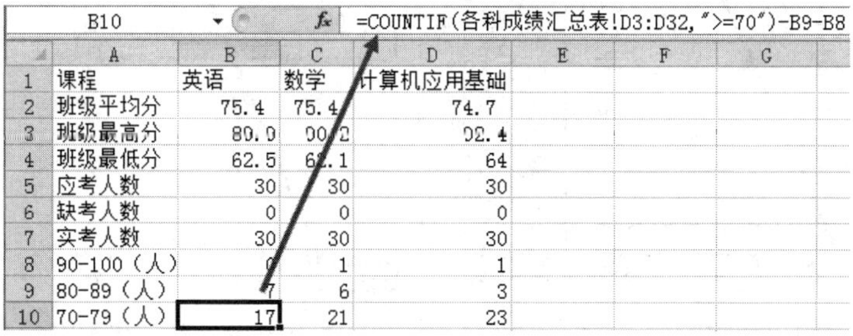

(c) 统计 70-79 分的人数

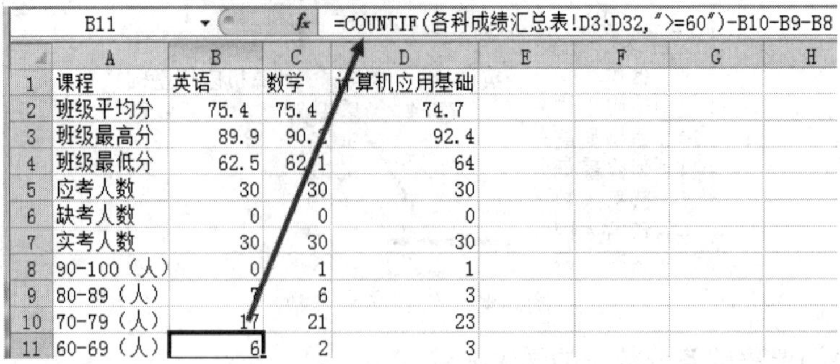

(d) 统计 60-69 分的人数

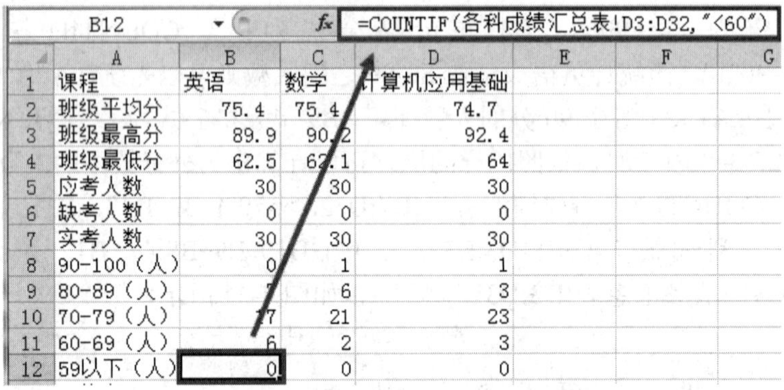

(e) 统计不及格的人数

图 4-44　统计每门课程的各分数段的学生人数

7. 计算及格率

及格率＝(应考人数－不及格人数)/应考人数，B13 单元格公式为："=(B5-B12)/B5"(为保证结果显示正常的百分数，应该对及格率和优秀率对应的单元格设置单元格格式数字项为"百分比")，统计结果如图 4-45 所示。

8.计算优秀率

优秀率＝所有分数大于等于 85 分的人数/实考人数。B14 单元格公式为："=COUNTIF(各科成绩汇总表!D3:D32,">=85")/B5"，统计结果如图 4-46 所示。

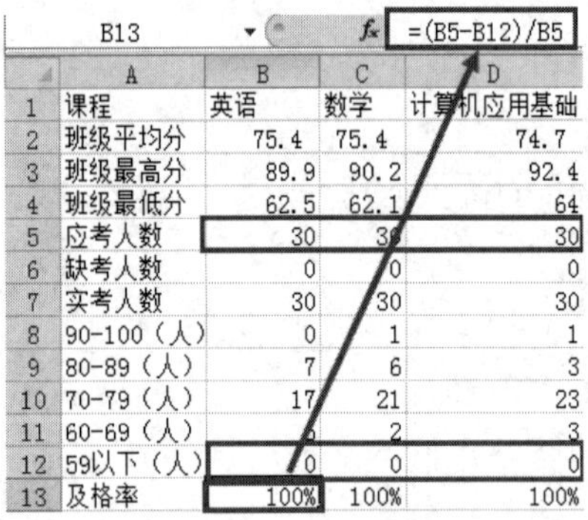

图 4-45　统计及格率

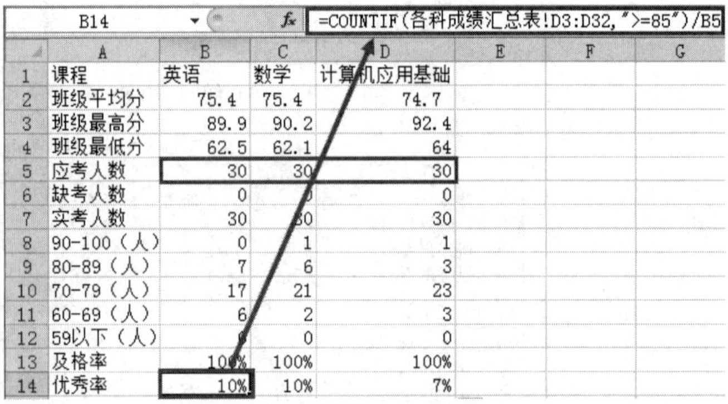

图 4-46　统计优秀率

七、用图表向导制作成绩统计表

利用工作表中的数据制作图表，可以更加清晰、直观和生动的表现数据。图表比数据更容易表达数据之间的关系以及数据变化的趋势。

学生成绩表
分布图制作

1. 制作成绩表中各分数段人数分布图表

要求：图表类型为"簇状柱形图"，数据系列产生在"列"，图表标题为"成绩统计"，分类(X 轴)为"分数"，数值(Y 轴)为"人数"，将图表"作为其中的对象插入"到"成绩统计"表中，样图如图 4-47 所示。

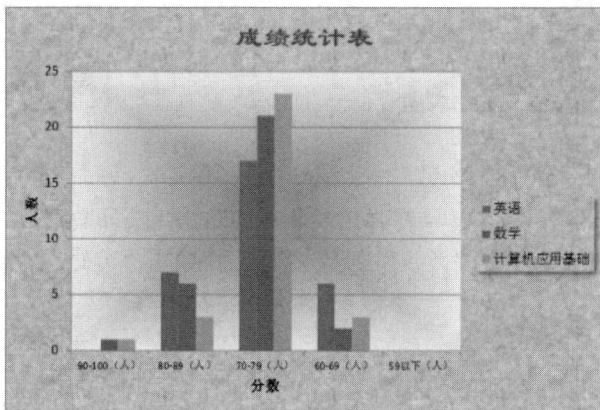

图 4-47 成绩统计图表

(1) 在"成绩统计"工作表中，框选 B9:D13 单元格(各科目各分数段统计的人数)，单击"插入"菜单，在其工具栏中选择■按钮，在弹出的下拉菜单中选择"簇状柱形图"，如图 4-48 所示。

(2) 在菜单栏选择"布局"，在其工具栏面板选择"图表标题"按钮，在弹出的下拉菜单中选择"图表上方"选项，在图表顶部会出现"图表标题"，将"图表标题"改为"成绩统计表"，如图 4-49 所示。

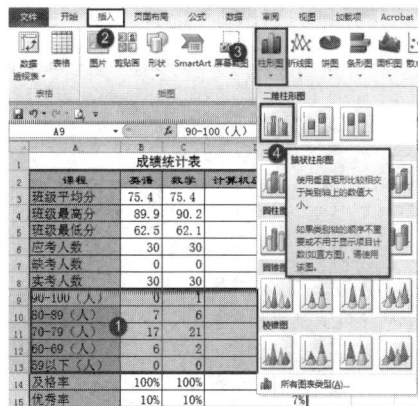

图 4-48 创建簇状柱形图

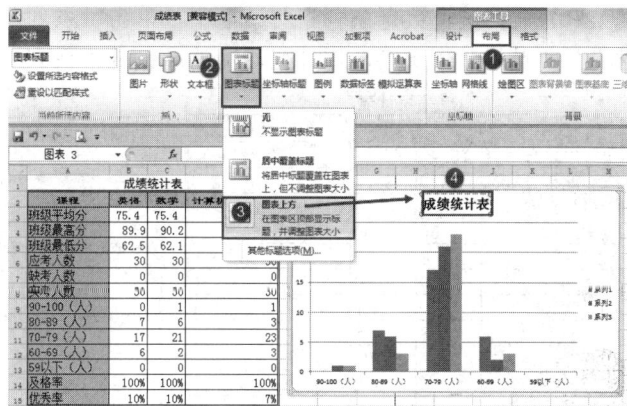

图 4-49 添加图表标题

(3) 与添加"图表标题"相同，在"布局"工具栏单击"坐标轴标题"→"主要横坐标轴标题"→"坐标轴下方标题",将"横坐标标题"改为"分数",如图 4-50 所示。

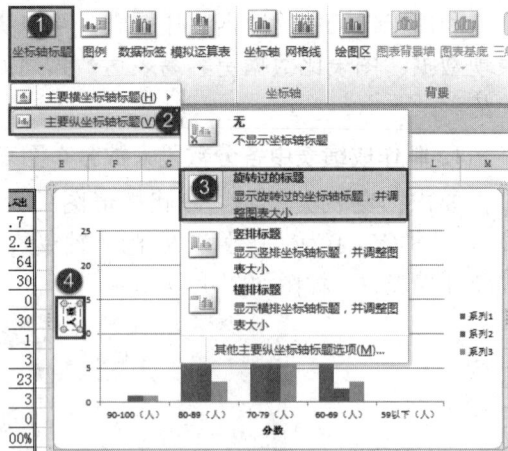

(4) 添加纵坐标轴标题"人数",如图 4-51 所示。

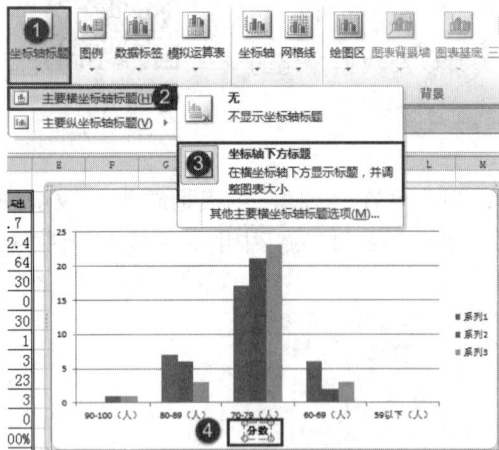

图 4-50　添加横坐标轴标题"分数"　　　　图 4-51　添加纵坐标轴标题"人数"

(5) 在图表区域单击鼠标右键,在弹出的菜单中单击"选择数据",在"选择数据源"对话框中,图例项默认为"系列 1""系列 2""系列 3",单击"编辑"按钮,如图 4-52 所示。

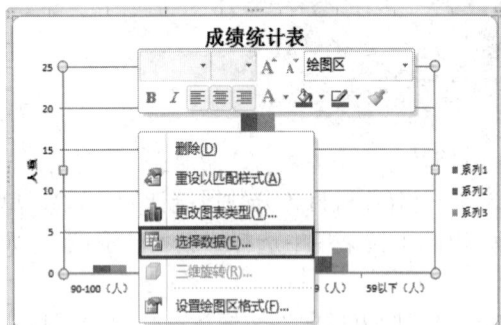

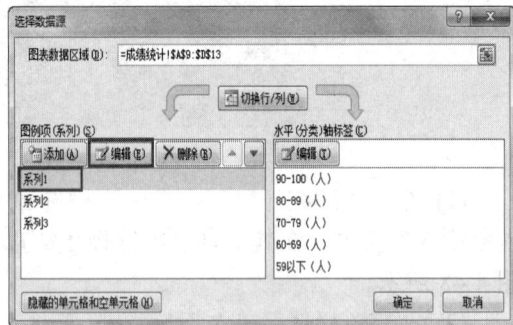

(a) 打开"选择数据"　　　　　　　　(b) "选择数据源"对话框

图 4-52　编辑图例"系列 1"

(6) 在"编辑数据系列"对话框中,单击"系列名称"的引用按钮 ,选择"成绩统计表"的"英语"表头字,此时图表中的图例的"系列 1"自动改为"英语",如图 4-53 所示。

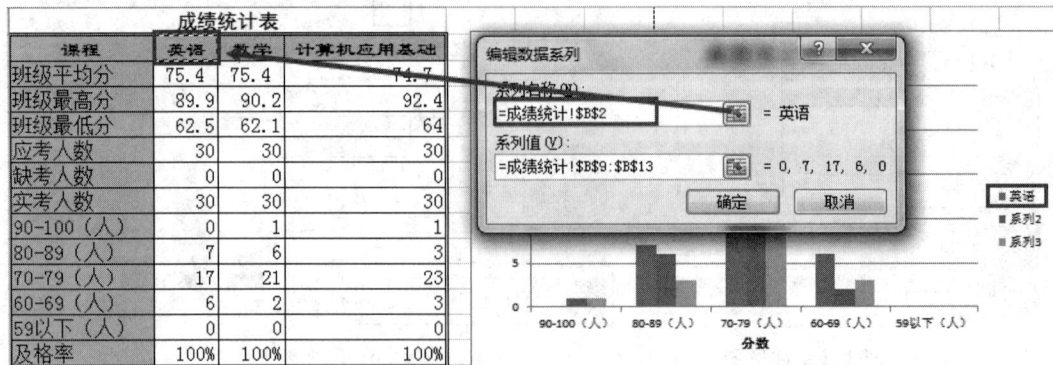

成绩统计表			
课程	英语	数学	计算机应用基础
班级平均分	75.4	75.4	74.7
班级最高分	89.9	90.2	92.4
班级最低分	62.5	62.1	64
应考人数	30	30	30
缺考人数	0	0	0
实考人数	30	30	30
90-100（人）	0	1	1
80-89（人）	7	6	3
70-79（人）	17	21	23
60-69（人）	6	2	3
59以下（人）	0	0	0
及格率	100%	100%	100%

图 4-53　设置图例系列为"英语"

（7）按相同方法把图例的"系列 2"改为"数学"，"系列 3"改为"计算机应用基础"，如图 4-54 所示。

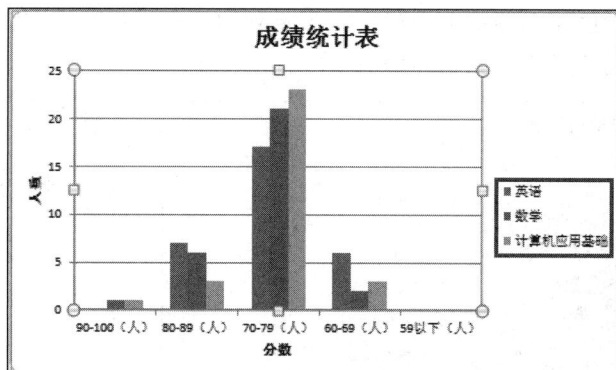

图 4-54　设置图例名称

✍ 说明

制作好的图表，其位置、大小及格式都可以调整。调整图表大小的方法是单击图表，使图表出于激活状态，拖动图表外框上的黑色控制点；移动图表的方法是单击图表中"图表区"的任意位置，按住鼠标拖动，将图表移动到目标位置后，释放鼠标。

Excel 中的图表类型相当丰富，标准类型有 14 种，每种图表类型中又包含了若干子类型，此外还有 20 种自定义类型，不同类型的图表可适用于不同特性的数据。

2. 修饰成绩表统计表中各分数段人数分布图表

要求：将图表的标题设置为隶书、20 号、红色、加粗；将图表区的填充效果设置为"粉色面巾纸"；将绘图区的填充效果设置为"雨后初晴"，底纹样式为"中心辐射"；为图例添加"阴影边框"。

（1）选择"成绩统计表"标题，在"开始"工具栏面板中设置隶书、20 号、红色、加粗，如图 4-55 所示。

（2）在图表区边缘位置单击鼠标右键，在弹出的菜单中选择"设置图表区域格式"，弹出"设置图表区域格式"对话框，选择"填充"→"图片或纹理填充"→"纹理"，在纹理库中选择"粉色面巾纸"，如图 4-56 所示。

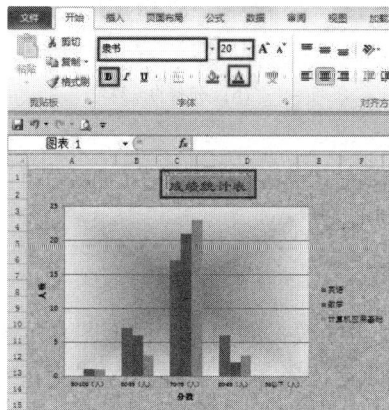

图 4-55　设置标题格式

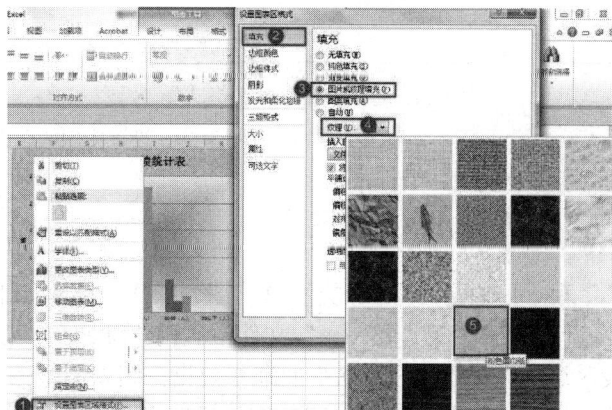

图 4-56　设置图表区域格式

(3) 在图表区域单击鼠标右键，在弹出的菜单中选择"设置绘图区格式"，在弹出的"设置绘图区格式"对话框中，单击"填充"，选择"渐变填充"选项，在"预设颜色"单击其下拉按钮，在预设颜色缩略图中选择第 1 行第 4 列的"雨后初晴"图案，此时绘图区域的颜色变成雨后初晴的放射状，如图 4-57 所示。

(a) 选择"设置绘图区格式"　　　　　　　(b) 填充"雨后初晴"的渐变色

图 4-57　设置绘图区填充"雨后初晴"的渐变色

(4) 在图表的图例区域单击鼠标右键，在弹出的菜单中选择"设置图例格式"，弹出"设置图例格式"对话框，选择"阴影"→"预设"，在阴影库中选择"外部""右下斜偏移"，如图 4-58 所示。

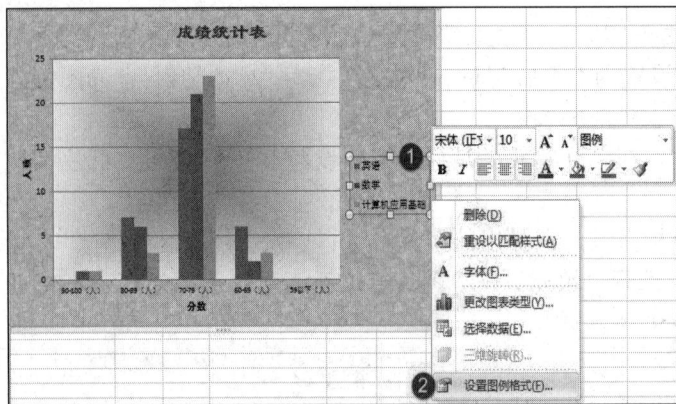

(a) 选择"设置图例格式"　　　　　　　　(b) 选择阴影样式

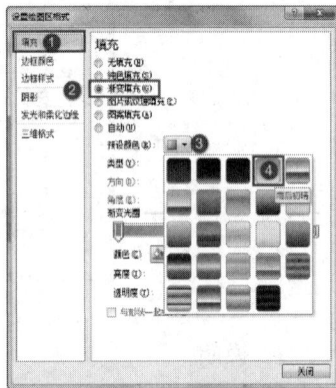

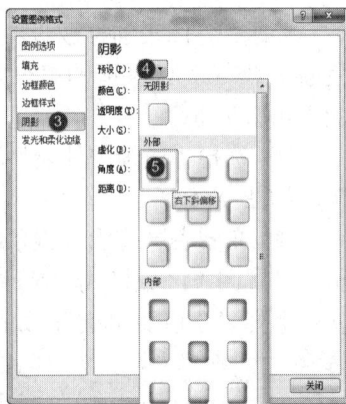

图 4-58　设置图例的阴影样式

📋 任务拓展

Excel 数据排序、分类汇总、图表操作，要求如下：

(1) 打开"习题 3.xlsx"文件，利用"Sheet1"工作表中的数据创建簇状柱形图表，图表区域填充为"红日西斜"的渐变效果；图表类型设定为"簇状条形图"；绘图区域填充为"雨后初晴"渐变效果；图例字体设置为"黑体"，字号为"10 磅"。

(2) 打开"习题 4.xlsx"文件，请将现有图表标题更改为"4101 本月贷方发生额"，图表类型更改为"数据点折线图"，添加 X 轴标题为月份，Y 轴标题为金额。

(3) 打开"工资表.xlsx"文件，完成如下操作：

① 在单元格 A1 内输入标题"新世界软件开发公司 2001 年 3 月份工资表"。

② 将标题设为黑体 16 号字，并将 A1:H1 区域合并居中，标题与表格间插入一空行。

③ 计算出每个人的"应发工资"和"实发工资"(应发工资＝基本工资＋岗位津贴＋奖励工资，实发工资＝应发工资－应扣工资)，并填入相应的单元格内。

④ 求除"编号"和"姓名"外其它栏目的合计和平均数，保留 2 位小数，填入相应单元格中。

⑤ 将所有信息按实发工资从高到低排序，并将前五人姓名用红色表示。

任务四　制作学生成绩通知单

📋 任务提出

每学期期末，辅导员都需要将学生的成绩及在校表现情况以成绩单的形式打印出来，并通过信件的方式寄给每个学生的家长，成绩单的格式是统一的，成绩来自各科成绩表，信封的邮寄信息来自学生花名册，请你帮老师完成成绩单及信封的制作。

学生成绩单制作

📋 知识准备

要制作成绩单，可用利用 Word 提供的邮件合并功能来完成，与邮件合并相关的知识如下：

一、邮件合并

"邮件合并"是在邮件文档(主文档)的固定内容中，合并与发送信息相关的一组数据，这些数据来自 Word、Excel 的表格或者 Access 数据表等数据源，从而批量生成需要的邮件文档，因此大大提高工作效率。

  ✍ 说明

"邮件合并"可以适用于以下操作：

(1) 批量打印信封：按统一的格式，将电子表格中的邮编、收件人地址和收件人打印出来。

(2) 批量打印信件：主要是换从电子表格中调用收件人，换一下称呼，信件内容基本固定不变。

(3) 批量打印请柬。

(4) 批量打印工资条：从电子表格中调用数据。

(5) 批量打印个人简历：从电子表格中调用不同字段数据，每人一页，对应不同信息。

(6) 批量打印学生成绩单：从电子表格成绩中取出个人信息，并设置评语字段，编写不同评语。

(7) 批量打印各类获奖证书：在电子表格中设置姓名、获奖名称和级别，在 Word 中设置打印格式并打印。

(8) 批量打印准考证、明信片、信封等。

二、邮件合并向导

在 Word 中提供了一个进行邮件合并的向导式工具，利用这个向导可以轻松地完成邮件合并。

三、主文档

主文档是在 Word 邮件合并操作中提供模板的文档，该文档中的文本和图形在合并后的文档中都相同。

四、数据源

数据源是包含要合并到文档中的信息的文件。

任务实施

在 Word 中制作好"成绩单"空白表，利用"邮件合并"功能将各科成绩中的数据合并到"成绩单"中，生成每位学生的成绩单，然后根据"学生名单.xlsx"文件中的数据，利用邮件合并生成每位学生的邮寄信封。

一、设计成绩单空白表(主控文档)

在 Word 中，制作一张如图 4-59 所示的空白"成绩单"模板，并保存在与"成绩表.xlsx"文件相同的文件夹中，同时将"成绩单.doc"文件处于打开状态。

二、打开数据源

(1) 在"成绩单.doc"文档中，选择"邮件"菜单→"开始邮件合并"→"邮件合并分步向导"，在窗口右侧出现"邮件合并"任务向导，单击"下一步：撰写信函"，如图 4-60 所示。

🐾 注意

"邮件合并"的设置在"邮件"菜单面板里，对于不常使用的菜单，Word 不会将其调用显示在面板上，只能通过用户自定义的方式启用该工具栏。在菜单栏任意位置单击鼠标右键，在弹出的下拉菜单中选择"自定义功能区"，在"Word 选项"对话框中，选择"自定义功能区"→"邮件"，确定后即可在 Word 的菜单栏显示出"邮件"菜单选项卡，如图 4-61 所示。

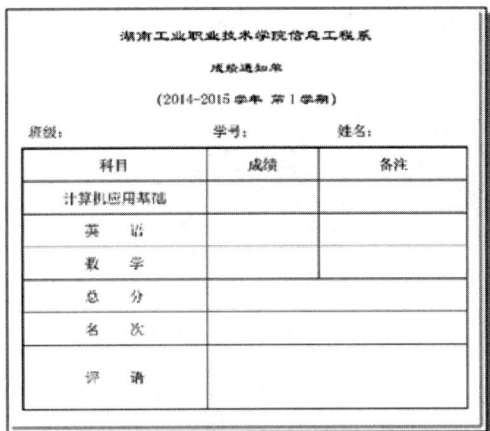

图 4-59 成绩单模板

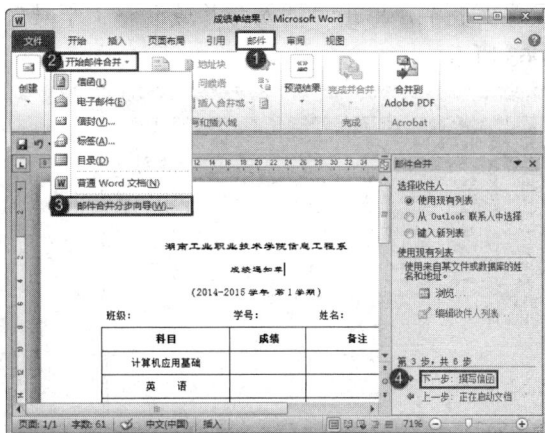

图 4-60 进入"邮件合并分步向导"

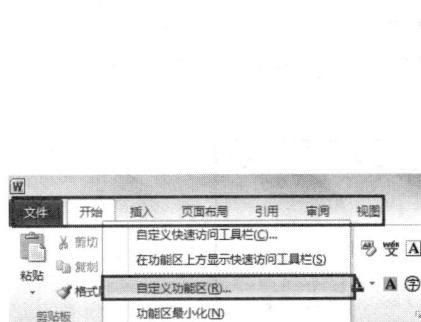

(a) 选择"自定义功能区"

(b) "Word 选项"对话框

图 4-61 启用"邮件"菜单选项卡

(2) 在"选取数据源"对话框中选择"成绩表.xlsx",单击"打开"按钮,打开"选择表格"对话框,选择"各科成绩汇总表$",单击"确定",如图 4-62 所示。

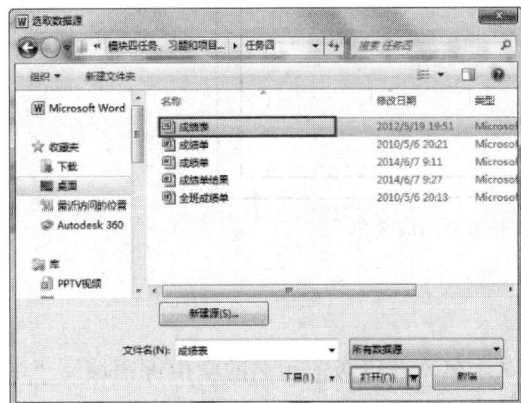

(a) 选择"成绩表.xlsx"

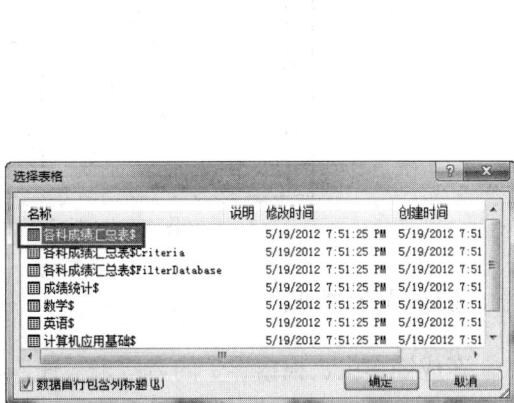

(b) "选择表格"对话框

图 4-62 选择"各科成绩汇总表"

(3) 在"邮件合并收件人"对话框中确认选取了所有记录(即记录前打钩),单击"确定"按钮,此时回到成绩单的文档,将光标定位在成绩单表格的"学号:"后,再在"邮件"工具栏面板中，单击“插入合并域”→“学号”，此时在“学号：”后出现“《学号》”，如图 4-63 所示。

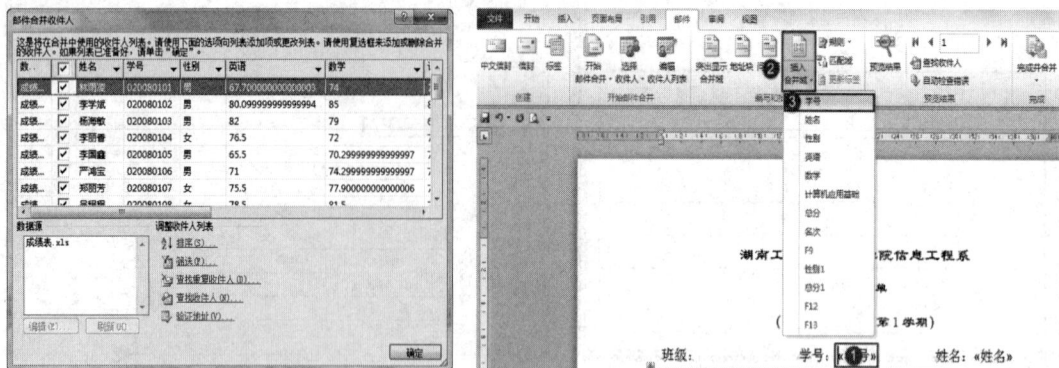

(a) “邮件合并收件人”对话框　　(b) 在“邮件”工具栏面板中单击“插入合并域”

图 4-63　插入“学号”合并域

(4) 按相同的步骤分别插入其他合并域：“《姓名》”“《计算机应用基础》”“《英语》”“《数学》”“《总分》”“《名次》”，如图 4-64 所示。

湖南工业职业技术学院信息工程系

成绩通知单

(2014-2015 学年 第 1 学期)

班级：　　学号：«学号» ❶　　姓名：«姓名» ❷

科目	成绩	备注
计算机应用基础	«计算机应用基础» ❸	
英　语	«英语» ❹	
数　学	«数学» ❺	
总　分	«总分» ❻	
名　次	«名次» ❼	
评　语		

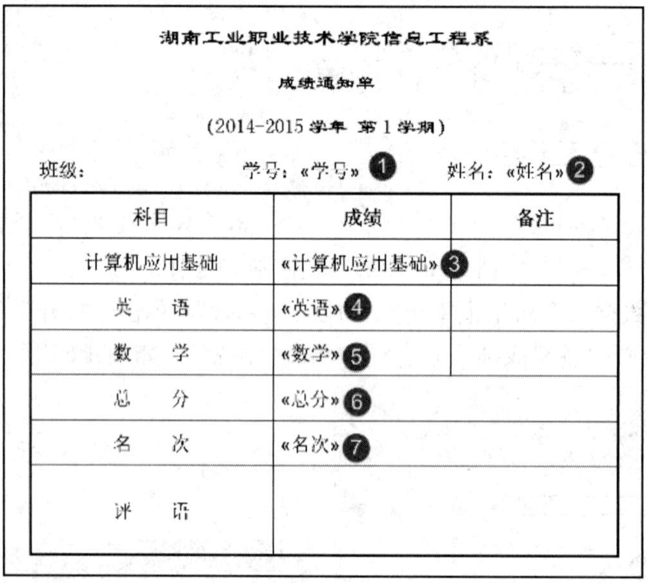

图 4-64　插入数据合并域后的成绩单

三、插入 Word 域

在成绩单中，根据学生的名次来写评语，对于名次在班级前十名的学生评语填写“考得还不错，再接再厉！”，十名以后的学生“评语”一栏填写“成绩有待提高，加油！”。

将插入点放在成绩单中最后一行“评语”右边列单元格中，在“邮件”菜单工具栏面板，单击“规则”→“如果…那么…否则…”，在弹出的“插入 Word 域：IF”对话框中，设置“域名”为“名次”，“比较条件”为“小于等于”，“比较对象”为“10”，“则插入此文字”输入“考得还不错，再接再厉！”，“否则插入此文字”输入“成绩有待提高，加油！"，如图 4-65 所示。

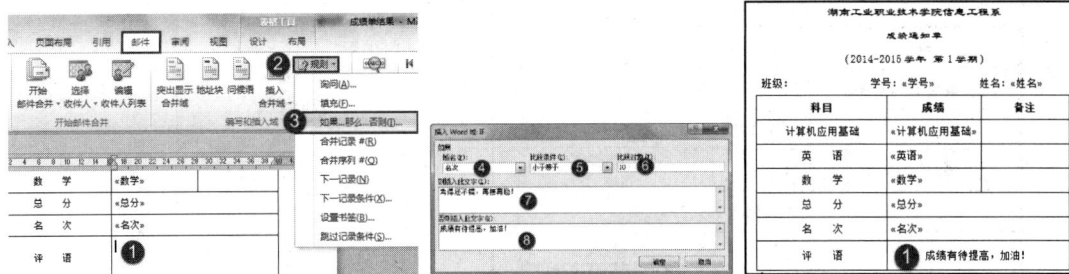

(a) 在"邮件"菜单工具栏单击"规则"　(b) "插入 Word 域"对话框　(c) 成绩通知单样图

图 4-65　插入 Word 域

📢 **注意**

在"插入 Word 域：IF"对话框中的两个文本框中输入文字时，每个文本框中只能输入一个段落的文字，不能多于一段，如果超过，可能会导致输入的逻辑混乱，使 Word 程序出现死循环，无法继续操作。

四、查看数据连接情况

在"成绩单"中插入了数据域后，"成绩单"与后台的数据源已经连接在一起了，单击"邮件"工具栏面板的"预览结果"按钮，可以看到在成绩单中各个数据域显示了第一个记录中的具体数据，如图 4-66 所示。

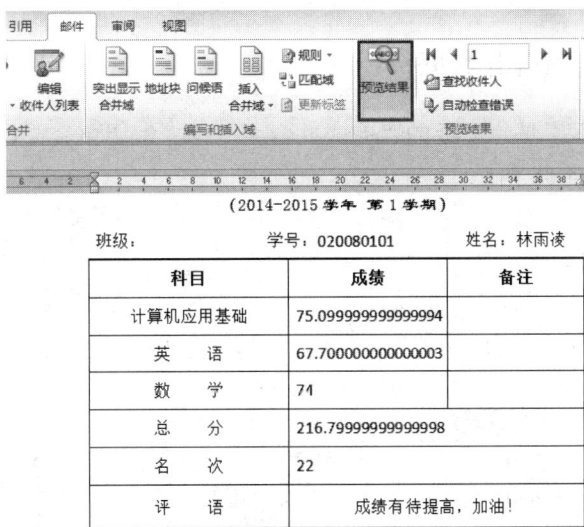

（2014-2015 学年　第 1 学期）

班级：　　　　学号：020080101　　　姓名：林雨凌

科目	成绩	备注
计算机应用基础	75.099999999999994	
英　语	67.700000000000003	
数　学	74	
总　分	216.79999999999998	
名　次	22	
评　语	成绩有待提高，加油！	

图 4-66　预览结果

✎ **说明**

在预览时发现课程成绩出现很多小数位，是因为在当前域中没有设定数据的精度，解决的方法是鼠标右键单击"数据域单元格"，选择"切换域代码"命令，将显示该单元格的域代码，在域代码的结尾增加精度设置(英文状态下输入)"\\#0.0"，如图 4-67 所示，表示该单元格的精度是保留小数点后 1 位小数，输入完成后点右键选择"更新域"命令即可。

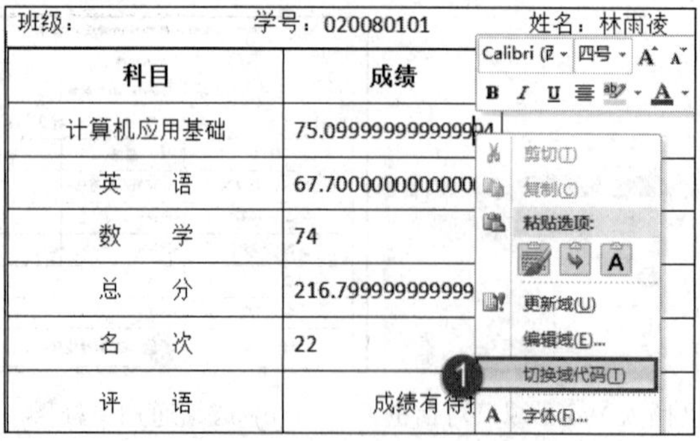

(a) 选择"切换域代码"命令

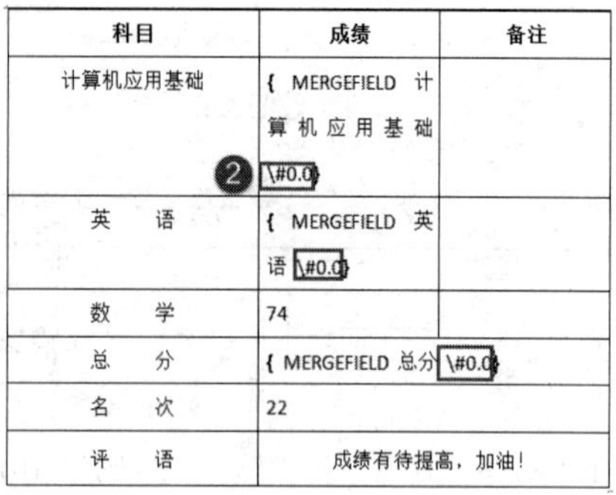

(b) 设置分数值精度

(c) 选择"更新域"命令

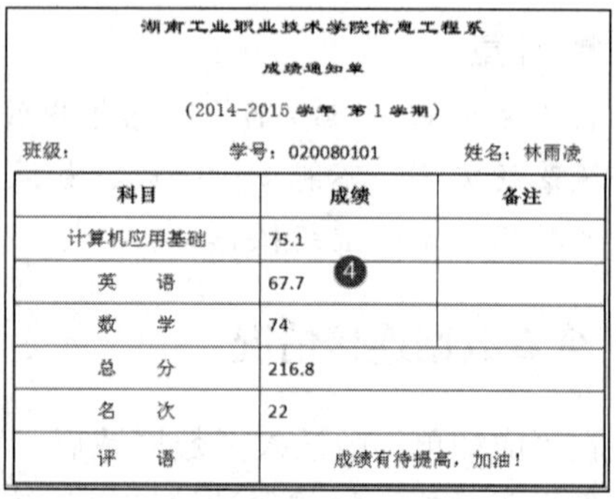

(d) 成绩通知单样图

图 4-67　在域代码中设置数据精度

五、生成学生成绩单(合并数据)

(1) 单击"邮件"工具栏面板的"完成并合并"→"编辑单个文档"，弹出"合并到新文档"对话框，如图 4-68 所示。

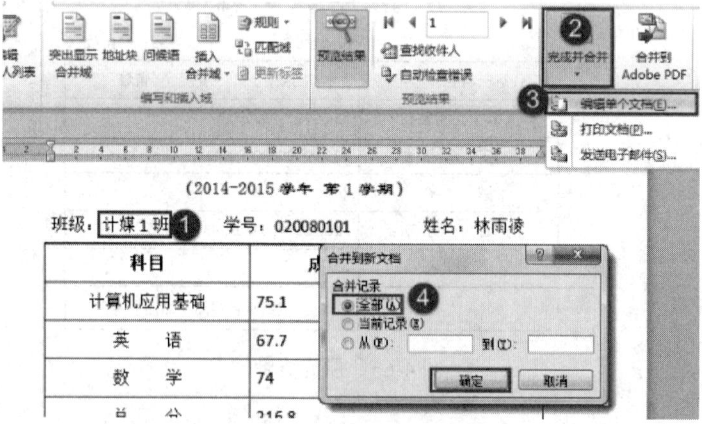

图 4-68　合并到新文档图

(2) 选择"全部"选项，单击"确定"按钮。Word 开始合并文档，并产生包括全部记录在内的新文档，系统自动命名为"信函 1"。浏览新文档，可以看到每页都是一个学生的成绩单，如图 4-69 所示。

湖南工业职业技术学院信息工程系

成绩通知单

(2014-2015 学年 第 1 学期)

班级：计媒 1 班 学号：020080101 姓名：林雨凌

科目	成绩	备注
计算机应用基础	75.1	
英 语	67.7	
数 学	74	
总 分	216.8	
名 次	22	
评 语	成绩有待提高，加油！	

(a) 学生成绩单样图 1

湖南工业职业技术学院信息工程系

成绩通知单

(2014-2015 学年 第 1 学期)

班级：计媒 1 班 学号：020080102 姓名：李学斌

科目	成绩	备注
计算机应用基础	83.9	
英 语	80.1	
数 学	85	
总 分	249.0	
名 次	3	
评 语	考得还不错，再接再励！	

(b) 学生成绩单样图 2

图 4-69 生成学生成绩单“信函 1”

(3) 将“信函 1.doc”文档更名为“全班成绩单.doc”，保存在与数据源同一文件夹中。

✍ 说明

若单击“邮件合并”工具栏上的“合并到打印机”按钮，则将数据直接合并后打印输出。在合并数据时，除了可以合并“全部”记录外，还可以只合并“当前记录”，或者合并指定范围内的部分记录。

任务拓展

制作某小区水电费催缴通知。要求如下：

打开文档“缴费通知 5.doc”，以当前文档为邮件合并主文档，套用信函的形式创建主文档，打开数据源“业主信息.xlsx”，在当前主文档的适当位置分别插入合并域“姓名”“电话号码”“欠费月数”“欠费金额”。

模 块 小 结

本模块以学生花名册这个表格为载体，从 Excel 的基础应用和高级应用两方面阐述了 Excel 的操作方法，在基础应用部分介绍了数据的录入、工作簿的建立以及单元格的格式设置等制作表格的方法，以及工作表的更名、工作表的复制和移动、单元格计算、单元格数据复制和粘贴等表格的基本操作方法，最后介绍了利用邮件合并功能生成学生成绩单和信封的操作步骤。

课后练习题

1. 在 Excel 2016 中，若某一单元格出现错误值“#NAME?”，可能的原因是(　　)。

A. 公式里使用了 Excel 2016 不能识别的文本

B. 单元格所含有的数字、日期或时间比单元格宽，或者单元格的日期时间公式产生了一个负值

C. 使用了错误的参数或运算对象的类型，或者公式自动更正功能不能更正公式

D. 公式或函数中的某个数字有问题

2. 迷你图类似于图表功能，简单地以一个图表的样子在一个单元格内显示出指定单元格区域内一组数据的变化，下列(　　)不是迷你图的样式。

　　A. 散点图　　　　　B. 柱形图　　　　　C. 盈亏图　　　　　D. 折线图

3. 在 Excel 2016 中，A1 单元格的值为张三，B2 单元格的值为 95，在 C3 单元格中输入=A1&"数学成绩为"&b2&"分"，其显示值为(　　)。

　　A. 张三数学成绩为 95 分　　　　　B. =A1&"数学成绩为"&B2&"分"

　　C. 张三"数学成绩为"95"分"　　　D. A1 数学成绩为 B2 分

4. 以下不属于 Excel 2016 中的算术运算符的是(　　)。

　　A. =　　　　　　　B. %　　　　　　　C. ^　　　　　　　D. /

5. 在 Excel 2016 中，下列关于对工作簿的说法错误的是(　　)。

A. 默认情况下，一个新的工作簿包含 3 个工作表

B. 默认情况下，一个新的工作簿包含 1 个工作表

C. 可以根据需要增加或删除工作表

D. 可以根据自己的需要更改新工作簿中工作表的数目

6. Excel 2016 中行标题用数字表示，列标题用字母表示，那么第 9 行第 28 列的单元格地址表示为(　　)。

　　A. AB9　　　　　B. BA9　　　　　C. 9BA　　　　　D. 9AB

7. 关于公式"=SUM(A2:C2，B1:B10)"的计算结果，下列说法正确的是(　　)。

A. A2 到 C2 单元格的和与 B1 到 B10 单元格的和相加的总和

B. B2 单元格的值

C. A2 到 C2 单元格的和

D. B1 到 B10 单元格的和

8. 关于公式"=SUM(A2:C2:B1:B10)"和"=SUM(A2:C2，B1:B10)"，下列说法正确的是(　　)。

　　A. 两个公式写法都对　　　　　B. 第一个公式写错了

　　C. 第二个会公式写错了　　　　　D. 计算结果一样

9. 在 Excel 2016 中，已知工作表中 C3 单元格的值为 0，D4 单元格的值为 5，在 C4 单元格输入"5C35D"，则 C4 单元格显示的值是(　　)。

　　A. 5C35D　　　　B. 25　　　　　C. 0　　　　　D. C35D4

10. 一个工作簿最多可以包含(　　)个工作表。

　　A. 255　　　　　B. 63　　　　　C. 3　　　　　D. 256

11. 在使用单条件排序的过程中，用户可以自己设置排序依据。在 Excel 2016 中，以下(　　)不能作为排序的依据。

　　A. 字体大小　　　　　　　　　　B. 字体颜色

C. 单元格颜色　　　　　　　　　　D. 单元格图标

12. 关于工作簿，下列说法正确的是(　　)。

A. 工作簿是由工作表组成的　　　　B. 工作簿是有单元格组成的

C. 工作表可以单独存盘　　　　　　D. 一个工作簿可以增加任意多个工作表

13. 在 Excel 2016 中，下列关于图表的说法错误的是(　　)。

A. 可以调整图表趋势和走向　　　　B. 可以删除数据系列

C. 可以更改图表坐标轴的显示　　　D. 可以更改图表类型

14. 在 Excel 2016 中，如果输入一串文本型数字 262500，则下列输入方法正确的是(　　)。

A. '262500　　　B. 262500　　　C. 0262500　　　D. 0262500

15. Excel 的工作表最多有(　　)行。

A. 1048576　　　B. 16384　　　C. 32767　　　D. 63

16. 下列有关 Excel 2016 工作簿的默认扩展名的叙述正确的是(　　)。

A. xlsxx　　　B. xltm　　　C. xlmx　　　D. xltx

17. Excel 2016 的工作表最多有(　　)列。

A. 16384　　　B. 255　　　C. 63　　　D. 32767

18. 在 Excel 工作表的某单元格中输入"5/7"，单元格中显示结果为(　　)。

A. 5 月 7 日　　　B. 5/7　　　C. 7 月 5 日　　　D. 5-7

19. 下列选项不属于"设置单元格格式"对话框"数字"选项卡的是(　　)。

A. 数码　　　B. 文本　　　C. 日期　　　D. 分数

20. 在 Excel 2016 中，如果在"筛选"中选定了性别中的"男"，表中将显示全部是男性的数据，则一下说法正确的是(　　)。

A. 所有性别为"女"的数据暂时隐藏，还可恢复

B. 本表中性别为"女"的数据全部丢失

C. 在此基础上不能再做其他条件的筛选

D. 筛选只对字符型数据起作用

21. 在 Excel 2016 中，对数据表做分类汇总前，必须先(　　)。

A. 对要分类的字段进行排序　　　　B. 按任意字段排序

C. 对要分类的字段进行筛选　　　　D. 对要分类的字段进行查询

22. 在 Excel 2016 中，单元格区域指的是由多个相邻单元格形成的矩形区域，用(　　)可以表示左上角为 A1 开始到右下角为 E5 的矩形区域。

A. A1:E5　　　B. A1/E5　　　C. A1, E5　　　D. A1;E5

23. 在 Excel 2016 中，对数据表做分类汇总前，必须先(　　)。

A. 对要分类的字段进行排序　　　　B. 对要分类的字段进行筛选

C. 对要分类的字段进行查询　　　　D. 按任意字段排序

24. 在 Excel 中，在一个单元格内按 Ctrl＋分号或 Ctrl＋Shift＋分号，则该单元格显示的数值类型为(　　)。

A. 日期和时间型　　　　　　　　　B. 出错

C. 文本型　　　　　　　　　　　　D. 数字型

25. 在 Excel 2016 的工作界面中，(　　)将显示在名称框中。

A. 活动单元格地址　　　　　　　B. 行号

C. 列标　　　　　　　　　　　　D. 工作表名称

26. 在 Excel 2016 中，下列关于图表的说法错误的是(　　)。

A. 可以更改图表类型　　　　　　B. 可以更改图表坐标轴的显示

C. 可以删除数据系列　　　　　　D. 可以调整图表趋势和走向

27. 在 Excel 2016 中，不可以同时对多个工作表进行的操作的是(　　)。

A. 重命名　　　　B. 删除　　　　C. 复制　　　　D. 移动

28. 下列关于 Excel 2016 单元格的说法错误的是(　　)。

A. 单元格名称(也成单元格地址)由列标和行号来标识，行号在前，列标在后

B. 单元格是电子表格软件处理数据的最小单位

C. 单元格用于显示和存储用户输入的所有内容

D. 单元格是工作表中行和列交叉的部分，是工作表最基本的数据单元

29. 在 Excel 中，某单元格内容为"第一章"，向右拖动该单元格连续填充 3 个单元格，其内容为(　　)。

A. 第一章、第一章、第一章　　　B. 第一章、第二章、第三章

C. 第二章、第三章、第四章　　　D. 以上都不对

30. 在 Excel 2016 中，下列关于排序的说法错误的是(　　)。

A. 在 Excel 2016 中进行排序操作是，最多可按照三个关键词景象排序

B. 可以按自定义序列或格式(包括单元格颜色、字体颜色或单元格图标)进行排序

C. 可以按列进行排序，也可以按行进行排序

D. 可以对一列或多列中的数据按文本、数字或日期和时间(升序或降序)进行排序

模块五　　PowerPoint 应用

PowerPoint 是 Microsoft Office 2010 的组件之一，主要用于制作、播放幻灯片。应用该软件可以方便地在幻灯片中输入和编辑文本、表格、组织结构图、剪贴画、艺术字、图片对象和公式对象等。为了加强演示效果，还可以在幻灯片中插入声音对象或视频对象等。使用 PowerPoint，用户可以轻松地制作出内容丰富、图文并茂、层次分明、形象生动的演示文稿。

任务一　制作电子相册

任务提出

校摄影社团在今年的摄影比赛结束后，希望可以借助 PowerPoint 将优秀作品在社团活动中进行展示，并将摄影作品制作成电子相册在网上发布。

制作电子相册

知识准备

在 PowerPoint 中完成制作任务，摄影作品电子相册样文如图 5-1 所示。

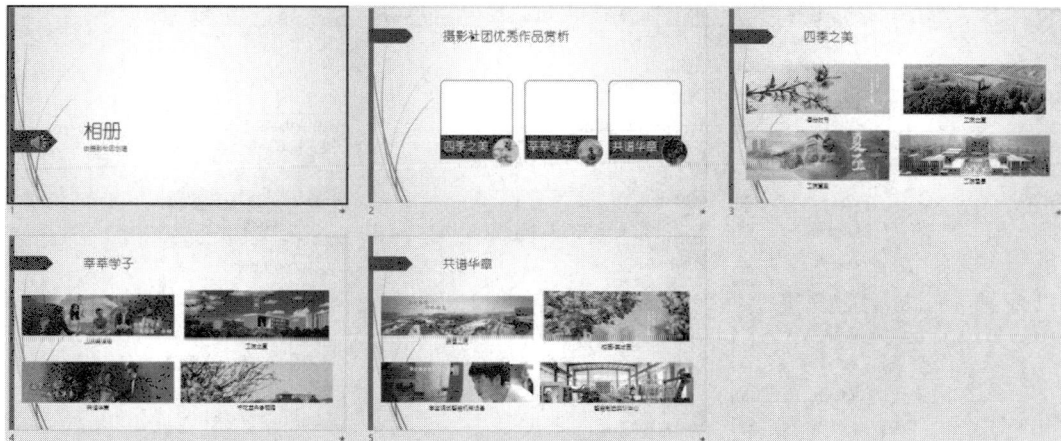

图 5-1　摄影作品电子相册 PPT 样文

制作电子相册主要包括以下知识：

一、母版

母版是存储有关设计模板信息的幻灯片，包括字形、占位符大小或位置、背景设计和配色方案。简单地说，母版就是幻灯片的外观设计方案。

选择"视图"菜单，在"母版视图"工具组中包含"幻灯片母版""讲义母版"和"备注母版"三个图标，如图 5-2 所示。

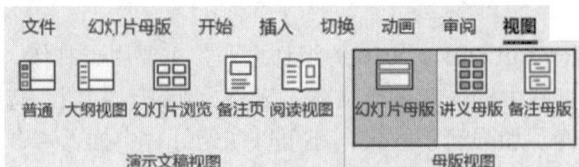

图 5-2　母版视图选项

选择"幻灯片母版"选项，功能区即可切换到"幻灯片母版"菜单，如图 5-3 所示。

图 5-3　"幻灯片母版"工具栏

如果菜单栏没有"幻灯片母版"选项，可以在菜单栏上空白处单击鼠标右键，在弹出的菜单中选择"自定义功能区"，在弹出的"PowerPoint 选项"对话框中勾选窗口右边的"幻灯片母版"复选框，按"确定"按钮后，菜单栏上即可出现"幻灯片母版"选项，如图 5-4 所示。

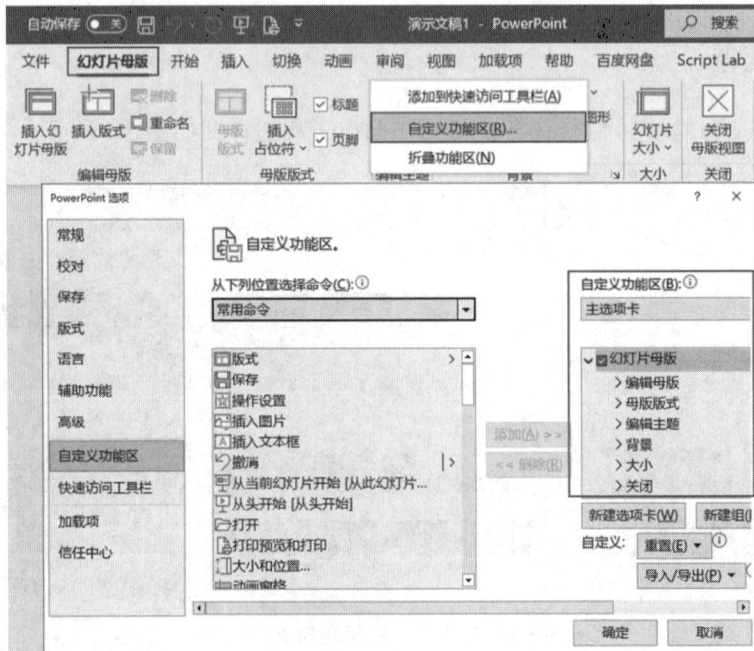

图 5-4　加载"幻灯片母版"菜单项

　　"幻灯片母版"和"标题母版"所提供的背景和文本方案，赋予了演示文稿一个总体上协调一致的外观，使用户不必单独格式化每一张幻灯片。如果更改"幻灯片母版"的配色方案或在母版上添加图形，则该文档中的每一张幻灯片都会随之改变。

二、模板

　　模块是包含演示文稿样式的文件，包括项目符号、字体的类型和大小、占位符的大小和位置、背景的设计和填充、配色方案以及幻灯片母版和可选的标题母版。简单地说，模板就是包含一个完整演示文稿框架的文件，实际上就是一系列母版的有机组合。将模板应用到演示文稿中时，新模板的母版和配色方案将取代原演示文稿的母版和配色方案。

三、占位符

　　占位符是一种带有虚线或阴影线边缘的框，绝大部分幻灯片版式中都有这种框。在这些框内可以放置标题及正文，或者是图表、表格和图片等对象。

四、版式

　　版式是指幻灯片内容在幻灯片上的排列方式，它规定了母版的界面布局。版式由占位符组成，而占位符可放置文字(如标题和项目符号列表)和幻灯片内容(如表格、图表、图片、形状和剪贴画)等。

任务实施

　　制作"电子相册"分为以下步骤：

　　(1) 利用 PowerPoint 应用程序创建一个摄影作品集，并包含题目提供的 12 幅摄影作品。在每张幻灯片中包含 4 张图片，并将每幅图片设置为"居中矩形阴影"相框形状。

　　(2) 设置 PPT 主题为"丝状主题.thmx"样式。

　　(3) 为相册中每张幻灯片设置不同的切换效果。

　　(4) 在标题幻灯片后插入一张新的幻灯片，将该幻灯片设置为"标题和内容"版式。在该幻灯片的标题位置输入"摄影社团优秀作品赏析"，并在该幻灯片的内容文本框中输入 3 行文字，分别为"四季之美""莘莘学子"和"共谱华章"。

　　(5) 将"四季之美""莘莘学子"和"共谱华章"3 行文字转换为样式为"蛇形图片重点列表"的 SmartArt 对象，并将"春分时节""工院英语角"和"共谱华章"定义为该 SmartArt 对象的显示图片。

　　(6) 为 SmartArt 对象添加自左至右的"擦除"进入动画效果，并要求在幻灯片放映时该 SmartArt 对象元素可以逐个显示。

　　(7) 在 SmartArt 对象元素中添加幻灯片跳转链接，使得单击"四季之美"标注形状可跳转至第 3 张幻灯片，单击"莘莘学子"标注形状可跳转至第 4 张幻灯片，单击"共谱华章"标注形状可跳转至第 5 张幻灯片。

　　(8) 将"捕梦网.mp3"声音文件作为该相册的背景音乐，并在幻灯片放映时开始播放。

(9) 保存"相册.pptx"文件。

具体实现如下：

(1) 打开 Microsoft Power Point 2016 应用程序，新建"空白演示文稿"，单击"插入"选项卡下"图像"组中的"相册"按钮，弹出"相册"对话框，如图 5-5 所示。

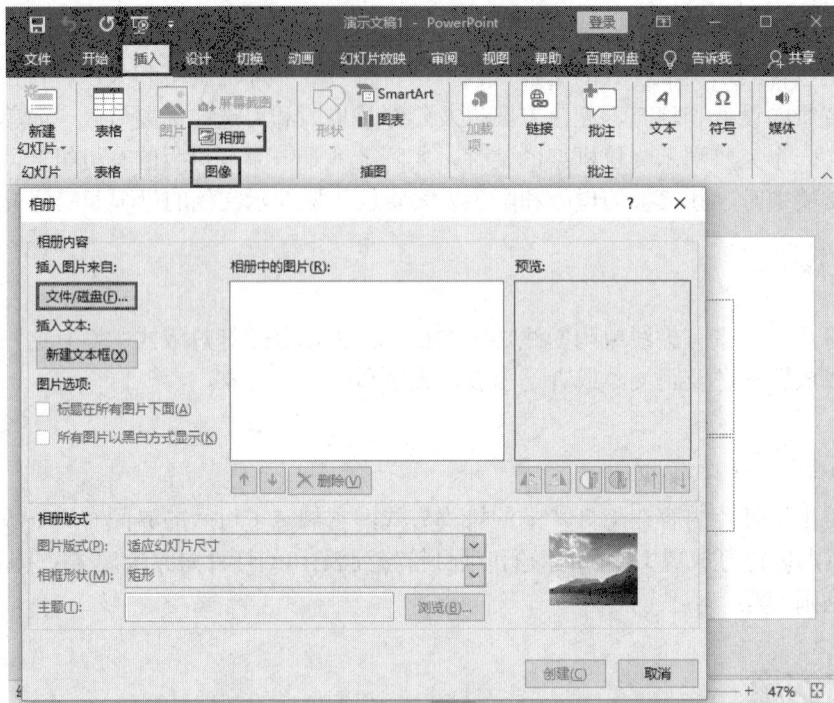

图 5-5　插入相册

(2) 单击"文件/磁盘"按钮，弹出"插入新图片"对话框，选中素材提供的 12 张图片，单击"插入"按钮，如图 5-6 所示。

图 5-6　插入图片

（3）返回"相册"对话框，在"相册版式"下拉列表中选择"4 张图片(带标题)"，"相框形状"选择"居中矩形阴影"，"主题"选择素材文件提供的"丝状主题.thmx"，在"图片选项"下面勾选"标题在所有图片下面"，单击"创建"按钮，如图 5-7 所示。

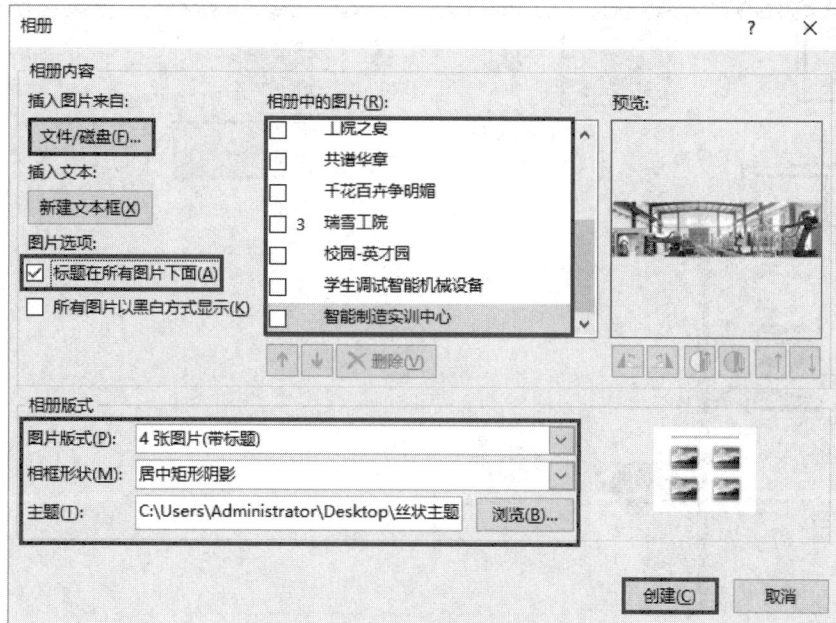

图 5-7　设置相册对话框

（4）依次选中每张图片，单击鼠标右键，在弹出的快捷菜单中选择"设置图片格式"，在右侧弹出"设置图片格式"对话框，展开"阴影"选项卡，在"预设"下拉列表框中选择"内部居中"命令后单击"确定"按钮，如图 5-8 所示。

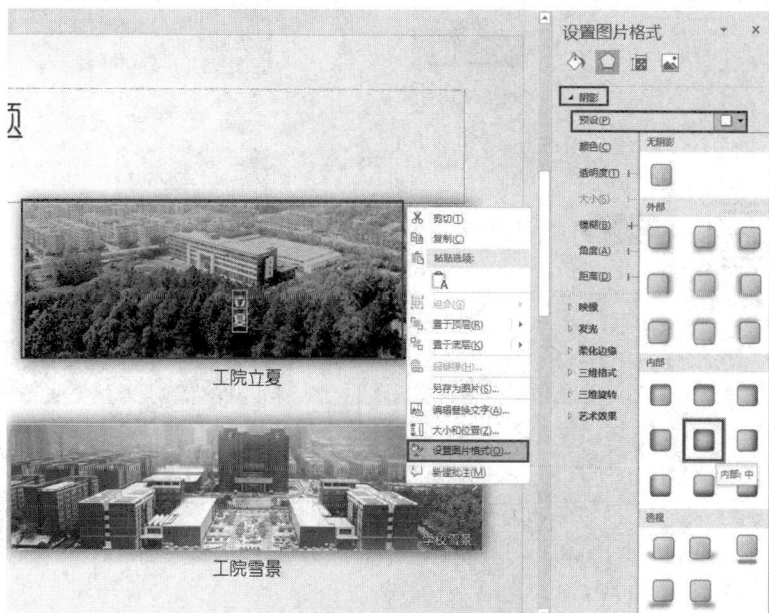

图 5-8　设置图片格式

（5）选择第 1 张幻灯片，在"切换"选项卡下"切换到此幻灯片"组中选择"淡入/淡出"，设置"效果选项"为"平滑"，单击"预览"观看切换效果，如图 5-9 所示。

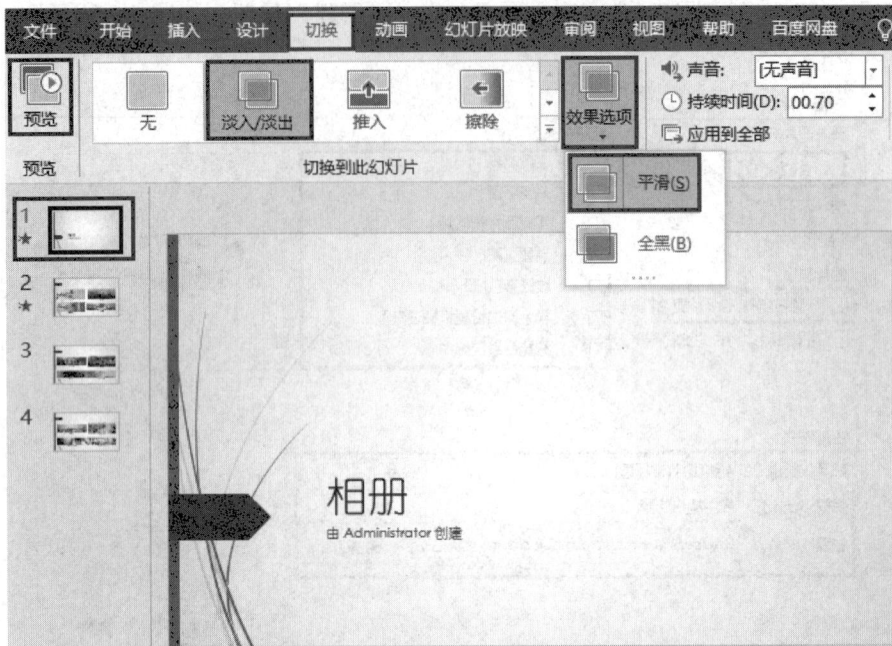

图 5-9　设置第 1 张幻灯片切换效果

（6）选择第 2 张幻灯片，在"切换"选项卡下"切换到此幻灯片"组中选择"推入"，设置"效果选项"为"自左侧"，单击"预览"观看切换效果，如图 5-10 所示。

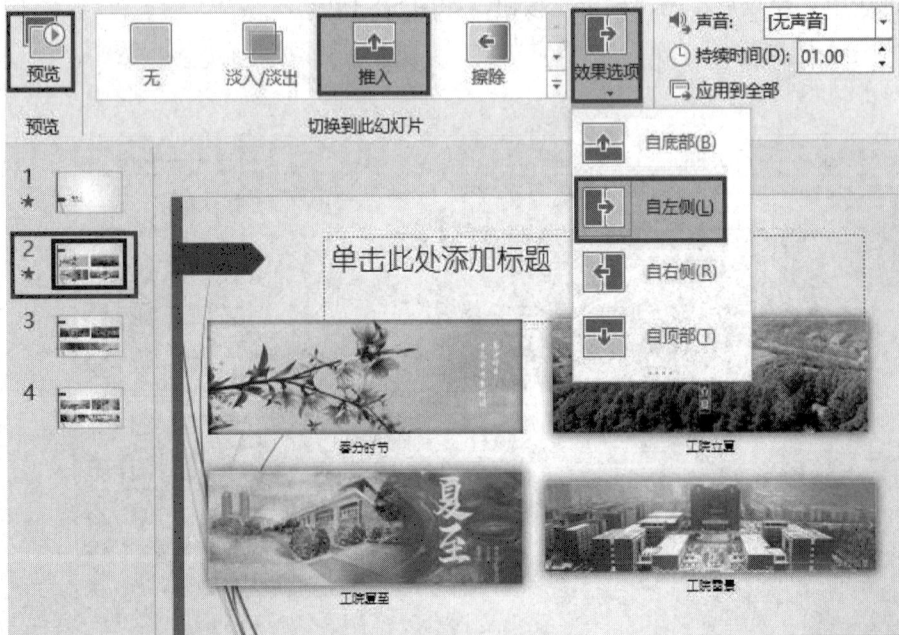

图 5-10　设置第 2 张幻灯片切换效果

(7) 选择第 3 张幻灯片，在"切换"选项卡下"切换到此幻灯片"组中选择"擦除"，设置"效果选项"为"自顶部"，单击"预览"观看切换效果，如图 5-11 所示。

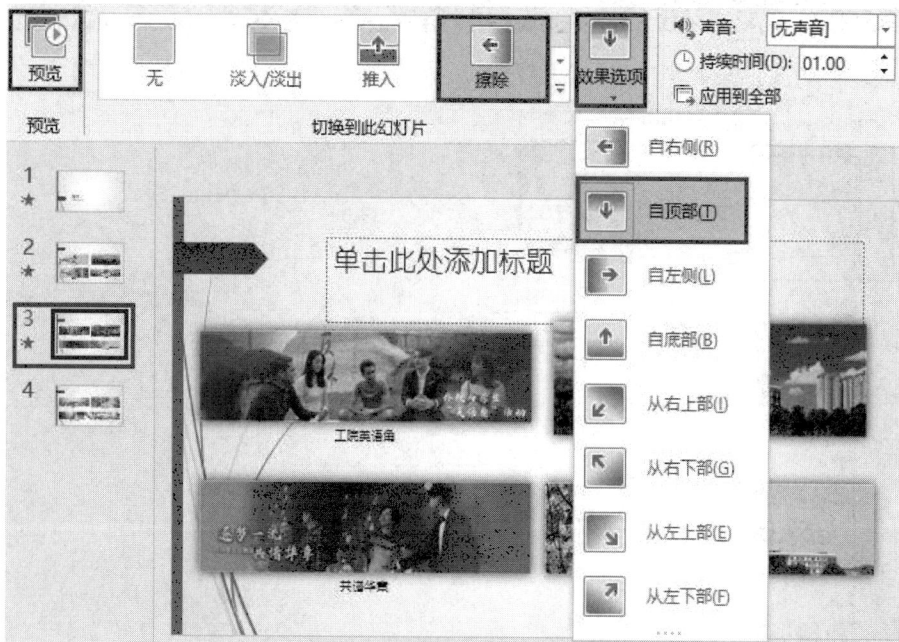

图 5-11　设置第 3 张幻灯片切换效果

(8) 选择第 4 张幻灯片，在"切换"选项卡下"切换到此幻灯片"组中选择"分割"，设置"效果选项"为"中央向上下展开"，单击"预览"观看切换效果，如图 5-12 所示。

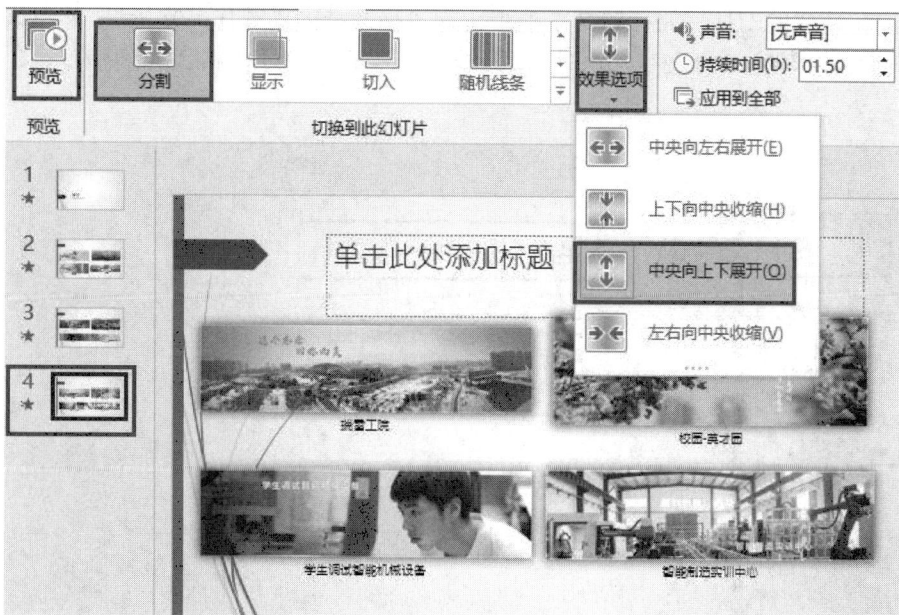

图 5-12　设置第 4 张幻灯片切换效果

(9) 选择第 1 张主题幻灯片，单击"开始"选项卡下"幻灯片"组中的"新建幻灯片"按钮，在弹出的下拉列表中选择"标题和内容"，如图 5-13 所示。

图 5-13　新建幻灯片

(10) 在新建的幻灯片的标题文本框中输入"摄影社团优秀作品赏析"，并在该幻灯片的内容文本框中输入 3 行文字，分别为"四季之美""莘莘学子"和"共谱华章"，如图 5-14 所示。

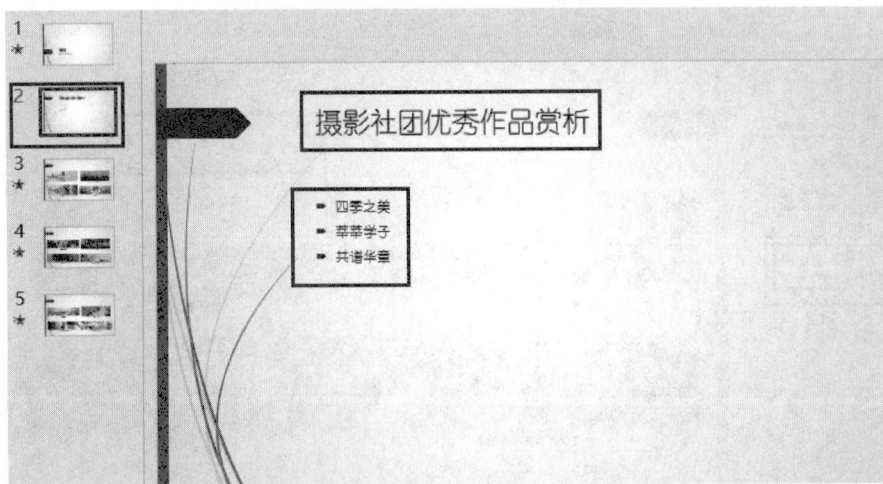

图 5-14　在新幻灯片中输入文字

(11) 选中"四季之美""莘莘学子"和"共谱华章"3 行文字，单击"开始"选项卡下"段落"组中的"转化为 SmartArt"按钮，在弹出的下拉列表中选择"蛇形图片重点列表"，如图 5-15 所示。

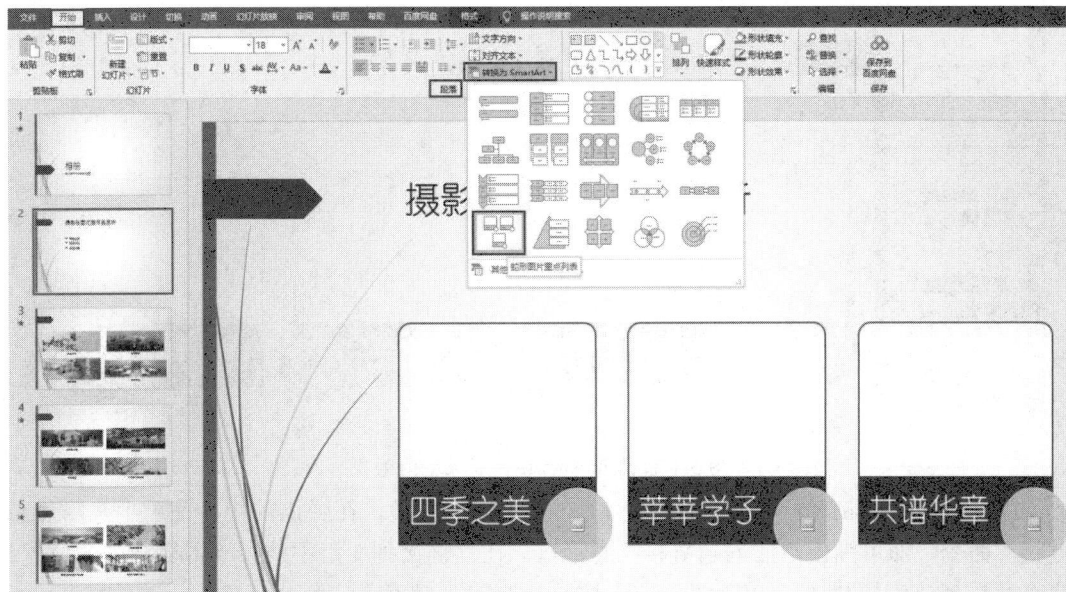

图 5-15　将文字转化为 SmartArt

(12) 在新建的第 2 页幻灯片中，双击"四季之美"所对应的图片按钮，在弹出的"插入图片"对话框中选择"春分时节"图片。按相同步骤设置"莘莘学子"和"共谱华章"右下角的图片分别为"工院英语角"和"共谱华章"，如图 5-16 所示。

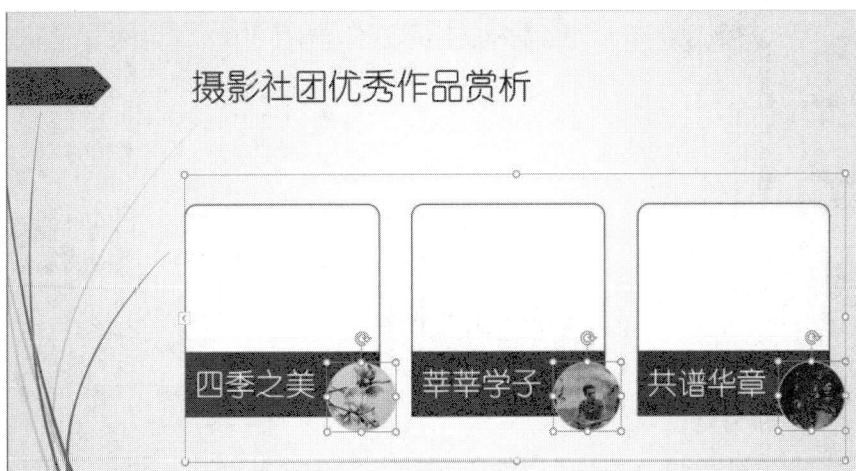

图 5-16　在 SmartArt 中插入图片

(13) 选中 SmartArt 对象元素，单击"动画"选项卡下"动画"组中的"擦除"按钮，单击"效果选项"按钮，在弹出的下拉列表中依次选中"自左侧"和"逐个"命令，如图 5-17 所示。

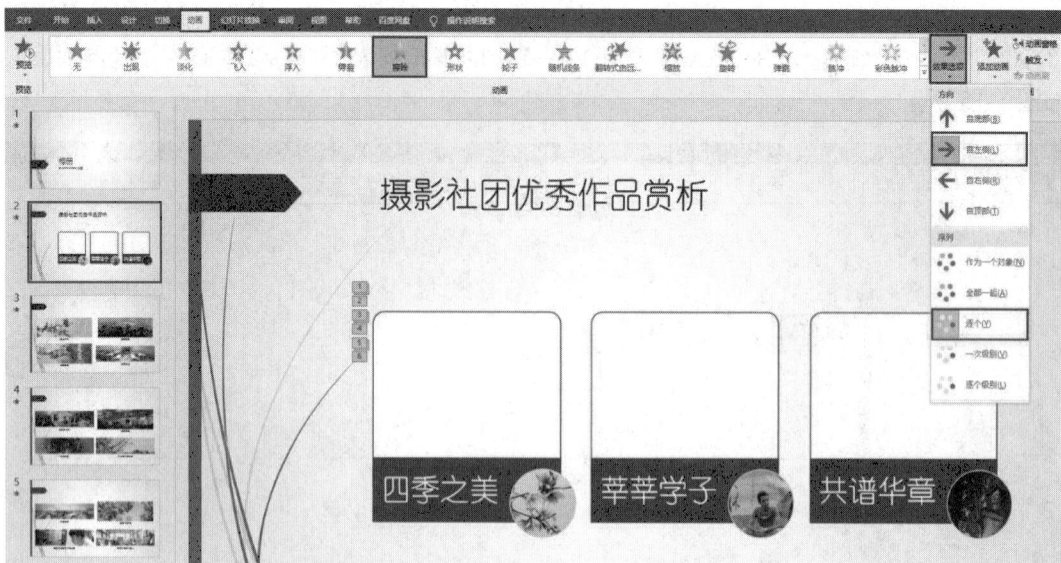

图 5-17　设置 SmartArt 对象动画效果

(14) 选中 SmartArt 中的"四季之美"，单击鼠标右键，在弹出的快捷菜单中选择"超链接"命令，即可弹出"插入超链接"对话框。在"链接到"组中选择"本文档中的位置"命令后选择"幻灯片 3"，单击"确定"按钮，如图 5-18 所示。

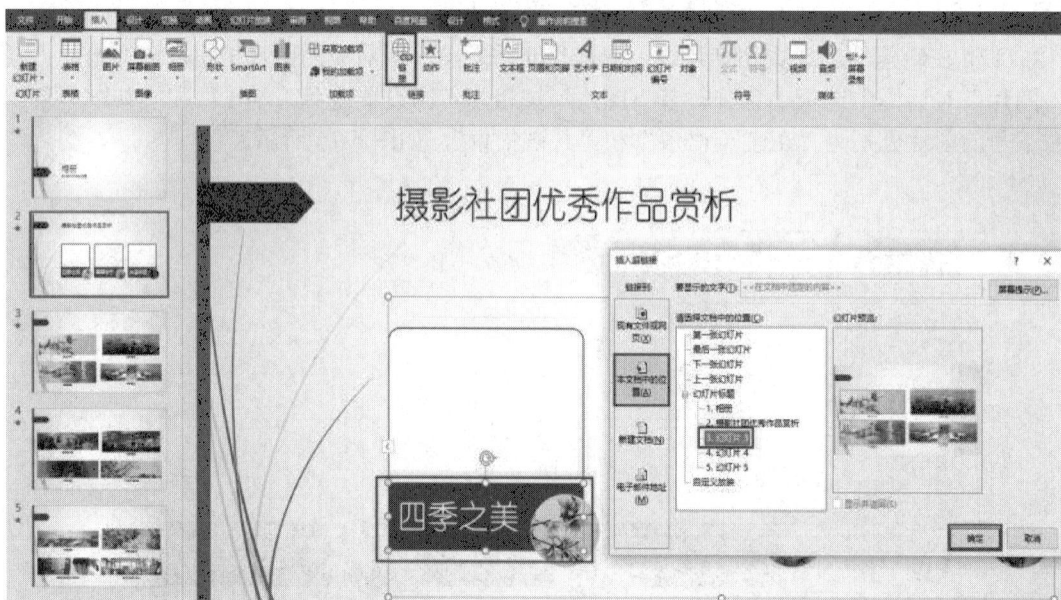

图 5-18　将 SmartArt 对象的"四季之美"链接到"幻灯片 3"

(15) 选中 SmartArt 中的"莘莘学子"，单击鼠标右键，在弹出的快捷菜单中选择"超链接"命令，即可弹出"插入超链接"对话框。在"链接到"组中选择"本文档中的位置"命令后选择"幻灯片 4"，单击"确定"按钮，如图 5-19 所示。

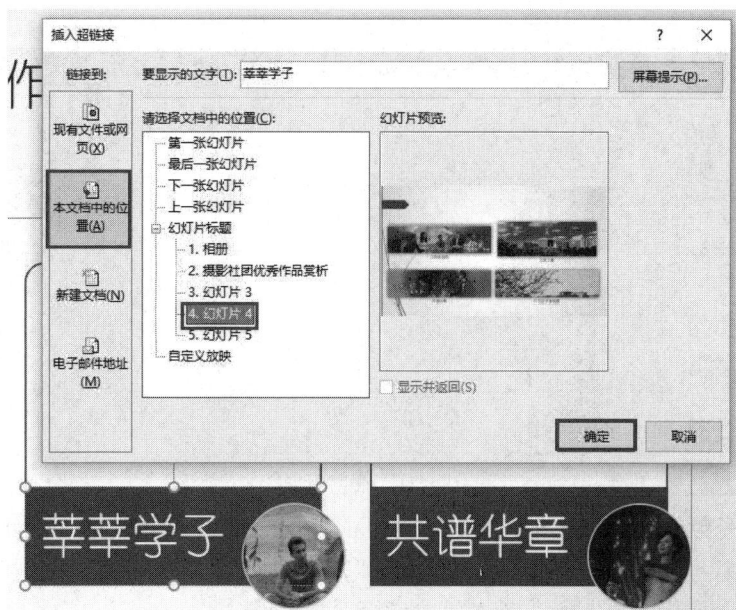

图 5-19　将 SmartArt 对象的"莘莘学子"链接到"幻灯片 4"

（16）选中 SmartArt 中的"共谱华章"，单击鼠标右键，在弹出的快捷菜单中选择"超链接"命令，即可弹出"插入超链接"对话框。在"链接到"组中选择"本文档中的位置"命令后选择"幻灯片 5"，单击"确定"按钮，如图 5-20 所示。

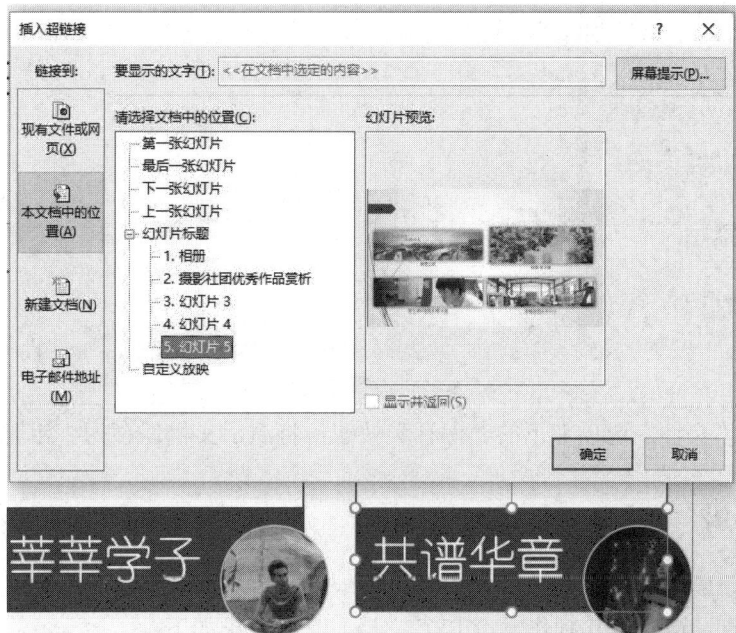

图 5-20　将 SmartArt 对象的"共谱华章"链接到"幻灯片 5"

（17）选中第 1 张主题幻灯片，单击"插入"选项卡下"媒体"组中的"音频"按钮，在弹出的"插入音频"对话框中选择素材"捕梦网.mp3"音频文件，单击"确定"按钮，如图 5-21 所示。

图 5-21　插入音频

(18) 选中音频的小喇叭图标，在"音频工具"|"播放"选项卡的"音频选项"组中，勾选"循环播放，直到停止""跨幻灯片播放""放映时隐藏""播放完毕返回开头"复选框，在"开始"下拉列表框中选择"自动"，如图 5-22 所示。

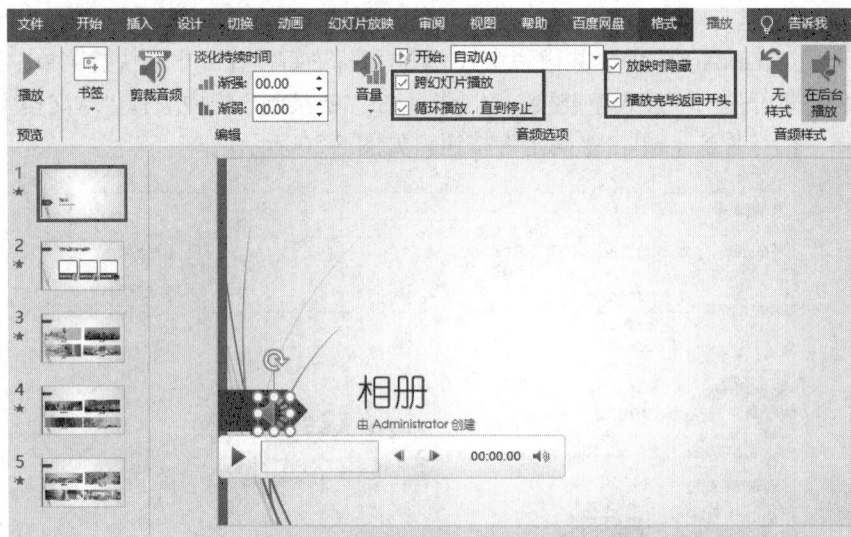

图 5-22　设置音频选项

(19) 单击"文件"选项卡下的"保存"按钮，将演示文稿保存为"相册.pptx"。

任务拓展

某旅游公司要用演示文稿的形式向客户展示公司的基本情况、旅游线路、经营业绩及服务理念等信息，请你帮其制作一份 PPT 文档，具体要求如下：

(1) "封面页"要求使用艺术字，插入视频。

(2) "公司情况简介"要求标题和内容使用不同的字体和字号。

(3) "公司组织结构"要求使用组织结构图展示。

(4) "公司经典线路"要求使用图片展示。

(5)"公司经营业绩"要求使用图表展示。

(6)"公司服务理念"可以自由发挥。

(7)"联系方式说明"可以自由发挥。

任务二　制作毕业答辩演讲稿

任务提出

毕业生小李在完成毕业设计后，需要制作答辩演讲稿用于毕业答辩，要求包含毕业设计的内容，且图文并茂，言简意赅。

制作毕业答辩 PPT

任务实施

制作"毕业答辩演示文稿"分为以下几步：

(1) 创建 PowerPoint 演示文稿。

(2) 对幻灯片进行编辑。

(3) 使用幻灯片版式、设计模板、背景、配色方案和母版等美化幻灯片。

(4) 设置幻灯片上对象的动画效果、切换效果及放映方式。

(5) 设置交互式动作。

(6) 打印演示文稿。

具体实现如下：

(1) 启动 PowerPoint ，默认新建标题版式，将文件保存为"毕业答辩.pptx"，如图 5-23 所示。

图 5-23　新建演示文稿并保存文件

✍ 说明

幻灯片有五种视图方式：普通、大纲视图、幻灯片浏览、备注页和阅读视图，如图 5-24 所示。

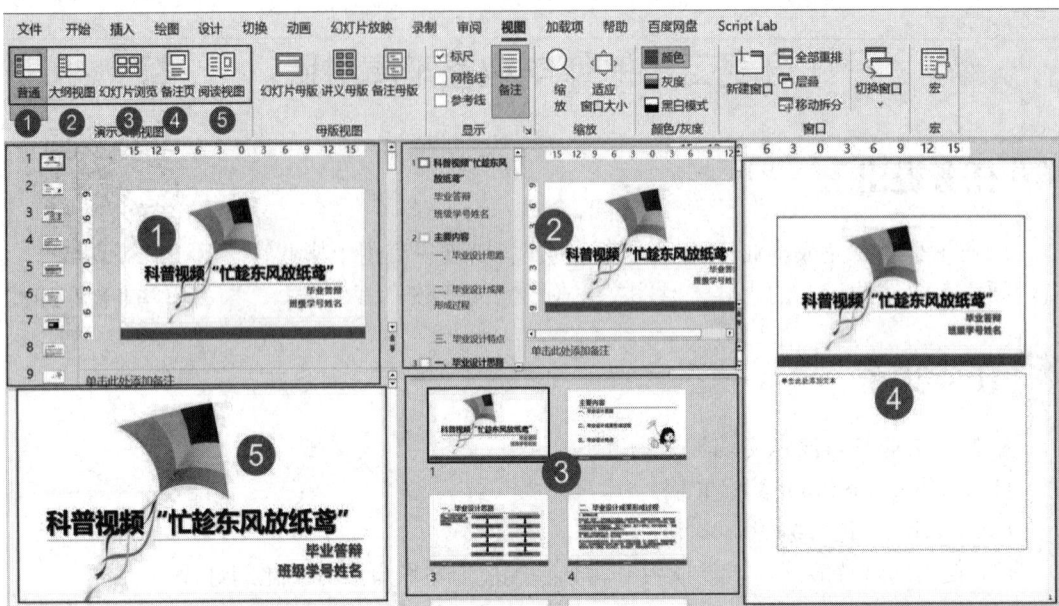

图 5-24　Powerpoint 的五种显示方式

♪ 小技巧

在 PowerPoint 窗口右下角，有视图显示的四个快捷工具，如图 5-25 所示。

图 5-25　视图显示快捷工具

(2) 单击"视图"菜单，在"母版视图"工具组面板单击"幻灯片母版"，进入母版幻灯片编辑状态，如图 5-26 所示。母版幻灯片可以控制整个演示文稿的外观，包括颜色、字体、背景、效果和其他所有内容。可以在幻灯片母版上插入形状或徽标等内容，它会自动显示在所有幻灯片上。

图 5-26　进入幻灯片母版编辑状态

(3) 在"幻灯片母版"菜单，单击"主题"，在其下拉菜单选择 Office "回顾"主题，勾选"标题"和"页脚"复选框，如图 5-27 所示。

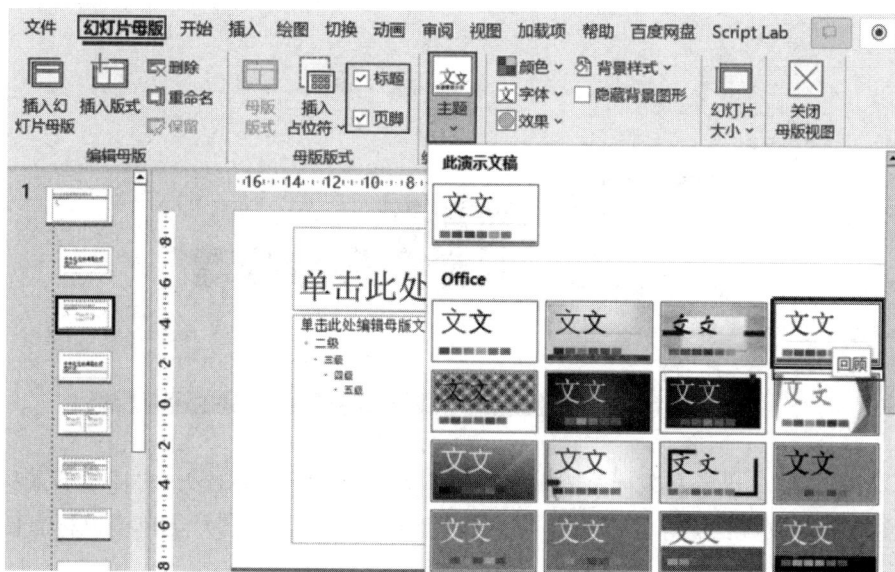

图 5-27　设置幻灯片母版主题

（4）选择左侧第 1 个幻灯片母版样式，框选右侧幻灯片中所有文本框，在"开始"菜单中设置字体为微软雅黑，加粗黑色，隐藏项目符号，母版样式设置完成后，返回"幻灯片母版"菜单，关闭母版视图如图 5-28 所示。

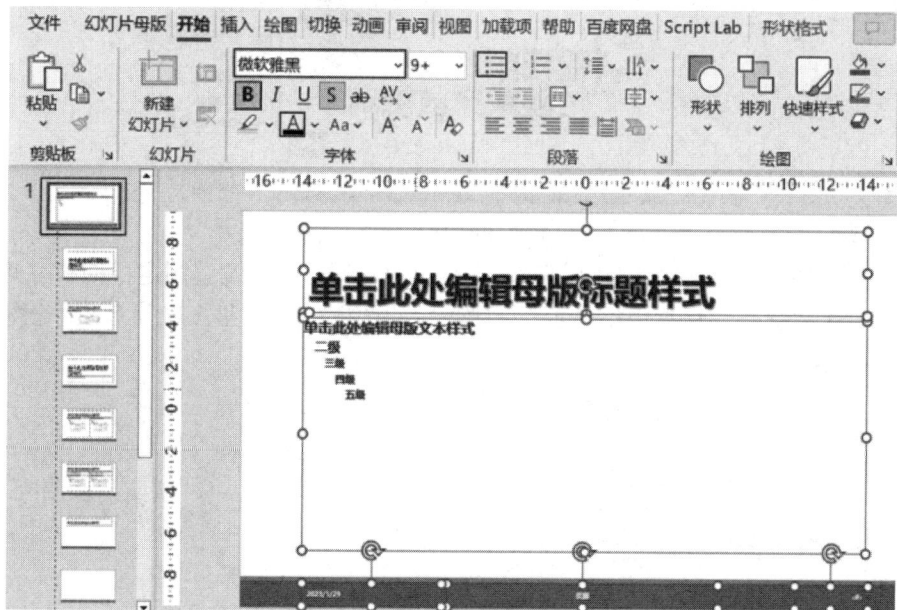

图 5-28　设置幻灯片母版样式

（5）PowerPoint 默认进入标题幻灯片编辑模式，在幻灯片中从"毕业设计.doc"文档相应内容复制到标题和副标题文字，若直接单击"粘贴"，文字的字体和字号不能应用母版样式，应单击"选择性粘贴"，在弹出的对话框中选择"无格式文本"，单击"确定"，标题和副标题的文字内容则应用母版样式，如图 5-29 所示。

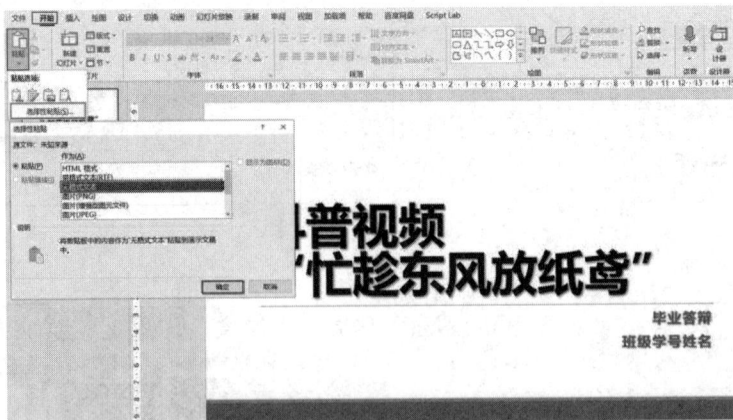

图 5-29　制作标题幻灯片

（6）在标题幻灯片插入图片，单击"插入"菜单，选择"图片"，将提供的素材"风筝1.jpg"图片插入放置在幻灯片右侧，由于图片遮挡了文字，在图片上单击鼠标右键，在弹出的菜单中选择"置于底层"，如图 5-30 所示。

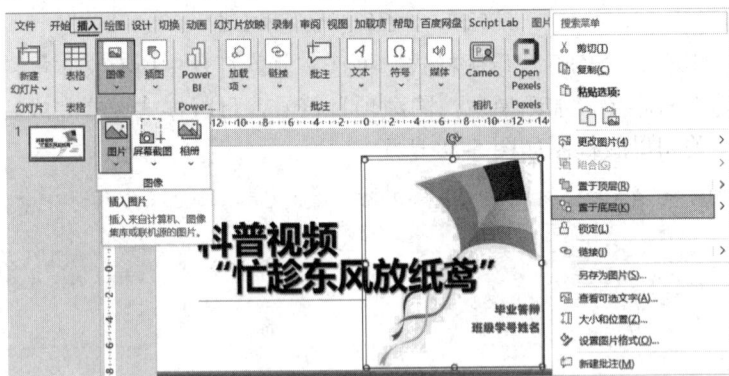

图 5-30　插入图片

（7）单击"插入"→"页眉和页脚"，在弹出的对话框中，设置固定日期和时间，勾选"幻灯片编号""标题幻灯片中不显示"，页脚输入框中输入"毕业答辩"，单击"全部应用"，如图 5-31 所示。

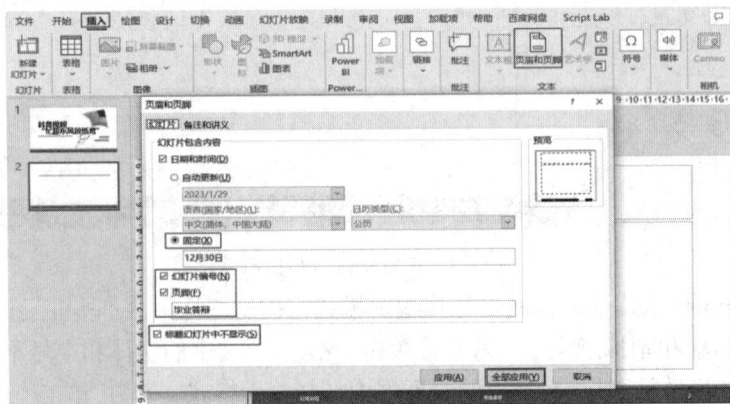

图 5-31　插入页眉和页脚

(8) 在"开始"菜单单击"新建幻灯片",自动创建"标题和内容"版式的幻灯片,从"毕业设计.doc"文档复制相应的内容到标题和内容中,在右侧插入"风筝 2.gif"动态图片,如图 5-32 所示。

图 5-32 制作幻灯片第 2 页

(9) 在幻灯片中需要插入一些图文框和形状,可使用文本框和形状工具进行制作。新建幻灯片后,加入标题和内容文字,单击"插入"→"文本框"→"绘制横排文本框",在幻灯片页面中插入横排文本框,复制相应的文字到文本框中,调整文本框中的文字排在一行,如图 5-33 所示。

图 5-33 插入文本框

(10) 单击"形状格式"菜单,在"形状样式"工具组选择"彩色填充-橙色,强调颜色 1",在"艺术字样式"工具组选择"填充:黑色,文本色 1;阴影",设置文本框的高度和宽度,如图 5-34 所示。

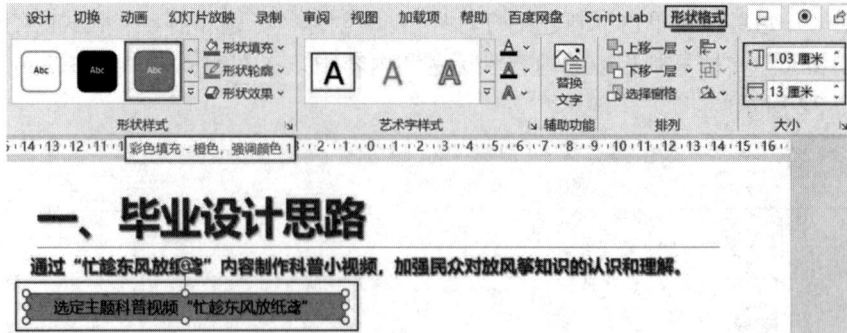

图 5-34　设置文本框的形状格式

(11) 在文本框下面插入箭头形状，单击"插入"菜单，在"插图"工具组单击"形状"，在下拉面板的"箭头总汇"选择"箭头：下"，在幻灯片的文本框下方插入一个向下的箭头，如图 5-35 所示。

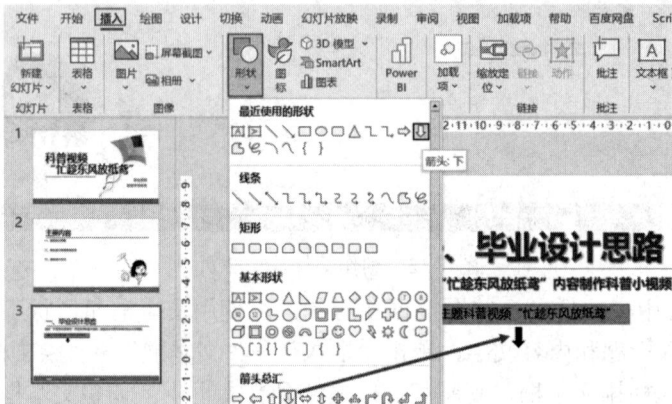

图 5-35　插入箭头

(12) 按相同的步骤将其他文本框插入幻灯片中，单击"剪贴板"工具组的 格式刷工具，在第一个文本框上单击鼠标左键，鼠标指针变成箭头带格式刷的样式，再依次单击其他文本框，将所有文本框的形状及文字格式与第一个文本框统一，如图 5-36 所示。

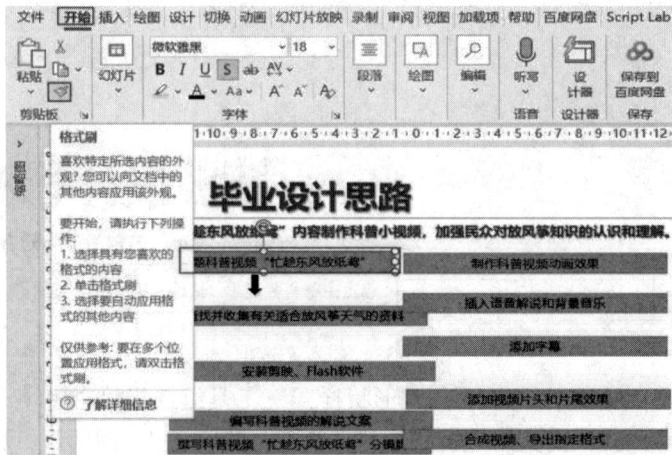

图 5-36　文本框格式统一

(13) 再次单击 格式刷工具取消格式刷激活状态后，框选幻灯片中所有文本框，此时会将箭头也框选，按住 Shift 键在箭头形状单击鼠标左键取消箭头选择状态，在"形状格式"的"大小"下拉面板中设置文本框的高度和宽度，将所有文本框的大小统一，如图 5-37 所示。

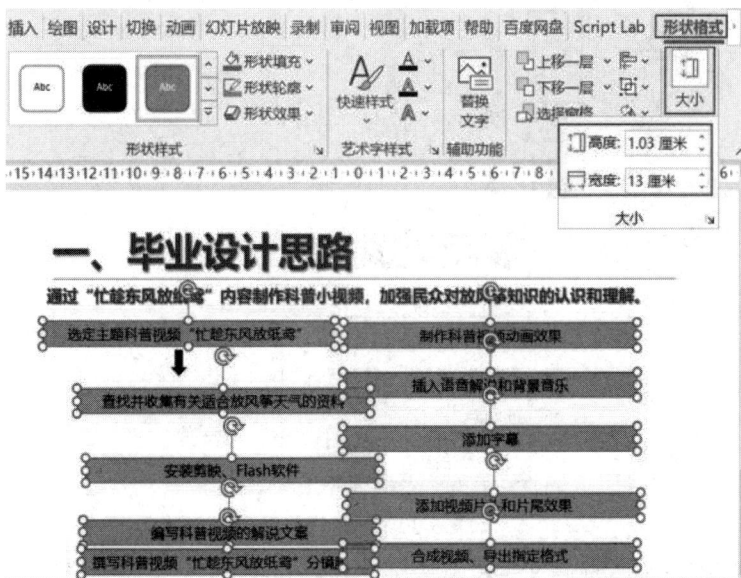

图 5-37 统一文本框大小

(14) 将箭头复制到每个文本框下方，可不需要放置正中间，可通过"形状格式"工具将其对齐。先框选左侧所有文本框和箭头，单击"形状格式"菜单，在"对齐对象" 图标下拉菜单中选择"水平居中"和"纵向分布"，将所有文本框水平居中对齐且等距排列，按相同的步骤将右侧所有文本框和箭头也进行"水平居中"和"纵向分布"操作，如图 5-38 所示。

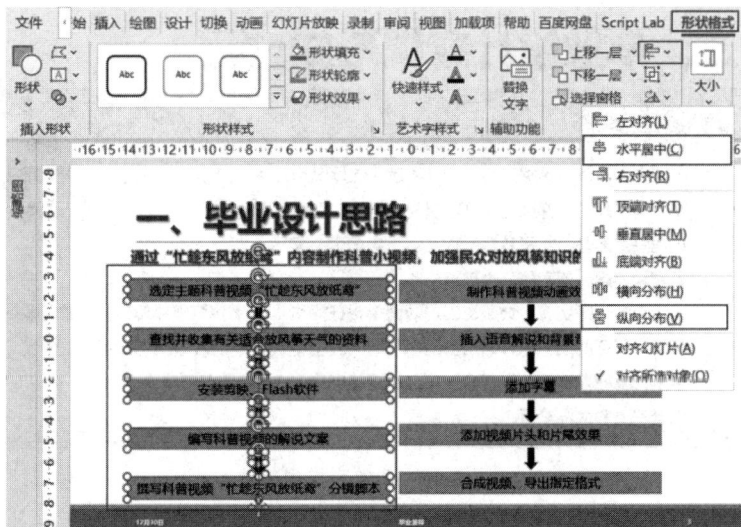

图 5-38 所有文本框水平居中对齐且等距排列

（15）在"开始"面板单击"新建幻灯片"，单击"插入图表"▦按钮，在弹出的"插入表格"对话框，输入"列数"为4，"行数"为3，单击"确定"，在文本框中创建一个3行4列的表格，如图5-39所示。

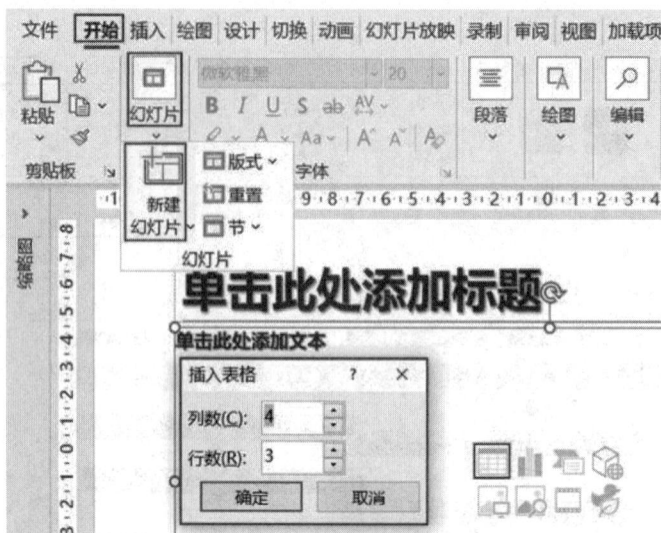

图5-39　插入表格

（16）在标题框中输入标题文字，从"毕业设计.doc"文档中将表格内容复制到幻灯片表格中，设置表格文字的字体和大小，在窗口顶部标尺将"首行缩进"的游标与"悬挂缩进"的游标对齐，使用表格内的文字全部对齐，再将鼠标放置在每根表格竖线上，当鼠标箭头变成"➡│⬅"双向箭头时，对表格竖线进行调整，使表格变得整齐美观，如图5-40所示。

二、毕业设计成果形成过程

编号	分镜内容	字幕和配音	镜头和景别
1	一座大山从底部缓缓升起，树叶和房子也逐渐出现，房子采用的是弹出，树叶是左右摆动，背景板也开始展开，燕子从背景板左边飞向右边，字幕相继出现，后面的云也随着飘动。	科普知识，忙趁东风放纸鸢。	固定镜头全景
2	大山缓缓相继出现，女孩也出现画面中，在挥动双手，天空的燕子也开始从左到右飞动，云也缓缓从左到右飘动着，然后右边背景板开始出现，相继在上方的提示语也开始出现。	风筝也称"纸鸢"，放风筝是人们喜爱的一项体育活动。	固定镜头全景

图5-40　调整表格内容

（17）在幻灯片中插入视频。新建幻灯片，输入新幻灯片标题文字，在文本框中单击▦"插入视频文件"图标，将视频文件插入文本框中，如图5-41所示。

图 5-41　插入视频

(18) 单击"视频格式"菜单，在"视频样式"工具组选择"中等复杂框架，黑色"，给视频添加一个黑色框架，增加美化效果，如图 5-42 所示。

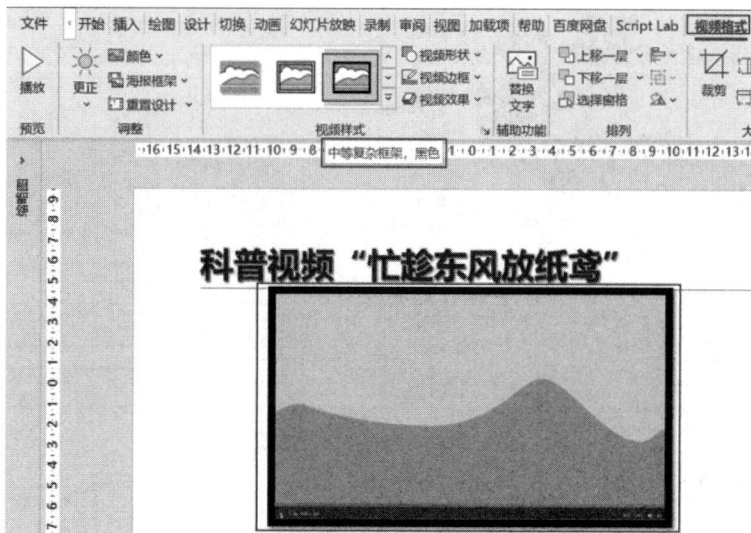

图 5-42　添加视频边框样式

(19) 单击"播放"菜单，在"视频选项"工具组设置"音量"，选择"单击时"开始播放视频，勾选"全屏播放""播放完毕返回开头"选项，如图 5-43 所示。

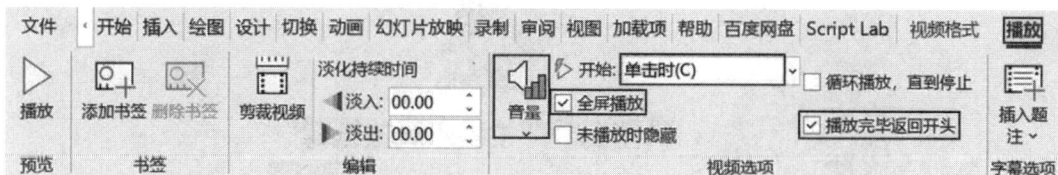

图 5-43　设置视频播放选项

(20) 新建空白幻灯片，单击"插入"菜单，在"文本"下拉面板选择"艺术字"，选择"橙色，主题色 1，阴影"艺术字样式，在幻灯片中心位置创建艺术字，在输入框中输入"谢谢！"，设置艺术字的字体和字号，如图 5-44 所示。

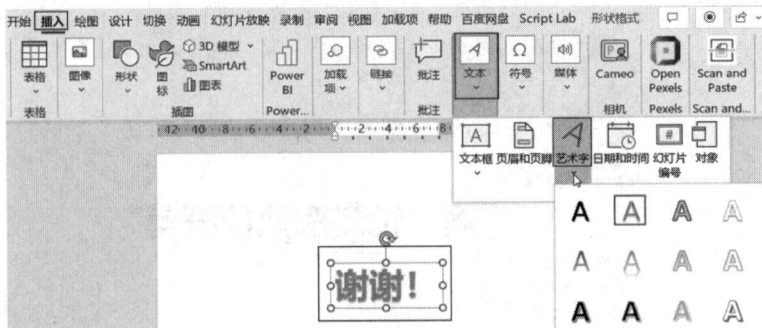

图 5-44　插入艺术字

(21) 在幻灯片右侧插入"风筝 3.jpg"的图片，在幻灯片底部插入一个文本框，输入"毕业设计空间链接"，在此文本框单击鼠标右键，在弹出的菜单中选择"链接"，在弹出的"插入超链接"对话框的"地址"输入框，粘贴毕业设计空间链接，如图 5-45 所示。

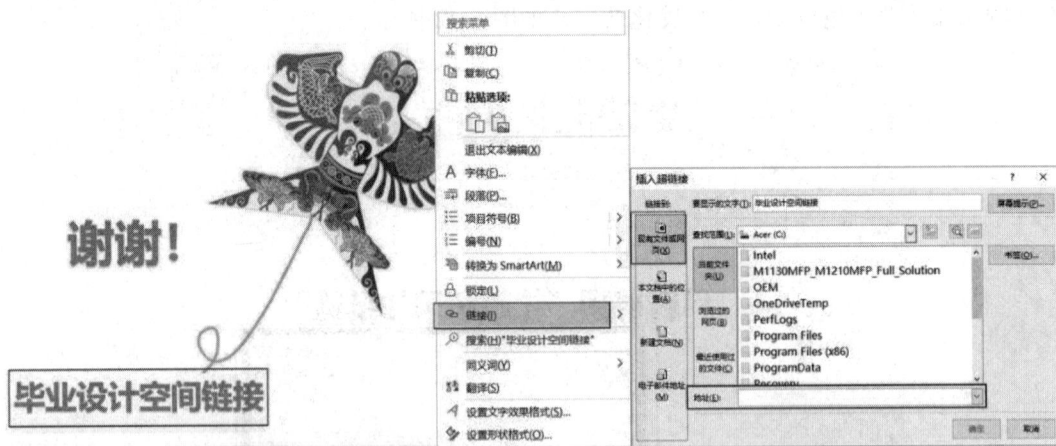

图 5-45　制作幻灯片末页

(22) 放映幻灯片，可以使用下列方法播放幻灯片，如图 5-46 所示。

图 5-46　"幻灯片放映"菜单

① 单击 PowerPoint 窗口右下角的"幻灯片放映"按钮▣；

② 在"开始放映幻灯片"工具组单击"从头开始"；

③ 在菜单栏中选择"视图"→"读取视图"命令；

④ 按 F5 键。

(23) 结束放映。

在幻灯片的任意位置单击右键，在弹出的快捷菜单中选择"结束放映"命令,按 Esc 键。

♪ 小技巧

① 在放映过程中，利用如图 5-47 所示的"指针选项"命令，可以将鼠标指针变成各种笔，在所放映的幻灯片上即时书写，以便突出显示和圈出关键点；写完后，还可以利用"橡皮擦"或"擦除幻灯片上的所有墨迹"命令，擦除所写内容。

② 对于经常用到的演示文稿，可以用扩展名为"*.pps"类型的文件存放在桌面上，不用启动 PowerPoint 就可以放映方式直接打开演示文稿。

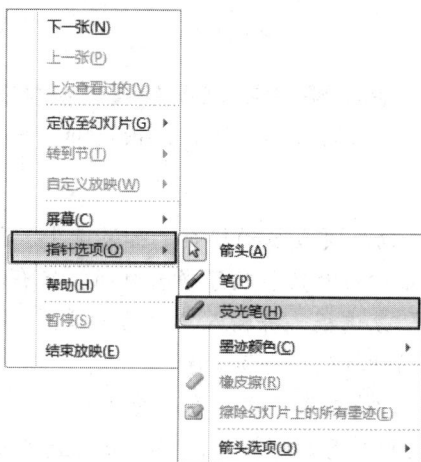

图 5-47　设置"指针选项"

(24) 设置幻灯片放映效果。将视图切换到幻灯片母版，选择"母版标题样式"框，单击"动画"菜单，选择"彩色脉冲"效果选项，设置"开始：单击时"，预览动画时，单击鼠标左键，标题文字出现彩色脉冲动画效果，如图 5-48 所示。

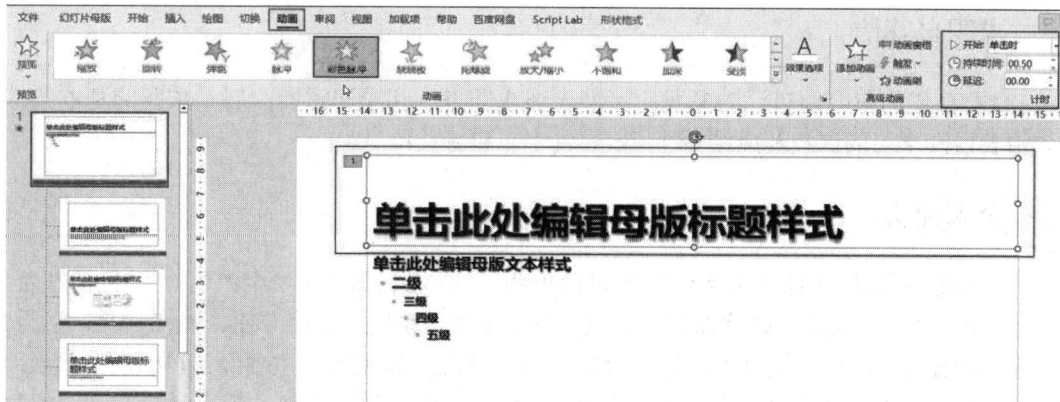

图 5-48　在幻灯片母版设置动画效果

(25) 在幻灯片之间设置切换效果。选择第 1 张幻灯片，在菜单栏中选择"切换"命令，选择"形状"效果选项，设置切换声音为"照相机"，单击"应用到全部"按钮，将切换效果应用到全部幻灯片，单击"预览"观看播放效果，如图 5-49 所示。

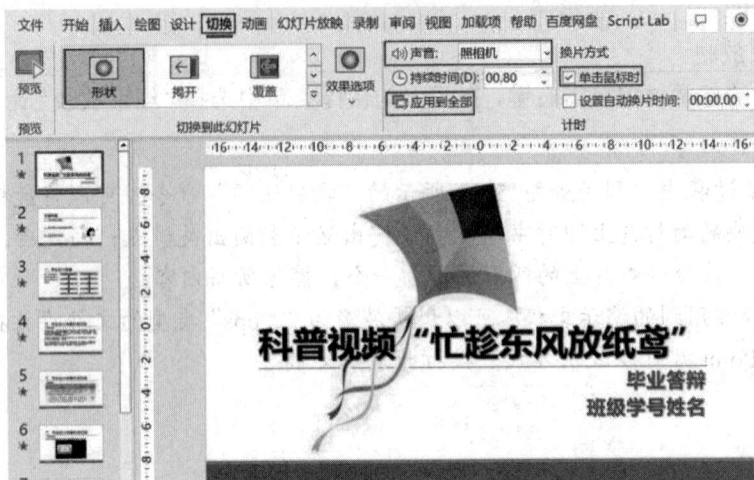

图 5-49　设置幻灯片切换效果

✍ **说明**

(1) "换片方式"是指手动换页或自动换页。如果选中"单击鼠标时"复选框，则在幻灯片放映过程中，不论这张幻灯片已放映了多长时间，只有单击鼠标才换到下一页；如果选中"设置自动换片时间"复选框，并输入具体的秒数，例如输入"2"，那么在幻灯片放映时，每隔 2 秒种就会自动切换到下一页。

(2) 可以根据需要将所选切换效果应用于不同的范围。

(3) 若要将切换效果应用到所有的幻灯片，可单击"全部应用"按钮。

📋 任务拓展

某大三毕业生需要制作一份展示自己的演示文稿用于求职，具体要求如下：

一、求职自荐信

自荐信先简单介绍自己的概况；接着表述求职态度和求职意向；展示求职的基本条件(政治表现和学习的课程及成绩)和特殊条件(才能和特长)。

二、个人简历

个人简历主要说明自己的经历，要求简单明了。主要内容应有"个人情况"，包括姓名、性别、出生年月、民族、政治面貌、籍贯、毕业学校、系别、主修专业、辅修专业、学历、学位、外语水平、计算机水平、毕业时间、身体状况、特长等；主要经历(从高中写起)；从事的社会工作、组织的活动、担任的职务；社会实践和生产实习；受奖励情况及取得的成绩等。表格右上方要贴上一张一寸近照。

三、辅助材料

辅助材料强调自己所取得的成绩和自己的能力。要求尽量完整。

(1) 学习成绩单。学习成绩单是反映毕业生学习成绩的证明(要求使用表格形式)。

(2) 各种证书。例如外语、计算机等级证书，各种荣誉证书，获奖学金以及各类竞赛的证书或驾照等(要求使用图片形式)。

(3) 参加社会实践和毕业实习的鉴定材料。

(4) 有关科研成果证明及在报刊发表的文章。

四、联系方式

联系方式包括通信地址、邮政编码、联系人、联系电话和电子邮件地址等。

模 块 小 结

本模块通过电子相册和毕业答辩演示文稿的制作介绍了演示文稿的制作方法，讲解了在幻灯片中插入和编辑各种对象(文本、图片、图表等)的操作；用母版、配色方案、设计模板等设置幻灯片外观；设置动画效果(动画方案和自定义动画)；在幻灯片之间设置切换效果及设置演示文稿的放映方式。

课 后 练 习 题

1. 在 PowerPoint 中，(　　)以缩略图的形式显示演示文稿中的所有幻灯片，用于组织和调换幻灯片的顺序。

A. 幻灯片浏览视图　　　　　　　　B. 幻灯片放映视图

C. 普通视图　　　　　　　　　　　D. 备注页视图

2. 要对 PowerPoint 演示文稿中某张幻灯片的内容及格式进行详细编辑，可用(　　)。

A. 普通视图　　　　　　　　　　　B. 备注页视图

C. 幻灯片浏览视图　　　　　　　　D. 阅读视图

3. 在 PowerPoint 中，下列说法错误的是(　　)。

A. 可以在浏览视图中更改某张幻灯片上动画对象的出现顺序

B. 可以在普通视图中更改某张幻灯片上动画对象的出现顺序

C. 可以在浏览视图中设置幻灯片切换效果

D. 可以在普通视图中设置幻灯片切换效果

4. 启动 PowerPoint 后，按(　　)可快速创建空白演示文稿。

A. Ctrl + N　　　　B. Ctrl + H　　　　C. Ctrl + M　　　　D. Ctrl + O

5. 演示文稿中的每一张演示的单页称为(　　)，它是演示文稿的核心。

A. 幻灯片　　　　　B. 母版　　　　　C. 模板　　　　　D. 版式

6. 在 PowerPoint 2016 中，以下(　　)是无法打印出来的。

A. 幻灯片中动画效果　　　　　　　B. 幻灯片中的图片

C. 母版上设置的标志　　　　　　　D. 幻灯片中的文本框

7. 在 PowerPoint 2016 中，对幻灯片的重新排序、幻灯片间定时和过渡、加入和删除幻灯片以及整体构思幻灯片都特别有用得视图是(　　)。

A. 幻灯片浏览视图　　　　　　　　B. 备注试图

C. 阅读视图　　　　　　　　　　　D. 普通视图

8. 在 PowerPoint 2016 中，可以实现将图片文件 abC.bmp 插入当前幻灯片的是(　　)。

A. "插入"选项卡"图像"组"图片""此电脑"

B. "插入"选项卡"图像"组"图片""联机图片"

C. "开始"选项卡"图像"组"图片""此电脑"

D. "开始"选项卡"图像"组"图片""联机图片"

9. PowerPoint 2016 在保存新建的演示文稿时，会自动在用户键入的文件名后加上拓展名(　　)。

A. pptx　　　　　　B. pwtx　　　　　　C. xlsx　　　　　　D. docx

10. 下列关于 PowerPoint 2016 幻灯片的说法不正确的是(　　)。

A. 幻灯片的起始编号可以从 -1 开始

B. 可以更改页眉、页脚的位置和外观

C. 可以更改幻灯片的大小

D. 可以添加和更改幻灯片编号、日期、时间等

11. 在 PowerPoint 2016 中，关闭演示文稿且退出 PowerPoint 的操作是(　　)。

A. 选择标题栏中的"关闭"按钮

B. 选择"文件"选项卡中的"关闭"

C. 选择"视图"选项卡中的"窗口"

D. 双击窗口左上角的"控制菜单"按钮

12. 创建一个新的 PowerPoint 2016 演示文稿的方法不包括(　　)。

A. 根据 Excel 内容创建　　　　　　B. 根据主题创建

C. 根据模板创建　　　　　　　　　D. 创建空白演示文稿

13. 在 Excel 2016 中，下列关于日期的说法错误的是(　　)。

A. 要输入 2020 年 11 月 9 日，输入"11/9/2020"即可

B. 要输入 2020 年 11 月 9 日，输入"2020-11-9"或"2020/11/9"均可

C. 输入"9-8"或"9/8"，回车后，单元格显示是 9 月 8 日

D. Excel 2016 中，在单元格中插入当前系统日期，可以按 Ctrl+分号

14. 下列有关 PowerPoint 2016 演示文稿播放的控制方法的描述错误的是(　　)。

A. 单击鼠标左键，幻灯片可切换到下一张，也可以切换到上一张

B. 可以用鼠标控制播放

C. 可以用键盘控制播放

D. 按空格键切换到下一张，按空格键切换到上一张

15. 在 PowerPoint 2016 中，从头开始播放演示文稿的快捷键是(　　)。

A. F5　　　　　　　B. Enter　　　　　　C. Alt + Enter　　　D. F7

16. 在 PowerPoint 2016 中，要想在一个屏幕上同时显示两个演示文稿并进行编辑，下列方法正确的是(　　)。

A. 打开一个演示文稿，选择"视图"选项卡中的"全部重排"

B. 打开一个演示文稿，选择"插入"选项卡中的"幻灯片"

C. 打开一个演示文稿，选择"切换"选项卡中的"换片方式"

D. 无法实现

17. 在 PowerPoint 2016 中，选中用作超链接的对象，按(　　)键即可出现"插入超链接"对话框。

A. Ctrl + K　　　　　B. Ctrl + Y　　　　　C. Ctrl + S　　　　　D. Ctrl + M

18. 可以作为 PowerPoint 2016 幻灯片背景的是(　　)。

A. 图片、纹理、图案都可以　　　　　B. 图片

C. 纹理　　　　　　　　　　　　　　D. 图案

19. 在 PowerPoint 2016 中，设置幻灯片背景在(　　)选项卡上。

A. 设计　　　　　　B. 开始　　　　　　C. 插入　　　　　　D. 视图

20. 在 PowerPoint 2016 中，以下(　　)是不正确的。

A. 用户无法修改功能区包含的功能

B. PowerPoint 2016 提供了联机演示的功能，允许任何人使用链接观看幻灯片放映

C. 退出 PowerPoint 2016 前，如果文件没有保存，退出时将会出现对话框提示存盘

D. 利用"重用幻灯片"命令，可将其他演示文稿中的幻灯片插入当前演示文稿中

21. PowerPoint 2016 提供了屏幕截图功能，其作用是(　　)。

A. 插入已经打开窗口的快照，并且可以进行剪辑编辑

B. 截取当前演示文稿的图片到剪贴板

C. 截取当前桌面的图片到 PowerPoint 2016 演示文稿

D. 截取当前的幻灯片到剪贴板

22. 关于 PowerPoint 2016 中母版的修改，下列说法正确的是(　　)。

A. 进入母版状态就可以修改　　　　　B. 幻灯片编辑状态就可以修改

C. 母版不能修改　　　　　　　　　　D. 以上说法都不对

23. 在 PowerPoint 2016 的有关设置中，下列叙述不正确的是(　　)。

A. 播放演示文稿时，按下 Shift + 鼠标左键可以显示激光笔

B. 可以录制幻灯片的演示过程

C. 播放演示文稿时，可以改变激光笔的颜色

D. 可以隐藏幻灯片

24. PowerPoint 2016 是一个(　　)软件。

A. 演示文稿创作　　　　　　　　　　B. 文字处理

C. 图形处理　　　　　　　　　　　　D. 表格处理

25. PowerPoint 中的母版用于设置文稿预设形式，它实际上是类幻灯片样式，改变母版可能影响基于该母版的(　　)幻灯片。

A. 所有　　　　　　　　　　　　　　B. 当前

C. 当前幻灯片之后所有　　　　　　D. 当前幻灯片之前所有

26. 关于 PowerPoint 2016 的视图，下列说法错误的是(　　)。

A. 在将演示文稿另存为 PowerPoint 放映文件时，将切换到幻灯片放映视图

B. 幻灯片放映视图用于播放演文稿

C. 普通视图是主要的编辑视图，可用于撰写或设计演示文稿，它有三个工作区域

D. 幻灯片浏览视图是以缩略图形式显示幻灯片的视图

27. PowerPoint 2016 中，对幻灯片的方向进行设置需用(　　)选项卡中的"幻灯片方向"命令。

A. 设计　　　　　B. 插入　　　　　C. 视图　　　　　D. 开始

28. 对于 PowerPoint 2016 的母版的修改，下列说法不正确的是(　　)。

A. 在"幻灯片母版"选项卡中不可进行背景设置

B. 可用幻灯片母版中插入占位符

C. 幻灯片母版包括一个主板是和多个其他板式

D. 可以插入新的幻灯片母版

29. 关于 PowerPoint 2016 幻灯片母版的使用，下列说法不正确的是(　　)。

A. 修改母版不会对演示文稿中任何一张幻灯片带来影响

B. 通过对母版的设置可以预定义幻灯片的前景颜色、背景颜色和字体大小

C. 通过对母版的设置可以控制幻灯片中不同部分的表现形式

D. 标题母版为使用标题版式的幻灯片设置了默认格式

30. PowerPoint 2016 可另存为多种文件格式，下列文件格式不属于此类的是(　　)。

A. PSD　　　　　B. POTX　　　　　C. PPTX　　　　　D. PPSX

模块六　Internet 基本应用

我们身处信息爆炸的时代，信息的即时性和全面性往往会影响到个人在社会的立足。目前，我们获取信息的渠道有很多种，例如电视、手机、报纸等，但是最常用的渠道是 Internet。由于计算机的全面普及和 Internet 的深度覆盖，人们可以很方便地通过互联网找到各种所需的信息和资源。

任务一　配置上网环境

路由配置有线网络　　　无线路由的选型与配置　　　查看基本网络信息并设置连接

任务提出

小张是信息工程系的一名学生，通过三年的学习，老师要求他写一篇信息安全方面的毕业设计文档。由于平时课堂知识积累得不够全面，小张必须通过 Internet 查找相关资料才能完成这篇毕业设计文档。老师也会在其编写毕业设计文档的过程中，通过即时通信软件对其进行指导。另外，毕业设计文档必须经过老师的评阅与同意，才能打印出来。那么小张将采取什么样的方法最大限度地利用 Internet 呢？

知识准备

想要利用 Internet 查找相关资料，就必须先接入 Internet。因此，小张要做的第一步就是配置上网环境，使计算机能够接入 Internet。那么，计算机如何接入 Internet？我们来看看与之相关的几个知识点。

1. IP 地址

Internet 上的每台主机(Host)都有一个唯一的 IP 地址。IP 协议就是使用这个地址在主机之间传递信息，这是 Internet 能够运行的基础。IP 地址的长度为 32 位，分为 4 段，每段 8 位，用十进制数字表示，每段数字范围为 0～255，段与段之间用句点隔开，例如 159.226.1.1。

IP 地址由两部分组成，一部分为网络地址，另一部分为主机地址。IP 地址分为 A、B、C、D、E 这 5 类，常用的是 B 和 C 两类。

2. 子网掩码

子网掩码(Subnet Mask)又叫网络掩码、地址掩码，它是一种用来指明一个 IP 地址的哪些位标识的是主机所在的子网以及哪些位标识的是主机地址。子网掩码不能单独存在，它必须结合 IP 地址一起使用。子网掩码只有一个作用，就是将某个 IP 地址划分成网络地址和主机地址两部分。

3. 网关

网关(Gateway)是指在采用不同体系结构或协议的网络之间进行互通时，用于提供协议转换、路由选择及数据交换等网络兼容功能的设施。实质上是一个网络通向其他网络的 IP 地址，该地址一般为本网段的第一个可用 IP 地址或倒数第二个可用 IP 地址，如 192.168.0.1 或 192.168.0.254。

4. DNS

DNS 是域名系统(Domain Name System 或 Domain Name Service)的缩写，它是由解析器和域名服务器组成的，其主要功能是将域名转换为 IP 地址。

📋 任务实施

一般而言，接入 Internet 有以下两种方式：有线接入和无线接入。

一、利用有线网络接入 Internet

(1) 检查计算机的物理网络连接是否正常。鼠标右键单击桌面上的"网络"图标，在弹出的菜单中选择"属性"选项，打开的界面中有"查看基本网络信息并设置连接"的展示项，如图 6-1 所示，表示网络连接正常；若"计算机"与"Internet"之间出现一把红色的"×"，如图 6-2 所示，则表明网络没有正常连接，需要检查网线与网卡、网线与模块的连接情况。

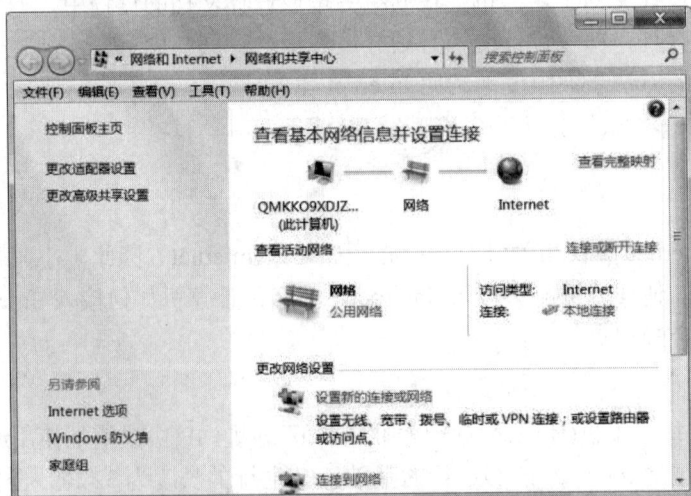

图 6-1　物理网络连接正常

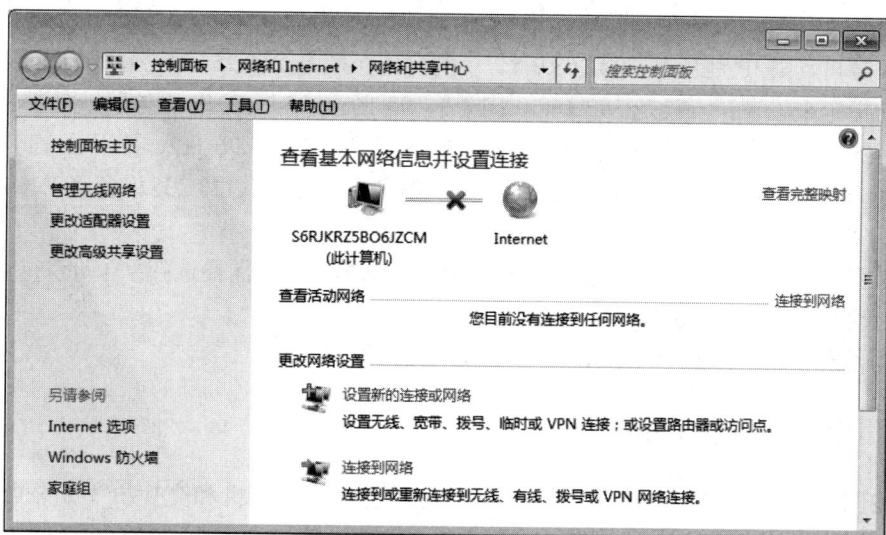

图 6-2　物理网络连接不正常

网络连接正常的情况下，我们就可以开始配置接入网络的必要信息了。

(2) 鼠标指向"更改适配器设置"，单击鼠标左键，进入"网络连接"配置界面。

(3) 鼠标指向"本地连接"，单击鼠标右键，选择"属性"选项，出现如图 6-3 所示的本地连接属性对话框。

(4) 选择"网络"选项卡，鼠标左键双击"Internet 协议版本 4(TCP/IPv4)"选项，进入如图 6-4 所示"Internet 协议版本 4(TCP/IPv4)属性"设置对话框。

(5) 在"Internet 协议版本 4(TCP/IPv4)属性"对话框的"常规"选项卡中，有两种配置上网参数的形式，一种是自动获取 IP 地址和 DNS 服务器，另一种是手动指定 IP 地址和 DNS 服务器。

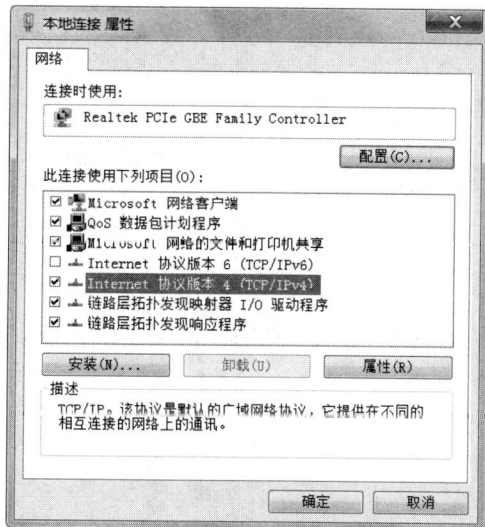

图 6-3　本地连接属性

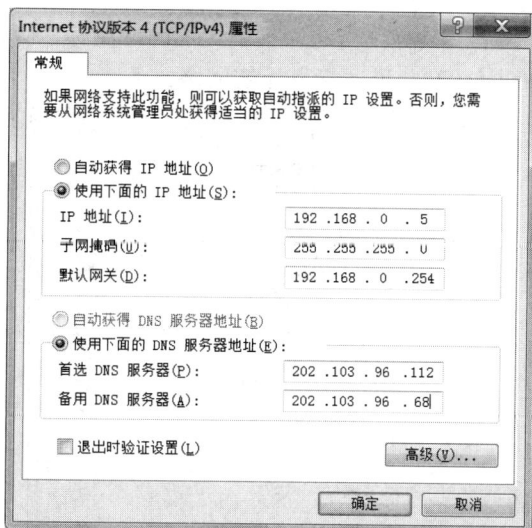

图 6-4　Internet 协议版本 4(TCP/IPv4)属性

(6) 一般情况下，要接入网络，必须先向网络管理员申请能够接入 Internet 的 IP 地址，而管理员基本是按照电脑排列的序号进行 IP 地址的分配，如图 6-4 所示，该计算机排列的序号为 5 号机，则 IP 地址是 192.168.0.5。子网掩码一般是 255.255.255.0，网关则需要按照管理员的指定来设置，一般是 192.168.0.1 或者 192.168.0.254。DNS 服务器地址都是 ISP 运营商指定的，如电信运营商指定的首选 DNS 服务器是 202.103.96.112，备用 DNS 服务器是 202.103.96.68，而网通运营商指定的首选 DNS 服务器是 58.20.127.238，备用 DNS 服务器是 58.20.127.170。

如果管理员要求设置为自动获取 IP 与 DNS 的方式，则只需要选择"自动获得 IP 地址"以及"自动获得 DNS 服务器地址"即可。

(7) 设置完毕后单击"确定"，就可以成功接入网络了。

二、利用无线网络接入 Internet

无线网络接入技术与有线网络接入技术的区别就是计算机和交换机不是依靠网线连接，而是依靠无线电波。

无线接入技术一般是用于笔记本电脑，无线网络接入 Internet 的要求与设置如下：

(1) 开始配置接入无线网络之前，必须确保计算机处于无线 AP(无线交换机)的覆盖范围之内，理论上无线 AP 的覆盖范围是：室内 100 米，室外 300 米。

(2) 查看笔记本无线网卡是否连接正常，图 6-5 所示表示无线网卡打开且连接正常。

图 6-5　无线网卡连接情况

(3) 鼠标单击通知栏中无线网卡图标，弹出如图 6-6 所示界面，选择无线 AP 的标识，如"5403"，准备接入无线网络。

图 6-6　无线网络连接　　　　　　图 6-7　选择相关接入点

(4) 出现如图 6-7 所示的界面，选择"连接(C)"按钮，出现如图 6-8 所示连接过程。

图 6-8　等待连接成功

(5) 连接成功后即可上网。

任务二　资源搜索与下载

任务提出

小张配置好上网环境之后，就准备要开始上网搜索毕业设计文档所需要的参考文献等资料了。可是，面对 Internet 上海量的资料，他如何才能找到自己所需的资料呢？

资源搜索与下载

知识准备

对于 Internet 上大量的资料，我们要会使用搜索引擎查找所需要的信息。搜索引擎也提供了很多搜索方法帮我们尽量缩小查询范围，以便快速、准确地找到我们需要的信息。当我们找到了所需的资料之后，为了方便下次使用，一般会将这些资料从 Internet 上下载到本地，这个时候就需要使用下载工具了。

一、搜索引擎

搜索引擎指自动从因特网搜集信息，经过一定整理以后，提供给用户进行查询的系统。

二、Internet Explorer

Internet Explorer(简称 IE)是浏览网页的工具。

任务实施

当今互联网上的资源搜索网站很多，例如百度(www.baidu.com)。这些网站搜索资源的方式基本相同，其中，百度由于搜索信息的即时性与全面性而受到大多数用户的欢迎。

一、打开百度搜索界面

在 IE 浏览器中打开百度搜索界面的方法如下：

(1) 在桌面双击 IE 浏览器图标 ，或者在快速启动栏单击此图标，打开 IE 浏览器。

(2) 在浏览器的地址栏输入百度网址 "www.baidu.com"，按回车键即可进入百度网站首页，如图 6-9 所示。

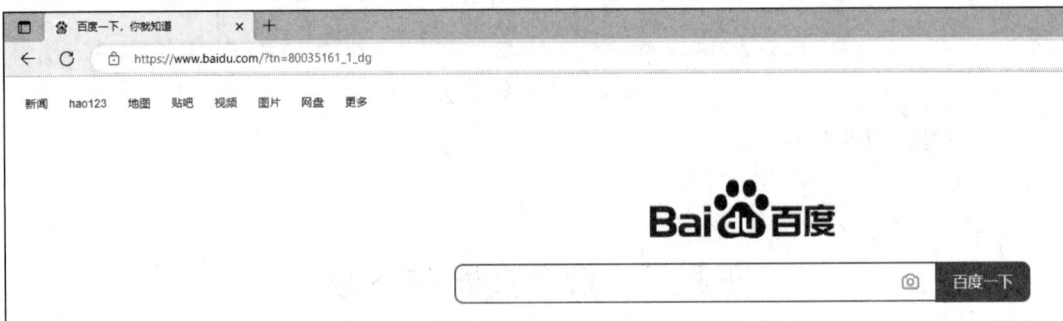

图 6-9　百度搜索主界面图

二、搜索资源

由于小张要搜索信息安全方面的资源，搜索关键词可以定义为 "信息安全技术毕业设计文档"，关键词中间以空格隔开。在百度中输入相应关键词，并查找、浏览相关资源的方法如下：

在图 6-9 所示的百度搜索栏中输入 "信息安全技术毕业设计文档"，单击 "百度一下" 按钮，浏览器将会自动跳转到搜索结果显示界面。

🗣 **注意**

(1) 多个关键词搜索，关键词之间必须用空格隔开；

(2) 进行搜索之后，百度会显示搜索结果的数量、时间，可以点击搜索结果下方的页码浏览后续搜索内容；

(3) 搜索结果是根据关注度、时间来排序显示的，因此每次搜索的结果会略有不同；

(4) 搜索关键词会在搜索结果中以红色显示出来。

三、资源下载

很多时候，Internet 上的各种资源都给出了下载地址，方便用户将资源下载到本地进行保存。这些资源的下载一般都要用到各种下载工具，例如迅雷、FlashGet、QQ 旋风等。

小张觉得某个文档对他的毕业设计很有帮助，决定用迅雷下载工具将其下载到本地。下载资源的方法如下：

(1) 在图 6-10 所示界面中找到 "下载此文档"，鼠标右键单击，弹出快捷菜单，选择 "使用迅雷下载"。

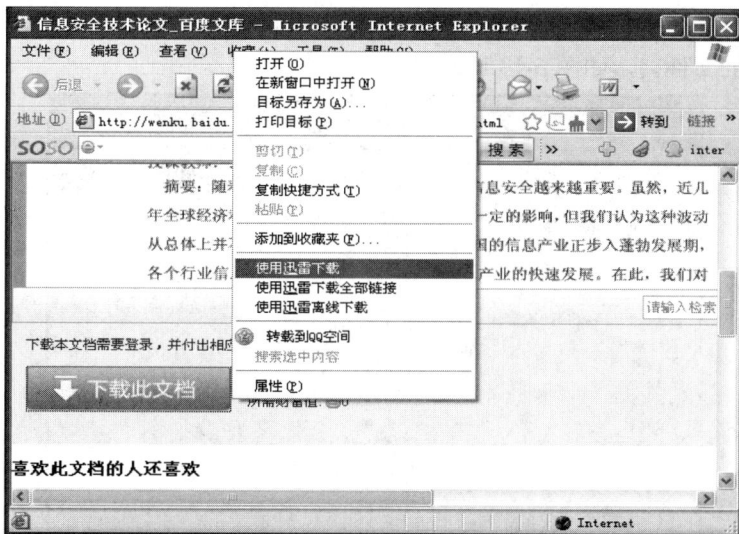

图 6-10 资源下载界面

(2) 在弹出的"建立新的下载任务"窗口，我们可以设置存储目录(通过"浏览"按钮)以及文件另存名称(直接输入)，设置完毕后直接单击"确定"按钮，如图 6-11 所示。

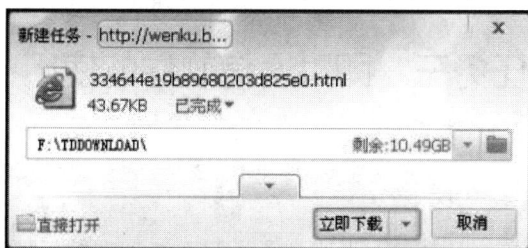

图 6-11 迅雷下载任务界面

(3) 在打开的迅雷主程序界面，可以看到资源的名称、大小、下载速度及所需时间等各种参数，如图 6-12 所示。

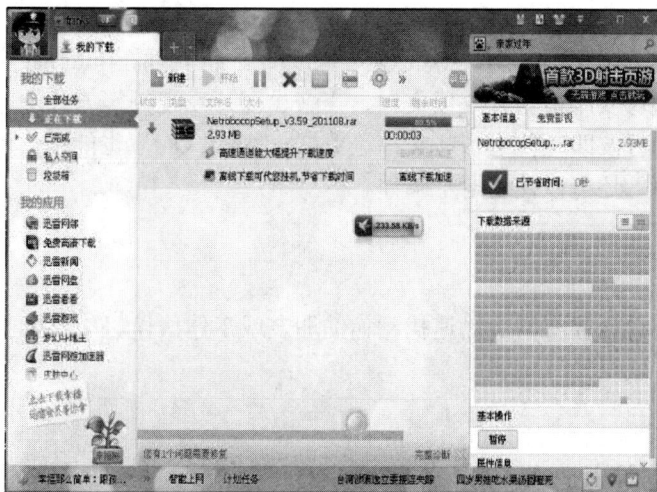

图 6-12 迅雷主界面

(4) 下载任务完成时，迅雷会有声音提示，我们可以通过迅雷直接打开下载资源或者下载资源所在的文件夹，如图 6-13 所示。

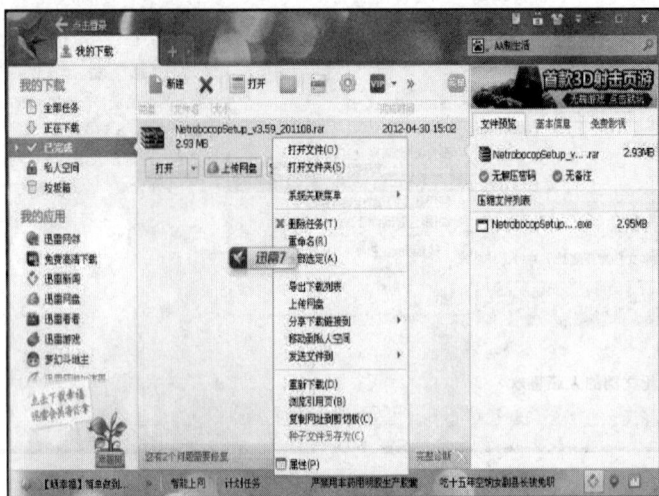

图 6-13　已下载任务界面

任务三　即时通信软件的使用

任务提出

在编写毕业设计文档过程中，小张碰到了一些无法处理的问题，需要老师的指导，他如何通过 Internet 向老师寻求帮助呢？

即时通信软件
的使用

知识准备

如今我们都会采用一种名为"腾讯 QQ"的即时通信软件在 Internet 上进行交流。通过这款软件，我们能够实时地与好友以文字、声音、图片及视频等方式进行沟通，十分方便快捷。如果需要向好友即时传送一些文件等数据，"腾讯 QQ"也能帮你迅速完成。如果需要详细说明一件事，还可以使用电子邮件。

一、即时通信软件

即时通信软件能让你在网上迅速找到你的朋友或工作伙伴，实现实时交谈和互传信息。

二、电子邮件

电子邮件(Electronic mail，简称 E-mail，标志为"@"，也被大家称为"伊妹儿")又称电子信箱、电子邮政，它是一种用电子手段实现信息交换的通信方式。

任务实施

一、QQ 登录

(1) 双击桌面 QQ 图标，打开 QQ 登录界面，如图 6-14 所示。

(2) 在"账号"栏输入用户账号，在"密码"栏输入用户密码，根据需要可以选择登录状态为"我在线上""隐身""离开"等，设置完毕后点击登录。如果没有账号，则点击"注册新账号"，按照提示获取一个新账号。

图 6-14　腾讯 QQ 登录界面

二、将老师加为 QQ 好友

点击 QQ 主界面正下方的"查找"按钮，如图 6-15 所示，选择"精确查找"方式，在"账号"栏中输入老师的账号，依次点击"下一步"→"添加好友"→"完成"。

图 6-15　腾讯 QQ 界面

三、和老师交流

(1) 在"我的好友"栏目中找到代表老师的 QQ 头像，双击该头像，弹出 QQ 即时通信对话框，如图 6-16 所示。

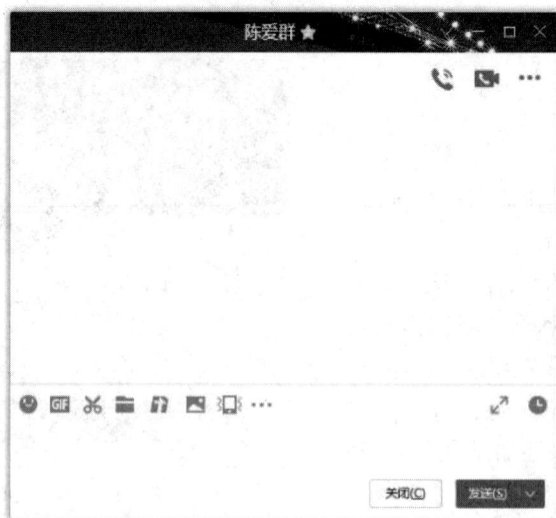

图 6-16　即时通信界面

(2) 在对话框的输入框中输入信息，完毕后点击"发送"按钮或者直接按组合键"Ctrl+Enter"。

(3) 当对方有消息发送过来时，在通知栏区域会有图像闪烁，并有提示音。通过双击闪烁图像可以查看消息。如果要传送文件，通过 QQ 对话框上的"传送文件"功能即可传输文件，如图 6-17 所示。

图 6-17　传送文件

四、使用 QQ 邮箱给老师发邮件

毕业设计文档初稿完成后，小张要通过电子邮件将其发送给老师。其步骤如下：

(1) 因为小张的电子邮箱是 QQ 邮箱，所以先打开 IE 浏览器，输入地址"mail.qq.com"，进入腾讯 QQ 邮箱登录界面，如图 6-18 所示。

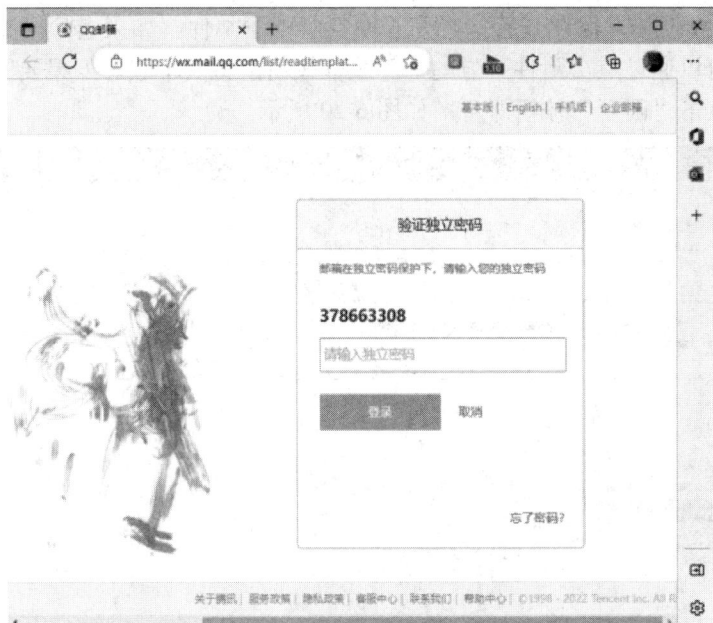

图 6-18　QQ 邮箱登录界面

(2) 在"账户"栏输入账号，在"密码"栏输入密码，点击"登录"按钮。如果没有邮箱，可以点击下方的"立即注册"按钮，按照提示获得一个新的电子邮箱。

(3) 单击"写邮件"按钮，进入编写新邮件界面，如图 6-19 所示。在"收件人"栏填写老师的电子邮件地址，在"主题"栏填写好主题，编写好正文，点击"添加附件"按钮，将毕业设计文档初稿添加到电子邮件附件中，最后单击"发送"按钮。

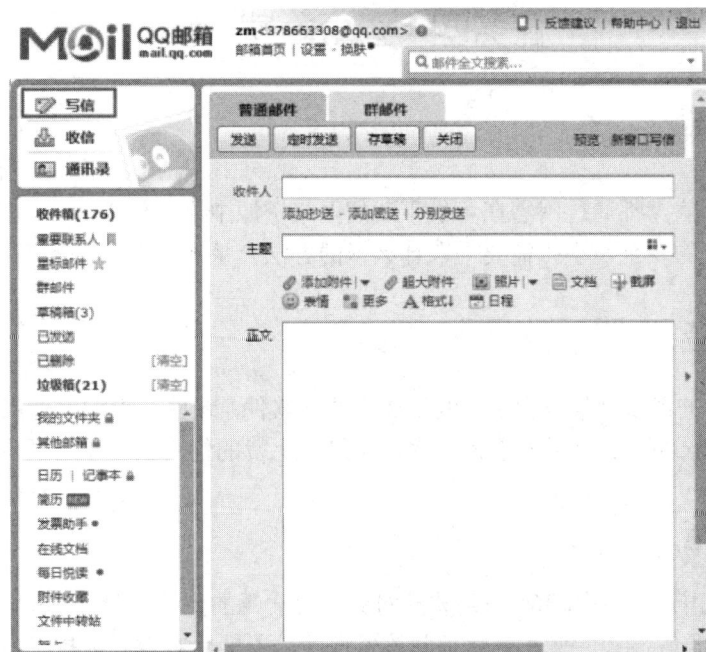

图 6-19　写邮件

（4）单击"收件箱"可以查看老师是否回复了电子邮件，如果老师回复的电子邮件中包含了附件，可以通过点击附件下方的"下载"按钮，将其下载。如果要回复老师的电子邮件，则直接点击"回复"按钮即可，如图 6-20 所示。

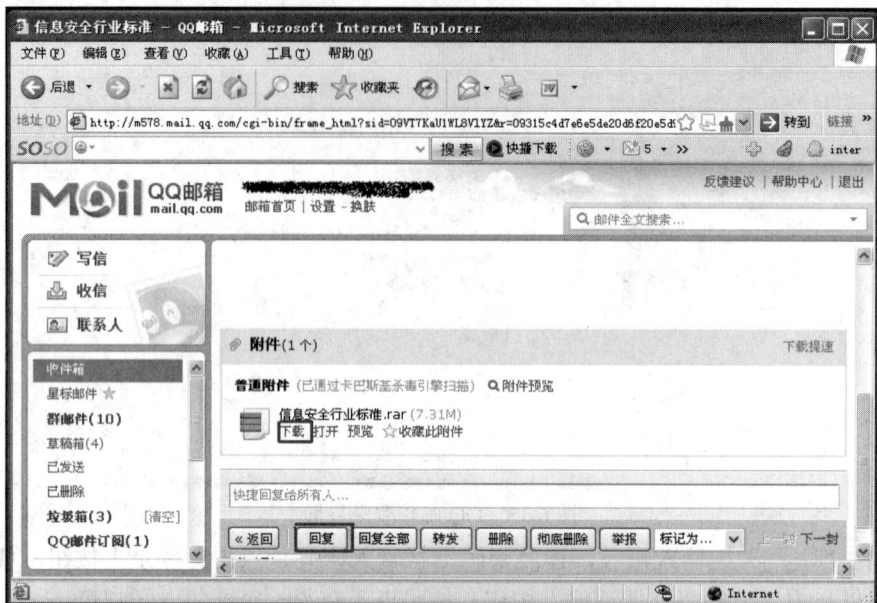

图 6-20　收邮件、回复邮件及下载邮件附件

任务四　查 杀 病 毒

任务提出

目前，很多病毒都通过附着在可供下载的网络资源中进行传播。为了保障计算机的安全，小张需要采取什么样的办法查杀病毒？

查杀病毒

知识准备

现在，常用的杀毒软件有很多，例如 360 杀毒软件，这些杀毒软件使用起来都很方便，其中，360 杀毒软件依靠双引擎杀毒技术以及终生免费的优势正逐步占领国内市场。

任务实施

资源下载完毕后，利用 360 杀毒软件对其进行病毒的查找。具体步骤如下：

（1）打开资源所在文件夹，鼠标指向该资源，单击鼠标右键，选择"使用 360 杀毒扫描"，如图 6-21 所示。

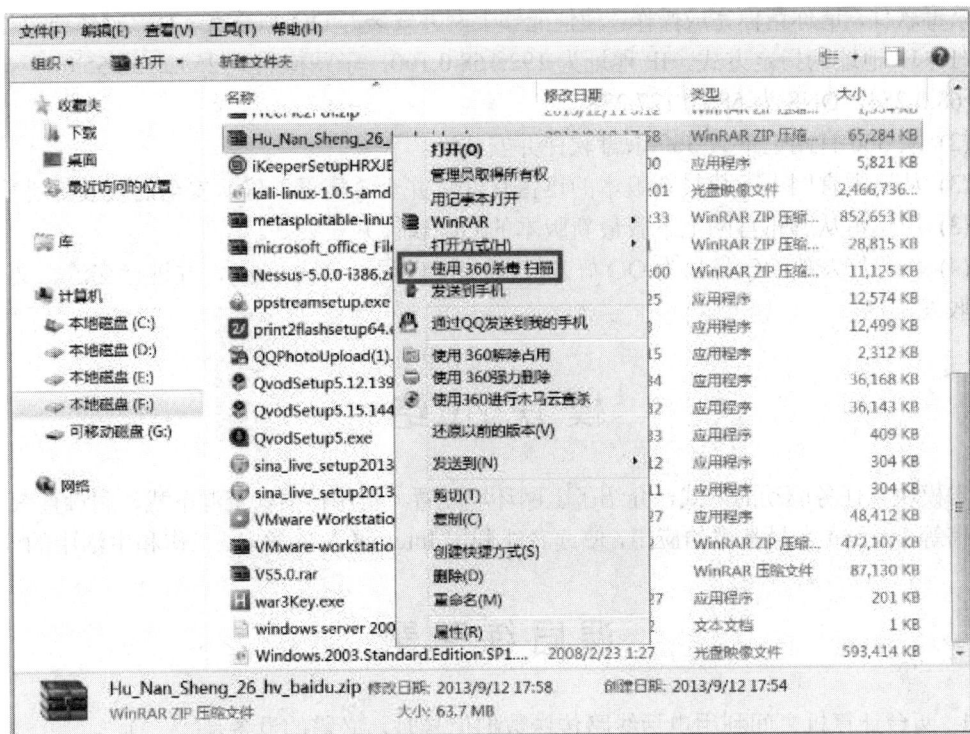

图 6-21　快捷杀毒方式

(2) 等待 360 杀毒软件扫描完成，该软件会将发现的病毒自动清除，如图 6-22 所示。

图 6-22　杀毒过程

任务拓展

小王同学新装配了 1 台计算机，没有配置好上网环境，也没有安装腾讯 QQ 即时通信软件、杀毒软件，请你帮你完成操作，使他能够上网并安装好 QQ 和杀毒软件，具体要求如下：

（1）IP 地址为指定方式，IP 地址为 192.168.0.100，子网掩码为 255.255.255.0，网关为 192.168.0.254，DNS 为 58.20.127.238。

（2）从 360 官网上下载 360 杀毒软件并安装好。

（3）从迅雷官网上下载最新版本的迅雷软件，并查杀病毒，确认安全后安装好迅雷。

（3）用迅雷从腾讯官网上下载最新版本的 QQ 软件并安装好。

（4）将你好友的 QQ 号加为 QQ 好友(若没有 QQ 号，请先注册)，并进行交流、文件传送和收发邮件。

模 块 小 结

本模块以任务驱动的方式，介绍了上网环境配置、资源检索、资源下载、病毒查杀和即时通信等 Internet 上最基本的应用，使读者能利用 Internet 解决学习、工作和生活中的问题。

课后练习题

1. 两台计算机之间利用电话线路传送数据信号时，必需的设备是(　　)。

A. 网卡　　　　　　　　　　　　B. 调制解调器

C. 中继器　　　　　　　　　　　D. 同轴电缆

2. 一幢大楼中的几十台计算机要实现联网，可将它们组成一个(　　)。

A. 广域网　　　　B. 局域网　　　　C. 城域网　　　　D. 通信子网

3. 建立一个计算机网络需要有网络硬件设备和(　　)。

A. 体系结构　　　B. 资源子网　　　C. 传输介质　　　D. 网络操作系统

4. 计算机网络最突出的特征是(　　)。

A. 运算速度快　　　　　　　　　B. 运算精度高

C. 存储容量大　　　　　　　　　D. 资源共享

5. 网络通信设备中的 Hub 中文全称是(　　)。

A. 网卡　　　　B. 中继器　　　C. 服务器　　　D. 集线器

6. 在邮件列表窗口中电子邮件带有一个"!"图标，表示该邮件(　　)。

A. 带有标记　　　　　　　　　　B. 带有附件

C. 发送给多人　　　　　　　　　D. 设有优先级

7. IP 地址是由一组长度为(　　)的二进制数字组成的。

A. 8 位　　　　B. 16 位　　　C. 32 位　　　D. 20 位

8. Internet 与 WWW 的关系是(　　)。

A. 都是互联网，只不过名称不同　　B. WWW 只是在 Internet 上的一个应用功能

C. Internet 与 WWW 完全没有关系　D. Internet 就是 WWW

9. E-mail 地址格式正确的表示是(　　)。

A. 主机地址@用户名　　　　　　B. 用户名，用户密码

C. 电子邮箱号，用户密码　　　　　　D. 用户名@主机域名

10. 用来浏览 Internet 上信息的软件称为(　　)。

A. 服务器　　　　　B. URL　　　　　C. 浏览器　　　　　D. WWW

11. 关于因特网中的 WWW 服务，以下说法中错误的是(　　)。

A. WWW 服务器必须具有创建和编辑 Web 页面的功能

B. WWW 服务器中存储的通常是符合 HTML 规范的结构化文档

C. WWW 客户端程序也被称为 WWW 浏览器

D. WWW 服务器也被称为 Web 站点

12. http 指的是(　　)。

A. 超文本传输协议　　　　　　　　B. 超文本文件

C. 超媒体文件　　　　　　　　　　D. 超文本标记语言

13. WWW 浏览器是(　　)。

A. 浏览 WWW 的客户端软件　　　　B. 一种操作系统

C. TCP/IP 体系中的协议　　　　　　D. 收发电子邮件的程序

14. E-mail 地址的格式为(　　)。

A. 用户名@邮件主机.域名　　　　　B. @用户名.邮件主机域名

C. 用户名.邮件主机@域名　　　　　D. 用户名@域名.邮件主机

15. 在电子邮件中所包含的信息(　　)。

A. 可以是文字、声音和图形图像信息

B. 只能是文字

C. 只能是文字与图形图像信息

D. 只能是文字与声音信息

参 考 文 献

[1]   郑根让，李建辉，赵清艳. 新一代信息技术基础[M]. 西安：西安电子科技大学出版社，2022.

[2]   曾永和，左靖，樊华. 信息技术基础教程[M]. 西安：西安电子科技大学出版社，2021.

[3]   睦碧霞. 信息技术基础(WPS Office)[M]. 2 版. 北京：高等教育出版社，2021.

[4]   唐明军，朱凤明. 信息技术基础[M]. 北京：高等教育出版社，2022.

[5]   张立立，王彤，刘晨，等. 信息技术基础实训教程[M]. 北京：人民邮电出版社，2022.

[6]   陈海洲，王俊芳，刘洪海，等. 信息技术基础(Windows 10 + WPS)[M]. 北京：清华大学出版社，2022.

[7]   陈守森，李华伟，姜泉竹，等. 信息技术基础 [M]. 北京：清华大学出版社，2022.

[8]   田启明. 信息技术基础[M]. 北京：电子工业出版社，2021.